KENNETH C. DAVIS, aparece con frecuencia en programas de televisión y de radio a nivel nacional. Escribe una columna semanal en *USA Weekend* que es leída por millones de personas en todo el país. Además de sus libros para adultos, Davis escribe una serie de libros para niños. Vive en la ciudad de Nueva York con su esposa y dos hijos.

D1432592

QUÉ SÉ YO DE GEOGRAFÍA

QUÉ SÉ YO DE

GEOGRAFÍA

TODO LO QUE NECESITAS SABER ACERCA DEL MUNDO

KENNETH C. DAVIS

Traducido del inglés por Inés Londoño

rayo

Una rama de HarperCollins*Publishers*

En agradecimiento por el permiso para reimprimir lo siguiente:
El dibujo en la página 50: Reimpreso con el permiso de Joseph Farris.
El dibujo en la página 273: Reimpreso con el permiso de Scott Willis.
El dibujo en la página xiv: Reimpreso con el permiso de United Media.
El dibujo en la página 217: Reimpreso con el permiso de Universal Press Syndicate.
Las fotografías en las páginas xxiii, 10, 12, 15, 25, 37, 57, 79, 121, 138, 154 y 300: Por cortesía del Departamento de Servicios Bibliotecarios, Museo Americano de Historia Natural.

Los libros de HarperCollins pueden ser adquiridos para uso educacional, comercial o promocional. Para recibir más información, diríjase a: Special Markets Department, HarperCollins Publishers, 10 East 53rd Street, New York, NY 10022.

Este libro fue publicado originalmente en inglés en 1992 en los Estados Unidos por William Morrow, una rama de HarperCollins Publishers.

PRIMERA EDICIÓN RAYO, 2006

Library of Congress ha catalogado la edición en inglés.

ISBN-10:   0-06-082088-8
ISBN-13: 978-0-06-082088-6

06 07 08 09 10 DIX/RRD 10 9 8 7 6 5 4 3 2 1

A mis padres,

Evelyn y Richard Davis,

quienes siempre me dieron buenas orientaciones.

Contenido

AGRADECIMIENTOS

Deseo expresar mi gratitud a varias personas que hicieron posible este libro, desde su comienzo hasta las pruebas finales. Mi editor, Mark Gompertz, quien ha estado ahí desde el principio, se merece un millón de gracias. También quiero agradecer a Adrian Zackheim, Suzanne Oaks, Lisa Considine, Sharyn Rosenblum y todas las demás personas en las editoriales William Morrow y Avon Books que han sido tan serviciales. Por su amistad y apoyo, le agradezco a mi buen amigo David Black, quien también es mi agente literario, pero primero está la amistad.

Le estoy muy agradecido a Edward Bergman, de Lehman College. Si los profesores de geografía del resto del mundo fueran tan entretenidos e interesantes como es él, este libro podría ser innecesario.

Este libro no habría sido posible sin los recursos de la Biblioteca Pública de Nueva York, así como la biblioteca y los archivos fotográficos del Museo Americano de Historia Natural en Nueva York.

Me gustaría agradecerles a mis comprensivos amigos, en particular, Margaret Enoch, cuyo estímulo siempre ha significado mucho para mí.

Mi mayor gratitud va para mi esposa Joann, por su sabiduría, creatividad, paciencia y apoyo. Ella ha hecho que todo esto sea posible. Y gracias a ustedes, Jenny y Colin, por ser tan pacientes con su papá, que se sienta en su escritorio durante demasiado tiempo. (¡Y gracias, Jenny, por los caballitos de mar!)

La geografía es la representación del mundo conocido
así como los fenómenos que tienen lugar en él.

En geografía, uno debe contemplar toda la Tierra, así como su forma y
su posición bajo los cielos . . . la duración de los días y las noches, las
estrellas fijas en lo alto, las estrellas que se mueven en el horizonte y
todas las estrellas que jamás alcanzan a subir al horizonte . . .

El gran y exquisito triunfo de las matemáticas es poder mostrarle todas
estas cosas a la inteligencia humana.

PTOLOMEO, *Geographia*

¿Conoces el camino a San José?

BURT BACHARACH

"Ya entiendo por qué Billy suspendió geografía . . . No tenemos el Canal de Geografía."

INTRODUCCIÓN
¿POR QUÉ EL RÍO NILO FLUYE HACIA ARRIBA Y NO HACIA ABAJO?

Hace muchos años ya, cuando estaba en la escuela primaria, tuve una profesora de estudios sociales a quien llamaré la Sra. McNally. Un día, en medio de una clase de geografía, la Sra. McNally se chifló. La situación se convirtió en un caos cuando sacó uno de esos maravillosos mapas tipo persianas que había en el colegio.

¿Los recuerdas? Tres o cuatro mapas colgados sobre el tablero. Se bajaba uno y normalmente se enrollaba nuevamente de inmediato. La clase de geografía a menudo se parecía una rutina de los Tres Chiflados.

Esa mañana en particular, se trataba de un mapa de África, pues estábamos estudiando Egipto y el Río Nilo. Mientras hablaba la profesora, se alzó una pequeña mano y una tímida voz preguntó, "¿Por qué el Río Nilo fluye hacia arriba y no hacia abajo?"

Ahora parece una pregunta de un niño, tonta pero inocente. (Si en este momento te estás preguntando lo mismo, ¡realmente te hace falta este libro!) En ese entonces, se trataba de un rompecabezas que llamó de inmediato la atención de toda la clase. Con la eterna bombillita encendiéndose y apagándose sobre nuestras cabecitas, todos nos preguntábamos lo mismo, "¿Cómo puede un río fluir hacia arriba?"

Para nuestras mentes de quinto de primaria no tenía ningún sentido que un río fluyese hacia arriba en el mapa. Todo el mundo sabía que el agua tenía que correr hacia abajo. Habíamos atrapado a la profesora en un error obvio.

Claro, en un mapa orientado en el sentido de la siguiente cancioncilla:

> *El Norte al techo,*
> *el Sur al suelo,*
> *el Oeste a la ventana*
> *el Este a la entrada*

sí, parecía que el Nilo sí fluía hacia arriba.

No les puedo decir mucho más de lo que pasó en ese salón el resto del año. Pero sí puedo informar que esa pregunta suscitó una pequeña revuelta. Aunque la Sra. McNally hizo todo lo que pudo, no logró hacer entender a su grupo de niños de diez años que hay una diferencia entre *arriba* y la dirección *Norte* indicada en un mapa, y que, consecuentemente, el Río Nilo efectivamente SÍ fluye hacia abajo desde las montañas del Este de África hasta el Mar Mediterráneo.

No recuerdo exactamente cómo trató de explicar esto, pero sí recuerdo que falló de la manera más rotunda. No tenía salvación. La Sra. McNally se frustró tanto con nuestra incapacidad de entender este simple concepto geográfico que se salió de sus casillas. Terminamos recibiendo un espantoso—e injusto—castigo, algo así como no tener recreo o un día entero de detención para toda la clase.

Esa pesadilla de clase de geografía me acompañó al través de la vida. Supongo que es un triste ejemplo de lo poco adecuados que pueden ser algunas veces los profesores. (Antes de que el sindicato de profesores me persiga para colgarme, añadiré que he tenido muchos profesores maravillosos que me inculcaron el amor por el aprendizaje y que hicieron de las clases un gran placer. Ellos se merecen mucho más crédito del que jamás obtendrán de los críticos de la educación.)

Pero esa lección también hace pensar en cuántos niños realmente entendieron las cosas como eran. Estoy seguro de que la Sra. McNally no fue la única a la que le costó trabajo transmitir y hace entender un concepto. Ahora parece obvio que su falla como profesora de geografía no es un asunto aislado. Si hemos de creer en las estadísticas que publica la National Geographic Society y otros promotores de la geografía, los estadounidenses formamos parte de una sociedad un tanto "perdida."

El ejemplo reciente más notorio de la incapacidad colectiva de los estadounidenses para saber dónde están y cómo llegar de aquí a allá, viene de una encuesta de la firma Gallup encargada por la National Geographic Society en su centenario en 1988. Esta encuesta, que les entregaba a las personas un mapa del mundo sin rótulos y les pedía que localizaran varios países, América Central y dos masas de agua, fue diseñado para examinar adultos en varias naciones industrializadas. Entre los encuestados, los adultos estadounidenses lograron el sexto puesto en conocimientos de geografía, con los de Italia y México con puntajes más bajos. Los suecos y los alemanes occidentales ganaron el oro y la plata, y los japoneses se llevaron el bronce en estas Olimpíadas de Geografía. Aún más descorazonador fue el desempeño de los estadounidenses entre las edades de dieciocho y veinticuatro años. Ellos terminaron de últimos entre los encuestados del mismo rango de edades.

En una encuesta más comprensiva de "CG" (Cociente Geográfico) de los estadounidenses, los resultados mostraron que como nación estamos menos perdidos cuando se trata de saber en qué parte del mundo estamos. Estas no eran abstracciones académicas arcanas. Las preguntas hechas en este estudio estaban relacionadas con temas importantes de interés nacional, tales como la ubicación de los contras rebeldes que nuestro gobierno estuvo organizando en una guerra contra el gobierno de Nicaragua, o la ubicación del Golfo Pérsico, donde había barcos estadounidenses patrullando para proteger los oleoductos contra las amenazas de un ataque de Irán. En otra parte de esta encuesta, un número sorprendente de personas fue incapaz de contestar simples preguntas basadas en sólo mirar el mapa.

¿Qué pasa con nuestro sentido de dirección? Es posible que la respuesta sea simple: Los estadounidenses nos volvimos geográficamente estúpidos cuando las estaciones de gasolina dejaron de repartir mapas de carretera gratuitos.

Russell Baker, columnista del *New York Times*, ofreció otra explicación en respuesta a la encuesta de la National Geographic Society.

El problema, según Baker, parte de la disponibilidad de películas para adultos y de la revista *Playboy*. Antes de que los niños pudieran ver mujeres desnudas en estas películas y en esta revista, señaló Baker, tenían que servirse de la National Geographic para obtener esta información. "En el curso de esa investigación," escribió Baker, "otra gran cantidad de información adicional en la página se le pegaba al estudiante."

Para la mayoría de las personas, a lo mejor, es muy probable una combinación de desinterés y de haber conocido a una Sra. McNally durante el transcurso de su vida escolar. A juzgar por la muestra de los textos de geografía, los materiales que brindamos para el aprendizaje pueden contribuir igualmente al problema. Tomemos este ejemplo sacado de un texto de geografía reciente:

> La uniformidad de una región homogénea puede ser expresada de acuerdo a criterios humanos (culturales y económicos). Un país constituye tal región política, ya que dentro de sus límites prevalecen ciertas condiciones de nacionalidad, leyes, gobierno y tradiciones políticas . . . Las regiones caracterizadas por esta homogeneidad interna están clasificadas como regiones formales.
>
> Las regiones conceptualizadas como *sistemas espaciales*—tales como aquellas centradas en un núcleo urbano, un nodo de actividad, o el foco de interacción regional—son identificadas colectivamente como regiones funcionales. Entonces, la región formal pude ser vista como estática, uniforme e inmóvil; la región funcional es vista como dinámica, estructuralmente activa y continuamente moldeada por fuerzas que la modifican.

¡Uf! ¿"Homogeneidad interna"? ¿"Nódulos de actividad"? ¿"Interacción regional"? Si la "excesiva simplificación" de los textos consiste en deshacerse de este tipo de jerga académica, yo digo que traigan a los simplificadores.

Lo que es más triste acerca de esa incapacidad para comprender la geografía, es que revela una incomprensión total de lo que verdaderamente es la geografía. En su más simple expresión, la geografía plantea las preguntas más antiguas y más fundamentales de la humanidad:

"¿Dónde estoy?"

"¿Cómo llego allá?"

"¿Qué hay al otro lado de la montaña?"

Estas preguntas básicas y primitivas han sido las responsables de conducir a la humanidad de un lugar al otro en busca de algo mejor. Con el tiempo, estas preguntas nos han llevado fuera de la Tierra y hacia los cielos en busca de respuestas a preguntas aún mayores:

"¿De dónde venimos?"

"¿Hay otros seres allá afuera?"

"¿Quién o qué compuso este universo?"

La geografía no necesariamente comienza y termina con mapas que muestran la ubicación de todos los países del mundo. De hecho, tales mapas no necesariamente nos dicen mucho. No—la geografía nos plantea preguntas fascinantes acerca de quiénes somos y cómo logramos ser como somos, y luego nos brinda pistas para obtener las respuestas. Es imposible entender la historia, la política internacional, la economía del mundo, las religiones, la filosofía o los "patrones de la cultura", sin tener en cuenta la geografía.

La geografía es la madre de otras ciencias. Es el centro de un círculo del cual se desprenden otras ciencias y estudios. La meteorología y la climatología, la ecología, la geología, la oceanografía, la demografía, la cartografía, los estudios de la agricultura, la economía, las ciencias políticas. De algún modo, todas estas cosas se pueden relacionar con factores geográficos. Resulta obvio que es vital un conocimiento sólido de geografía, como ingrediente básico para una comprensión completa y equilibrada del mundo y el universo.

Qué Sé Yo de Geografía se propone hacer y responder estas preguntas. La intención de este libro es lograr que la geografía sea un poco más interesante de lo que la mayoría de nosotros la recordamos. La razón por la que las personas no recuerdan mucho de la geografía que aprendimos en el colegio es que era árida. La geografía no es un misterio empolvado, sino un arte fascinante y una ciencia útil. A igual que la historia, la geografía es mal entendida por muchos estadounidenses. La respuesta típica a estos temas es una mirada ausente y una expresión como quien dice "Qué pesado."

Gran parte del problema es que hay muchos libros sobre temas como historia y geografía que son escritos por "expertos" para ser leídos por otros "expertos." Para muchos de estos expertos, el lector corriente y el estudiante son, o ignorados, o abordados con absoluta condescendencia. Claro, lo que los expertos a menudo pasan por alto en su búsqueda de profundidad son los aspectos más interesantes de materias como la historia y la geografía.

Este libro intenta refutar las percepciones típicas sobre la geografía. Al abordar materias como historia y geografía, nos quedamos en la memorización de DATOS. Fechas, batallas, discursos, capitales de estados. Memorizar información es valioso, pero sólo si uno es capaz de encontrarle algún sentido a la información y colocarla en un contexto útil. ¿No es mucho mejor añadirle algo tangible a esa información?

Demasiado a menudo, los profesores y los libros de texto se olvidan del interés humano en lo que están enseñando. Cada director de periódico del mundo sabe que se debe utilizar el interés humano para vender periódicos. En mi libro anterior, *Qué Sé Yo de Historia*, traté de hacer la historia de Estados Unidos un poco más atractiva y entretenida haciendo énfasis en la personalidad y el carácter de personajes históricos buscando referencias y paralelos contemporáneos para darle a la historia alguna conexión con nuestras vidas. En este libro he tratado de hacer lo mismo haciendo énfasis en la "personalidad" de los conceptos geográficos y los lugares del mundo. Cualquiera puede memorizar dónde está Timbuktú. Pero enséñele a las personas sobre su localización como una bifurcación donde se encuentran un desierto y un río importante y cómo ese hecho conllevó a intercambios comerciales que hicieron de esta antigua ciudad un centro de aprendizaje y un centro del tráfico de esclavos, y entonces habrá logrado una conexión entre la geografía y las vidas de las personas.

Este libro comienza con un vistazo histórico de la geografía que explora el fascinante y divertido tema de las percepciones humanas del mundo y el universo a través de los tiempos. Tal y como ese grupo de niños de colegio percibía que el Río Nilo fluía hacia arriba, la historia del mundo está repleta de otros conceptos erróneos y mitos que han reflejado las actitudes y acciones de la gente a través de la historia —y que a menudo han alterado el curso de esa historia.

Los antiguos, por supuesto, no fueron los únicos con ideas extrañas acerca de la geografía. Cuando ponemos de cabeza nuestras propias percepciones acerca del mundo—como en el "Mapa Volteado" que, para variar, coloca a Sur América encima—la reacción típica es reveladora. La gente se dice a sí misma, "Nunca antes lo imaginé de esta manera."

Los mapas pueden ser reveladores o engañosos. Por ejemplo, la mayor parte de las personas conocen el mapamundi de la Proyección Mercator en que los tamaños de los continentes y los países están fuera de proporción porque un mapa plano distorsiona la Tierra, que es redonda. De hecho, la misma representación del tamaño influye en nuestro pensamiento. Aunque Groenlandia es la segunda isla más grande del mundo, en el mapa Mercator se ve tan grande como Canadá o toda África. Groenlandia sólo tiene 840,000 millas cuadradas, comparadas con los 11 millones de millas cuadradas de África. De alguna manera, la inmensidad de las Américas y de África nos impresiona visualmente. Pero si se observan en un mapa de población parecen "vacíos" en comparacion con China o India.

Cuando algún suceso altera radicalmente las percepciones comunes del mundo o del universo—el regreso de Marco Polo de Catay, la circunnavegación de la Tierra realizada por Magallanes y Elcano, la exploración de Lewis y Clark de la Compra de Louisiana, la unificación de Alemania—se tambalea la sabiduría convencional hasta sus raíces y el rumbo predecible de la historia toma un giro inesperado. Los sucesos de las décadas del ochenta y el noventa en Europa, a medida que las fronteras se transforman y algunos países surgen o se redefinen, brindan pruebas dramáticas de la conmoción de la geografía.

Algunos capítulos de este libro exploran tanto los cambios de apariencia del mapamundi producidos por los cambios políticos e históricos, así como la unión entre la geografía de la Tierra y su historia.

Algunos pasajes de los escritores de libros de viajes más memorables de la historia aparecen a través del texto bajo el título de "Voces Geográficas." Desde los antiguos griegos y Marco Polo hasta los astronautas en la Luna, los escritores de libros de viajes le han dado a ciertos lugares del mundo una vivacidad inigualada por los mejores escritores de ficción. He tratado de ofrecer una apetitosa muestra de algunos de estos grandes escritores de libros de viajes a través de los tiempos. Tam-

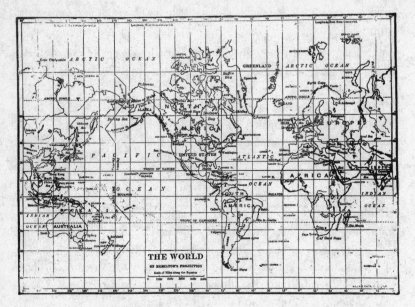

El mapamundi en la Proyección de Mercator. Groenlandia es grande, ¡pero no TAN grande! FOTOGRAFÍA POR H. S. RICE, CORTESÍA DEL DEPARTAMENTO DE SERVICIOS BIBLIOTECARIOS, MUSEO AMERICANO DE HISTORIA NATURAL

bién están entretejidas en el texto una serie de cronologías llamadas "Hitos en Geografía" que resaltan algunos de los desarrollos, descubrimientos, invenciones y sucesos que han moldeado el mundo y la forma en que las personas lo ven.

Espero que los lectores de *Qué Sé Yo de Geografía*, después de leer el libro, sepan un poco mejor "dónde están las cosas en el mundo." Pero además de ser un medio correctivo encaminado a refrescar la mohosa memoria de la Sra. McNally que todos tuvimos, este libro busca descubrir el placer de la geografía. Es la simple alegría que obtiene un niño al examinar un globo terráqueo, hacerlo girar con un dedo y terminar en lugares exóticos soñando con remotos paisajes.

Además de esto, el libro tiene objetivos aún más ambiciosos. El primero de ellos es lograr que las personas "piensen geográficamente," como lo hacían los antiguos. Por eso, pretendo ver el mundo con los mayores poderes de observación, buscar respuestas lógicas, pero no suponer que *obvio y correcto* son la misma cosa. Para citar un ejemplo simple, la gente ha mirado al horizonte durante siglos. Muchos, si no todos, asumieron lo obvio. La Tierra parecía llegar a su fin allí donde el cielo y el mar se encontraban. Conclusión obvia: La Tierra es plana y si uno va demasiado lejos, se cae del borde. Pero otros miraron al mismo horizonte e hicieron observaciones más complejas: los barcos que están en el horizonte parecen hundirse primero de fondo. Si la Tierra fuera plana, simplemente desaparecerían de una sola vez. Por lo tanto, la Tierra debe ser curva. El pensamiento geográfico es otra manera de decir, "observa cuidadosamente y cuestiona las suposiciones fáciles."

Pensar geográficamente también significa leer los periódicos con ojos diferentes. Cada día hay sucesos importantes en los cuales lo *que* pasó está directamente relacionado con *dónde* pasó. Cualquiera que esté todavía atascado con su versión del mundo de la Sra. McNally, no va a entender el panorama.

También creo que de los conocimientos de geografía pueden hacer que el mundo parezca un poco más pequeño. El empresario de televisión por cable Ted Turner alguna vez emitió un dictamen para los escritores y presentadores de noticias de su CNN. Desde el punto de vista de Turner, la palabra "extranjero" era peyorativa e implicaba cualidades peculiares o extrañas. En el espíritu de la aldea global," Turner dijo que la palabra "extranjero" debería ser reemplazada por "internacional" o por otras alternativas.

Un pequeño detalle de lenguaje, tal vez, pero bien pensado. Al hacer que el mundo sea un poco más familiar, este libro busca ayudar a que el mundo parezca un poco menos "extranjero."

Finalmente, comprender la geografía hará que las personas entiendan las frágiles conexiones que mantienen viva a la Tierra. Vivimos en una era en que las personas verdaderamente controlan el "destino de la Tierra." Durante cuarenta años todos nos preocupamos de que el mundo pudiera terminar en una explosión. Los temores de un holocausto nuclear son ahora menores que en cualquier momento desde el nacimiento de la era atómica. Pero enfrentamos amenazas al planeta que, aunque no tan catastróficas como una guerra nuclear, ponen en peligro el futuro de la vida en la Tierra. Desafortunadamente, una gran cantidad de expertos en medio ambiente han sido tildados de alarmistas con ideas de izquierda que les han costado muchas veces sus empleos. En el curso de mi investigación me he convencido aún más de que hay un gran rango de peligros ambientales que amenazan el futuro de la humanidad. Hay que entender la geografía para darse cuenta de que lo que pasa en la selva tropical del Brasil, el país del carbón de la China o los bordes del Desierto del Sahara, afecta la vida en las ciudades de Nueva York, Kansas City, Dallas y Seattle. Como dice una empresa de teléfonos, "Estamos todos conectados."

Lo cual plantea otra pregunta. En esta era de teléfonos celulares, faxes, viajes supersónicos, programación de transmisión simultánea que enlazan instantáneamente diferentes lugares remotos, centros comerciales cortados por la misma tijera que venden exactamente los mismos productos en la ciudad de Oklahoma que en Pittsfield, Massachussets y las antenas de satélite o parabólicas omnipresentes en el jardín del vecino, ¿todavía sigue importando la geografía? ¿Está muerta la geografía?

Parece una pregunta justa después de observar a los ciudadanos de Berlín Oriental, a quienes se les permitió pasar al sector occidental antes de que cayera el Muro, en busca de pañales marca Pampers y hamburguesas del Burger King que habían visto anunciadas en las televisiones de Alemania Occidental. Pero claro, la geografía siempre importará porque a pesar de todas las conexiones modernas y sofisticadas del mundo, las personas todavía valoran su individualidad. Todas las conversaciones de un Nuevo Orden Mundial son algo vacías cuando las personas están todavía matándose por fronteras y territorios en disputa y los pobres del mundo todavía miran acusatoriamente a los que viven en la abundancia. La tecnología puede acortar las distancias, pero las diferencias permanecen. Si verdaderamente esperamos zanjar completamente esas distancias y respetar las diferencias, tendremos que aprender las lecciones de la geografía.

QUÉ SÉ YO DE
GEOGRAFÍA

CAPÍTULO UNO

EL MUNDO ES UNA PERA

Siempre leí que el mundo, tierra y agua, era esférico ...
Ahora he observado tanta divergencia que comencé a
tener puntos de vista diferentes acerca del mundo y
encontré que no es redondo ... sino que tiene forma de
pera, redondo, excepto en donde hay un pezón, pues allí
es más alto, o como si fuera una bola redonda que, de
un lado, fuera como el seno de una mujer, y esta parte
del pezón es la más alta y la más cercana al Cielo ...

CRISTÓBAL COLÓN,
Del diario de su tercer viaje (1498)

¿Quién "Inventó" la Geografía?

¿Quién Hizo los Primeros Mapas?

Lugares Imaginarios: ¿Existió la Atlántida?

¿Dónde Quedaba el Jardín del Edén?

¿Quién Inventó la Brújula?

¿Por Qué No "Descubrieron" América los Chinos, los Africanos o los Árabes?

¿Quién "Descubrió" América Realmente?

Hitos en Geografía I: 5000 A.C.–1507 D.C.

En un instante fugaz de la historia, el mundo ha visto sucesos que relampagueaban en la pantalla de televisión. La caída del Muro de Berlín y, con él, la unificación de Alemania Oriental y Occidental. La Guerra del Golfo Pérsico. Misiles SCUD volando sobre Israel. Los árabes y los israelíes hablando de paz. Los serbios y los croatas agarrados del cuello. Los armenios y los azerbaijanos matándose entre ellos por un conflicto que ha durado siglos. Y lo más extraordinario de todo esto, el fin de la Unión Soviética tal y como la hemos conocido durante la mayor parte de este siglo.

En los Estados Unidos, la portada de la revista *Newsweek* pregunta, "¿Cleopatra era negra?" Y en otros lugares a través del país en sedes universitarias y en departamentos de educación estatales hay debates enfurecidos acerca del "currículo multicultural," haciendo énfasis en las raíces históricas de diversos grupos étnicos y el "afrocentrismo," un campo de estudio que hace énfasis en las contribuciones de las primeras civilizaciones africanas. Al mismo tiempo, muchos estadounidenses buscan nuevas etiquetas para ellos mismos: afroamericanos, lituanoamericanos, ucranianoamericanos.

De repente, la geografía reclama nuestra atención, porque todos estos temas, en el fondo, son cuestión de geografía.

Durante la campaña por la presidencia en el año 1988, George Bush a menudo manifestaba que quería ser conocido como el "presidente de la educación." Pero tal como dijo un genio de Washington en medio de la Guerra del Golfo en 1991, "No nos dimos cuenta de que nos iba a enseñar geografía."

El mundo recibió una extensa clase de geografía durante la operación Tormenta del Desierto, a medida que las transmisiones de noticias de la noche y los boletines especiales desde el frente en Kuwait mostraban mapas detallados del Medio Oriente y del Golfo Pérsico. Con una dieta diaria de informes militares a la prensa dada por un grupo de generales y mariscales de aviación, los nombres y lugares que una vez sonaban familiares sólo por un pasado distante de cuentos de hadas de la niñez o por las lecciones de Biblia de los domingos, de repente se convirtieron en palabras cotidianas: Bagdad, Arabia, Jerusalén.

El mundo nunca pareció tan pequeño. La gente alrededor del mundo que nunca le dio mucha importancia a los mapas—excepto cuando necesitaban encontrar la ruta a un lugar de vacaciones o entender el entramado del sistema del subterráneo de Nueva York— estaba mirando los mapas del mundo con nuevos ojos, incluso mientras esos mapas estaban siendo redibujados.

De repente, los estadounidenses, junto con el resto del mundo, estaban contemplando la geografía. Tal vez por primera vez después de dejar la primaria. Desafortunadamente, para la mayor parte de esa gente, la palabra *geografía* trae a la mente imágenes de textos escolares mohosos, o la obligación de memorizar nombres de capitales, o tareas de la escuela primaria en los que se pegaban bolas de algodón en Alabama y Mississippi, una moneda de cobre en Utah y un grano de arroz en China para mostrar los principales productos de estos lugares.

Pero ahora nos han arrojado a la cara la geografía, o la necesidad de pensar en términos "geográficos." Ya no podemos darnos el lujo de la dichosa ignorancia de pensar en el mundo en términos del famoso afiche del *New Yorker* realizado por el artista Saul Steinberg en el que Nueva York llena el primer plano mientras el resto de Estados Unidos y el mundo aparecen como bultos insignificantes en el horizonte.

La ironía de esta incapacidad moderna, o desinterés de pensar geográficamente, es que esté tan lejana del estilo de pensamiento del pasado. Desde los primeros momentos de la historia humana, las personas han tenido que pensar geográficamente para sobrevivir y para que el mundo progresara tal y como lo ha hecho. Fue esa habilidad de observar el mundo y sacar conclusiones acerca de la Tierra y el universo en sí, lo que inició la marcha de la ciencia.

Voces Geográficas
Aristóteles (348–322 a.c.)

La esfericidad de la Tierra es demostrada por las pruebas de nuestros sentidos, pues de otra manera los eclipses de la luna no tomarían tales formas, porque mientras en las fases mensuales de la luna los segmentos tienen diversas formas—rectas, convexas, y crecientes—durante los eclip-

ses, la línea divisoria siempre es redondeada. Consecuentemente, si el eclipse se debe a la interposición de la Tierra, la línea redondeada resulta de su forma esférica.

¿Quién "Inventó" la Geografía?

Imagínate esto. Estás en un naufragio y has llegado a una isla desierta; un Robinson Crusoe de esta época. Una amnesia selectiva te ha borrado cualquier memoria de fechas, lugares, estaciones o tiempo. No tienes relojes ni mapas, ni idea de dónde estabas cuando el barco se hundió.

¿Cuánto te va a tomar saber qué hora es? ¿La época del año? ¿El mes? ¿La fecha aproximada? Notas que el agua sube hasta la playa y después vuelve a bajar en las tardes. ¿Por qué hace esto? Mientras te recuestas a observar el cielo nocturno en tu paraíso tropical, ¿podrías identificar los puntitos de luz que se mueven por los cielos?

¿Cuándo plantarías semillas para poder alimentarte? Después de todo, el cuerpo sólo soporta una limitada cantidad de leche de coco y moras silvestres.

¿Conoces la distancia hasta el otro lado de la isla? ¿Cómo la medirías? ¿Y la ubicación aproximada en el mundo? Se te olvidó que existen la longitud y la latitud. ¿Sabes en qué parte del mundo estás?

Si lograras solucionar todo esto, ¿podrías determinar qué forma tiene el mundo? ¿Y qué tamaño tendrá este mundo?

Los antiguos griegos—o más precisamente una gran cantidad de pueblos que hemos agrupado y a quienes hemos llamado griegos—lograron hacer casi todas esas cosas. Claro, fueron necesarios varios genios trabajando durante unos cuantos siglos para poder hacer todo esto, no sin algunos errores substanciales que se mantuvieron vigentes durante los siguientes veinte siglos, influyendo en todo el mundo, desde la jerarquía de la Iglesia Católica hasta Cristóbal Colón.

Pero los griegos lo lograron. Lo lograron sin relojes, telescopios, sextantes, cintas de medir ni ninguno de los demás implementos útiles que han hecho posibles las mediciones precisas de tiempo y espacio. Los griegos no fueron los primeros que observaron el mundo y trataron de explicar cómo funciona. Los egipcios y los mesopotámicos produjeron mucho del trabajo en que se basaron los griegos. En la cultura hindú y la cultura china había sabios que estaban trabajando en sus propias cosas durante buena parte de ese mismo tiempo.

Pero lo que diferenció a los antiguos griegos de sus contemporáneos, así como de culturas anteriores, fue su intento sistemático por aplicar el pensamiento racional al mundo. Fueron los primeros en explorar la noción de examinar sus ideas acerca del mundo en los inicios de lo que ahora llamamos el método científico. Y aunque regresaban al mito y la superstición cuando no eran capaces de explicar el universo—tal y como lo harían generaciones pasadas y presentes de la humanidad—fueron los primeros en tratar de *conocer* el universo.

Geografía es una palabra derivada del griego—*ge*, que significa "la Tierra," y *grafos*, que significa "describir." Muchos griegos pensaban y hablaban y escribían sobre geografía sin llamarla exactamente eso. De hecho, la *Odisea* de Homero es considerada una de las primeras obras de geografía de la cultura Occidental porque describe los muchos lugares reconocibles que Odiseo (Ulises) visitó durante su largo viaje desde Troya. (Ver "Lugares Imaginarios: ¿Existió Troya?," en el Capítulo 4, página 183.)

En Mileto, un centro comercial comercio griego que floreció en lo que ahora es la moderna Turquía, se realizaron otros estudios científicos de geografía unos setecientos años antes de Cristo, Allí, los filósofos matemáticos griegos comenzaron a aplicar principios matemáticos para medir la Tierra. Tales, una especie de Thomas Edison antiguo, combinó su éxito en el negocio del aceite de oliva con una capacidad extraordinaria para deliberar e inventar. Hizo varias importantes contribuciones a la geometría y se decía que había predicho de manera precisa un eclipse solar en el año 585 A.C. Pero una de sus conclusiones más influyentes fue que la Tierra era un disco flotando en el agua.

Anaximandro, un colega más joven que creó un reloj de sol, hizo sorprendentes conjeturas con unos restos fósiles, acerca de que la vida se había originado en el océano que alguna vez cubrió gran parte de la superficie de la Tierra. Dibujó el primer mapa del mundo a escala. Con Grecia en el centro, mostraba un mundo unido por un río o un mar interminable. Él creía que la Tierra era un cilindro con un disco que descansaba encima y que era la parte habitable. Pero en lugar de flotar en un mar interminable, como su mentor, Tales, había pensado, la Tierra de Anaximandro estaba suspendida libremente en el espacio, los cielos estaban adheridos a una esfera que giraba alrededor de la Tierra, explicando el ciclo diario del Sol, las estrellas y los planetas.

Siguieron otros escritores, filósofos, historiadores y matemáticos griegos—Herodoto, Platón y Aristóteles entre ellos—que continuaron la investigacion griega sobre el tamaño y la forma del mundo, su lugar en el universo y las fronteras de la presencia humana. Platón creía que la Tierra era esférica, pero por razones filosóficas más que por pruebas científicas. Él creía que la esfera era la forma geométrica perfecta. Más tarde, Aristóteles estuvo de acuerdo, pero buscó pruebas observables que encontró en la sombra formada por la Tierra sobre la superficie de la luna.

Por otra parte, el gran filósofo también cayó en razonamientos simplistas. Aristóteles creía que mientras más cerca se está al ecuador, más alta es la temperatura. Su prueba provenía de la piel negra de los libaneses, quienes, pensaba Aristóteles, habían sido chamuscados por el sol. Desde su punto de vista, la vida en el ecuador no era posible porque sería demasiado caliente. Aristóteles también creía en el balance natural que dictaba la existencia de un continente al sur del ecuador igual al del norte del ecuador, introduciendo el concepto de las antípodas, o "pies opuestos," que duró desde los tiempos de Aristóteles hasta los viajes del Capitán Cook a mediados del siglo XVIII.

Pero hay otros tres de los supuestos griegos que sobresalen por haber escrito sobre el conocimiento de los griegos sobre el mundo en libros separados, todos con la palabra *Geografía* en el título.

El primero de estos fue Eratóstenes (276–196 A.C. aproximadamente), originalmente un bibliotecario nacido en el Líbano que fue el primero en usar la palabra *geografía* y logró encontrar una forma para medir la circunferencia de la Tierra de manera muy precisa, con poco más que una sombra, un pozo y la ayuda de un camello.

Eratóstenes fue nombrado jefe de la biblioteca de Alejandría, donde controlaba una colección de más de cien mil "libros"— realmente eran rollos de papiro—que contenían el conocimiento colectivo del mundo. Cerca de 250 años antes del nacimiento de Cristo, la ciudad más importante del mundo occidental era Alejandría, en Egipto, donde estaba la famosa biblioteca comenzada por Alejandro

Magno, el joven soldado de Macedonia, pupilo de Aristóteles. Después de la muerte de Alejandro Magno, sus herederos como gobernantes de Egipto fueron los Ptolomeos (la legendaria Cleopatra entre ellos). Bajo la dinastía Ptolomea, que duró trescientos años, Alejandría se convirtió en el centro más importante de estudios científicos, matemáticos y literarios, al igual que una guarida de asesinos atraídos por las riquezas del mundo que pasaban por la ciudad. Era, como lo llamó un poeta, la "casa de Afrodita" (diosa del amor) con mucho vino, riqueza, excelentes jóvenes y bellas mujeres. Y uno se pregunta cómo podían hacer cosas útiles.

Una de las mayores contribuciones de Eratóstenes parece bastante simple, si uno tiene la ventaja de verla en retrospectiva. Sin embargo, nadie pensó en ello antes, así que Eratóstenes tiene el crédito por dividir el mundo por medio de líneas paralelas este-oeste y norte-sur, llamadas meridianos. No logró colocar las líneas en intervalos regulares y, en cambio, utilizó puntos de referencia significativos y lugares prominentes tales como Rodas, Alejandría y las Columnas de Hércules (Gibraltar) y la punta de la Península de la India como la base para dividir su mundo.

Habiendo escuchado sobre un pozo ubicado en Siena (actual Aswan), donde el reflejo del sol podía verse en el agua al medio día el 21 de junio, el día más largo del año, Eratóstenes sospechó que el sol estaba directamente sobre la Tierra en ese momento. El bibliotecario libio hizo entonces algunos interesantes saltos lógicos. El creía que Siena debía estar al sur de Alejandría sobre el mismo meridiano (o líneas longitudinales, que son las líneas imaginarias que van de norte a sur en el mapa). Midiendo la sombra proyectada por un obelisco en Alejandría en el mismo instante en que no había sombra en Siena, Eratóstenes computó la longitud de dos lados de un triángulo—la longitud de la sombra y la altura del obelisco. Con esa información y un poco de geometría básica, Eratóstenes resolvió el ángulo del triángulo y con esa figura determinó el grado al que estaba el sol directamente encima de él. Ese cálculo resultó ser de 7°12', que es aproximadamente igual a un cincuentavo de un círculo de 360°.

Sabiendo esto, Eratóstenes razonó que si sabía la distancia de Siena a Alejandría—que equivaldría al tercer lado del triángulo, conectando el sol, Alejandría y Siena—podría simplemente multiplicar esa distancia por 50 y tendría el tamaño aproximado de la Tierra. Aquí entran los camellos.

Eratóstenes averiguó que a los camellos es tomaba cincuenta días hacer el viaje de Siena a Alejandría. Tomando en cuenta que los camellos recorrían 100 estadios por día, (estadio es una antigua medida que se relacionaba con el tamaño de una pista de carreras griega), el inteligente bibliotecario halló que la distancia de Siena a Alejandría era de 5,000 stadios. Multiplicando esa cifra por 50, Eratóstenes sacó una circunferencia de la Tierra de 250,000 stadios. Usando varios equivalentes modernos, su Tierra medía cerca de 25,000 millas, cifra muy cercana a su medida real en los polos, que es de 24,860 millas. Dado el número de pequeños errores cometidos, los cuales se iban anulando unos con otros, este cálculo fue un extraordinario ejemplo de la capacidad de los griegos de aplicar la lógica y las matemáticas para medir y conocer la Tierra.

Después de la muerte de Eratóstenes, cobró fama otra teoría sobre el tamaño de la Tierra, formulada por otro griego, Poseidonio (130-51 A.C.), un historiador y geógrafo de Rodas. Su cálculo se basaba en la altura de la estrella Canopus, determinada algebraicamente y utilizó el tiempo de navegación de los barcos. Irónicamente, sus cálculos estuvieron muy cerca de los que había obtenido Eratóstenes. Pero por alguna razón, más tarde fueron reducidos a un tamaño mucho más pequeño por Estrabón: 18,000 millas. Strabo fue otro erudito importante posterior a Eratóstenes. Fue en esta cifra en la que confiaría Colón al plantear la posibilidad de un viaje hacia el oeste para llegar a Oriente

Mientras que este error—una Tierra más pequeña—fue ampliamente aceptado y perpetuado, otra de las conclusiones a las que llegó Poseidonio era correcta, pero fue rechazada porque contradecía a Aristóteles. Poseidonio creía que la zona ecuatorial era perfectamente habitable y que las temperaturas más altas se encontraban en los desiertos dentro de la llamada zona templada, cosa que es cierta.

El experto que transmitió erróneamente el cálculo de Poseidonio fue el segundo gran geógrafo griego, Estrabón (64 A.C.–20 D.C. aproximadamente), que nació en la Turquía moderna y que escribió en la época de la vida de Cristo, como Eratóstenes. Estrabón trabajaba en la biblioteca de Alejandría. A diferencia de Eratóstenes, Estrabón no era un genio innovador que descubría nuevas teorías acerca del mundo.

Su genio, en cambio, era como compilador, y en su obra, *Geographica*, que consistía de diecisiete volúmenes, reunió el conocimiento del mundo Mediterráneo de esa época describiendo a Asia, el Norte de África y gran parte de Europa, que Estrabón había visto por sí mismo en sus extensos viajes. Entre sus grandes contribuciones estuvo la de dividir el mundo en zonas frígidas, templadas y tropicales, aunque calculó mal cuán al norte y cuán al sur del ecuador eran habitables estas tierras. Él creía, como Aristóteles, que la piel oscura de los etíopes era el resultado de la luz del sol y que los bárbaros rubios del norte eran así de salvajes por la frigidez de las zonas árticas.

Finalmente estaba Ptolomeo (100–170 D.C. aproximadamente), un egipcio—griego, o griego—egipcio, pero no uno de los Ptolomeos reales, que resumió todo el conocimiento griego del mundo durante el período del Imperio Romano y cuyos puntos de vista fueron aceptados durante siglos.

Aunque Plotomeo es mejor conocido por su obra en el área de la astronomía,—y cuya fama prolongaron los árabes, que lo conocían con el nombre árabe de *Almagesto*—en su obra *Geografía* trazó muchos de los principios todavía seguidos en la cartografía moderna e incluyó un

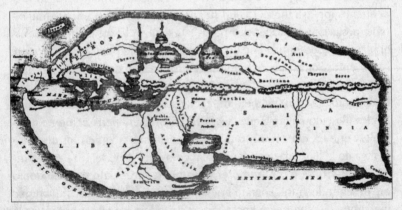

El mundo de Estrabón fue recopilado a partir de informes de viajeros y de los escritos de los antiguos. Representaba la suma total del conocimiento cartográfico de Occidente antes de la era cristiana. CORTESÍA DEL DEPARTAMENTO DE SERVICIOS BIBLIOTECARIOS, MUSEO AMERICANO DE HISTORIA NATURAL

atlas del mundo conocido, basado en los descubrimientos de las legiones romanas en su expansión del Imperio Romano. Incluía alrededor de ocho mil lugares identificados por su *latitud y longitud*, palabras que Ptolomeo dijo haber acuñado. El sistema que adoptó es básicamente el de la geografía moderna e incluye la aparentemente simple noción de mapas "orientadores" con el norte en la parte superior y el este a la derecha. Parece lo suficientemente simple hasta que uno se da cuenta de que si uno fuera a orientar un mapa hoy en día, ¿qué colocaría en la parte superior? Dada la noción de que el mundo es una esfera, se podría haber usado un punto arbitrario. Durante muchos siglos, por ejemplo, los mapas europeos estaban "orientados" con el Este en la parte superior, haciendo énfasis en la centralidad de la Tierra Santa y de Jerusalén en particular.

Ptolomeo también trató de dirigir un problema que perdura aún en nuestros días: la imposibilidad de representar una Tierra redonda sobre una superficie plana. Su solución fue un globo, aunque esa misma traía sus propios problemas, ya que un globo no puede hacerse lo suficientemente grande como para contener los detalles que Ptolomeo quería incluir en sus mapas.

El mundo de Ptolomeo era sorprendentemente grande. Constaba de los tres continentes que en ese entonces eran conocidos alrededor del Mediterráneo: Europa, Asia y África. Aunque a menudo poco preciso en términos de tamaño, forma y localizaciones precisas, incluía las Islas Británicas, Scandia (Escandinavia) y Sinae (China). También describió la fuente del Nilo de manera muy precisa, diciendo que eran lagos de África, al sur del ecuador—ocultos en las "Montañas de la Luna"—un hecho que no se demostraría en la cultura europea hasta los viajes de los exploradores británicos, Burton y Speke en el siglo XIX.

Al igual que sus predecesores, Ptolomeo cometió errores, influyendo en el curso de la ciencia, la filosofía y la religión. Su universo centrado en la Tierra sería aceptado por los estudiosos durante siglos. Ptolomeo elucubró sobre el concepto de las antípodas, expandiéndolo a una Terra Australis Incognita (tierras desconocidas del sur) que, por una parte, disparó la especulación y la esperanza de encontrar un gran continente adherido a la parte inferior de África pero que, por otra parte, hizo creer que navegar alrededor de África sería imposible.

Uno de sus errores llegó incluso más lejos. Confiando en las cifras

El Mundo de Ptolomeo, siglo II CORTESÍA DEL DEPARTAMENTO DE SERVICIOS BIBLIOTECARIOS, MUSEO AMERICANO DE HISTORIA NATURAL

de Estrabón, Ptolomeo declaró que el mundo tenía una circunferencia de 18,000 millas. En sus mapas, Asia se extendía mucho más allá de su longitud real, haciendo que el Oriente pareciera estar más cerca de Europa de lo que realmente está. La autoridad de Ptolomeo, al igual que la de Aristóteles, era indiscutible para los europeos que vendrían luego, entre ellos un importante genovés llamado Cristóbal Colón, que utilizó las cifras de Ptolomeo para defender su proyecto ante al rey y la reina de España.

Voces Geográficas
Del libro *Geographica* de Estrabón,
escrito entre el año 17 y el 23 A.C.

Se dice que las amazonas viven entre las montañas sobre Albania . . . Pero otros escritores dicen que las amazonas habitan en el territorio que bordea los Gargarenses en el norte, al pie de las montañas del Caucaso.

En casa hacen labores manuales y aran, plantan y cuidan del ganado, particularmente entrenando caballos. Las más fuertes pasaban mucho tiempo cazando a caballo y practicando ejercicios de guerra. En la infancia, a todas se les quema el pecho derecho, para poder usar un arma fácilmente con cualquier propósito y especialmente para el tiro de jabalina. Pasan dos meses de primavera en la montaña vecina, que es la frontera entre ellas y los Gargarenses. Estos últimos también ascienden a la montaña, de acuerdo con una costumbre antigua, con el propósito de desempeñar sacrificios comunes y de tener relaciones sexuales con las mujeres en busca de descendencia, en secreto y en la oscuridad, cada hombre con la primera mujer que encuentra. Las mujeres embarazadas son apartadas del resto. Las niñas que nacen son retenidas por las amazonas mismas . . . En dónde están ahora, pocos escritores se aventuran a decir . . .

¿Quién Hizo los Primeros Mapas?

Aun aquellos griegos, tan extraordinarios como fueron, tuvieron ayuda. Mucho antes del auge del período griego clásico alrededor del 500 A.C. muchas otras personas ya miraban los cielos y la Tierra, sacando conclusiones sorprendentes del funcionamiento del universo. Los griegos, gente comerciante y de mar que entró en contacto con otras civilizaciones, eran buenos observadores.

Uno de esos grupos que los griegos encontraron era muy bueno para descifrar los cielos. También dejaron algunos de los primeros mapas, entre ellos el primer "mapamundi." Eran los habitantes de la llamada "Cuna de la Civilización." Los antiguos habitantes de Mesopotamia, cuyos descendientes llegaron a aparecer en las páginas de los periódicos en 1990 y 1991, en ese país que ahora llamamos Irak.

Mesopotamia, que en griego significa "tierra entre dos ríos," está situada entre los ríos Tigris y Eufrates, donde existía un valle grande y fértil. Aunque casi todo el valle es desierto hoy en día, en aquel enton-

ces estaba cubierto con pastizales de la era glaciar hace diez mil años.
Hasta allí llegaron las tribus nómadas de cazadores siguiendo a las
manadas de animales que pastaban en el valle. A medida que se retira-
ban las capas de hielo, los desiertos reemplazaron a los pastizales y los
nómadas se fueron al valle donde la inundación anual de los dos ríos
proveía de agua y comida para los animales. Durante miles de años,
esta gente aprendió el secreto de la siembra de cereales en el lodo
junto a los ríos. Este fue el nacimiento de la agricultura.

Para el año 8000 a.c., los habitantes de Mesopotamia —inicialmente los sumerios y siglos después las acadianos, babilonios y asirios,— usaban tablillas de arcilla para anotar cantidades de animales y
de granos. Este fue el comienzo rudimentario de los números y el lenguaje escritos que se desarrollarían en los siguientes cinco mil años.
Produjeron innovaciones tan importantes como la rueda de alfarería y
los vehículos de ruedas, ladrillos cocidos en el horno, bronce y cerveza.

El primer "mapamundi" que se conoce es una tablilla de arcilla de
Babilonia que data de aproximadamente seiscientos años antes de
Cristo. Este disco pequeño, de unas tres pulgadas por cinco, describe el
mundo como un círculo con dos líneas que corren por el centro repre-
sentando los ríos Tigris y Eufrates. El Río Amargo lo rodeaba. Fuera de
sus fronteras residen bestias imaginarias, obra de la imaginación del
cartógrafo que representa lo desconocido, una tradición que continuó
durante muchos siglos más.

Mientras que la tablilla de arcilla de la antigua Babilonia representa
lo que ha sido considerado el primer mapamundi conocido, hay mapas
mucho más antiguos de esta y de otras áreas. Un mapa de la ciudad
mesopotámica de Lagash está tallado en piedra en el regazo de una
estatua de un dios. Es el más antiguo mapa de una ciudad conocido.
En el norte de Irak han sido encontradas tablillas de arcilla que muestran establecimientos y linderos geográficos fechados de 2300 a.c.,
período de Sargón I de Akkad. Estos mapas y otros de la misma época
en Egipto, muestran planos que fueron indiscutiblemente usados para
tasar impuestos de propiedad. Esto parece confirmar el viejo cliché
sobre las pocas cosas seguras en la vida.

Más recientemente, se descubrió una reliquia, que bien podría lla-
marse mapa, en Mezhirich, en la antigua Unión Soviética. Esta pieza
de hueso antiguo, en que se han hecho grabados, se estima que pro-

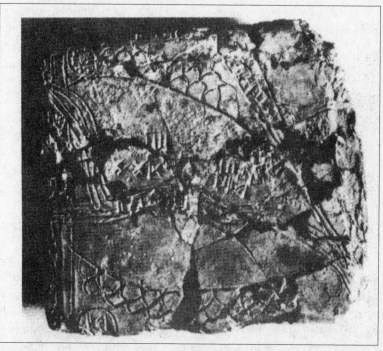

Uno de los primeros mapas conocidos fue dibujado sobre una tablilla de arcilla y cerca de Kirkuk, en el moderno Irak. Data de 2400-2200 A.C. y era un mapa usado para tasar el impuesto de propiedades. CORTESÍA DEL DEPARTAMENTO DE SERVICIOS BIBLIOTECARIOS, MUSEO AMERICANO DE HISTORIA NATURAL

viene de una época diez a veinte mil años anterior a Cristo. Es presumiblemente un mapa de carreteras que muestra la región alrededor del lugar en el que fue descubierto. Se puede afirmar con seguridad que los mapas rudimentarios datan de antes del lenguaje escrito, ya que los primeros humanos tallaban símbolos en la piedra para mostrarle a sus vecinos la vía a las mejores tierras para cacería.

La sofisticación de los primeros mapas de Babilonia es un testimonio de los avances hechos por los habitantes de la región entre los ríos Tigris y Eufrates. Mientras que sus mapas son prueba de su sofisticación, su verdadera brillantez estaba en el estudio de los cielos, marcando así el comienzo de la astronomía.

Parece irónico que mucho de lo que las primeras personas sabían y entendían de la Tierra provenía de su conocimiento de los cielos. Esta es la razón por la cual la astronomía a menudo se denomina "primera ciencia." Las personas de nuestros tiempos, especialmente los citadinos desacostumbrados a los espacios abiertos, se maravillan con un cielo nocturno estrellado. Pero a causa de la contaminación y el brillo de la iluminación inventada por el hombre, hay muy pocos lugares todavía en el mundo en donde el brillo del cielo nocturno sea igual al lienzo celestial del que fueron testigos las antiguas civilizaciones que comenzaron a observar el movimiento del sol, las estrellas y la luna, y que comenzaron a determinar las estaciones climáticas basados en estas apariciones regulares.

Otra cultura que sobresalió en la cartografía fue la china. Desde mucho antes de Cristo, hasta unos mil quinientos años más tarde, los chinos disfrutaron del nivel de vida más alto del mundo. Próspera y rica en agricultura, China era una sociedad muy bien organizada, avanzada en ciencia e invención práctica. Los matemáticos chinos podrían haber desarrollado el cero y el sistema decimal y se los habrían transmitido a los indios, quienes se los llevaron a Bagdad. Sobrepasando a los mesopotámicos, los astrónomos chinos mantuvieron los archivos más largos y continuos de sucesos celestiales. Los archivos chinos mencionan sucesos tales como la aparición de un cometa en el año 2296 A.C. y la explosión de una supernova (rara explosión de gran parte del material de una estrella, que origina como resultado de un objeto extremadamente brillante, de vida corta, que emite vastas cantidades de energía) en al año 352 A.C.

También hicieron de la cartografía un arte precioso, así como una ciencia mucho más desarrollada. Aunque hay referencias a los mapas en la literatura China que datan del año 700 A.C., los mapas chinos más antiguos que se hayan encontrado son del año 200 A.C. Estos mapas, muy precisos e increíblemente detallados, tejidos en seda, mostraban los nombres de provincias, usaban símbolos para distinguir entre pueblos y aldeas y describían cadenas de montañas, el curso de los ríos y las carreteras. Otro mapa chino antiguo, que da nuevamente testimonio de su progreso en cartografía, describía las defensas militares del reino con un nivel de detalle sorprendente.

El común denominador entre estos primeros mapas es la sensación prevalente de que quien hacía los mapas vivía en el centro del universo, una actitud que es todavía evidente en muchas personas, pero particularmente en aquellos que viven en Manhattan o París.

Al mirar los mapasmundis o los mitos que a menudo una opinión representan de las diversas culturas, es evidente que las personas siempre han tenido una opinión exagerada de su lugar en el universo. En casi todas las sociedades, desde los antiguos babilonios, egipcios, griegos y chinos, hasta los aztecas y los indígenas de las Llanuras de América, los humanos se han ubicado a sí mismos en el centro de la tierra. Más allá de eso, hasta hace muy poco tiempo en la historia de la humanidad, las personas fueron ubicaban a la Tierra en el centro del universo, con el sol y las estrellas circulando alrededor de este punto insignificante en el vasto cosmos que llamamos Tierra.

Este sentido de tremenda autoimportancia que hizo que personas racionales se aferraran a la idea de que la Tierra era el centro alrededor del cual giraba el resto del universo, es una debilidad humana común que ha sido etiquetada el *síndrome de omphalos*, por la palabra griega que significa ombligo. Los griegos colocaron su *omphalos* en el famoso Templo de Delfos localizado en las bajas pendientes del Monte Parnaso. Aquí estaba el templo, cuna del más importante oráculo de Grecia. El oráculo délfico, considerado el centro del mundo, era consultado en todos los temas de estado. De manera similar, la palabra *Babilonia* proviene de una palabra antigua que significa "puerta de los dioses," o el lugar en el cual los dioses venían a la tierra.

Claro que cuando uno cree que vive en el centro del mundo y no sabe mucho acerca del resto del mundo, pasa del dominio de la observación y la especulación lógica al mundo del misticismo, con resultados que son al menos divertidos para el siglo veinte. Las cosmovisiones de estas antiguas culturas reflejaban su sentido geográfico tanto como lo hicieron sus filosofías. De hecho, las dos estaban estrechamente conectadas. Para los egipcios, el Nilo dominaba sus vidas y su cosmovisión. El río y sus permanentes inundaciones eran la vida misma. El mundo egipcio se dividía en dos por el Nilo, que desembocaba a un gran océano. El cielo estaba sostenido por cuatro soportes; algunas veces eran columnas, otras veces montañas. Las creencias acerca del recorrido diario del sol reflejaban imágenes de la vida diaria: un halcón que se alzaba cada día o el sol empujado por un escarabajo gigante como cuando el escarabajo rueda una bola de estiércol. En otra versión, Ra, el dios del Sol, conducía su carruaje. (Este dios fue adoptado posteriormente por los griegos como Apolo).

Los babilonios, cuyas vidas también estaban dominadas por sus dos ríos, creían que había una inmensa masa de agua dentro de la Tierra que le daba vida al mundo. Con su énfasis en la astronomía, la cosmovisión de los babilonios concebía una gran bóveda de los cielos sobre la tierra. Esta idea encontró su expresión también en la cosmovisión de los chinos.

A menudo, como con el Monte Olimpo, hogar de los dioses griegos, normalmente oculto a la vista, el centro era una montaña. Para los japoneses era el Monte Fuji. En la cosmología hindú y después en la budista, influenciada por su proximidad a los Himalayas—considerados inescalables—la mística Montaña Meru surgía como el centro de la Tierra. Esta montaña, hogar de los dioses, se elevaba a ochenta y cuatro mil millas a los cielos.

LUGARES IMAGINARIOS

¿Existió la Atlántida?

Todas estas antiguas nociones del mundo señalan la línea divisoria entre los procesos racionales científicos y el salto a la leyenda, la imaginación o la fe. Aun los griegos, a pesar de todas sus increíblemente desarrolladas nociones del mundo, recurrieron al mito, la superstición y la leyenda para explicar aquellas cosas para las cuales no hay explicación verificable y racional.

Uno de los ejemplos más familiares de esta noción en la época griega es un mito geográfico que persistió durante siglos, tejido a través de la historia hasta que se volvió parte de la conciencia moderna, contribuyendo incluso al éxito de una canción pop sin sentido durante los años sesenta, de un cantante llamado Donovan. Esa leyenda era la historia de la mítica Atlántida y la fuente de este mito, aunque parezca extraño, era Platón.

Mucho de lo que el mundo ha pensado acerca de la existencia de la Atlántida como una cultura superior, que desapareció a causa de algún cataclismo repentino, viene de dos de los diálogos de Platón, *Timeo* y

Critias. Platón dijo que recibió la historia de Sócrates, quien la oyó de Solón, a quien se la contaron los egipcios. Ya puedes ver cómo la historia puede haber cambiado con el paso del tiempo.

De acuerdo con la versión de Platón, la Atlántida ocupó alguna vez una gran isla al oeste del Estrecho de Gibraltar (o Columnas de Hércules, para los griegos). En esta civilización legendaria, que Platón aducía que había florecido nueve mil años antes, los hombres que habían descendido del dios del mar, Poseidón, habían creado un paraíso terrenal. La comida era abundante, los edificios y templos magníficos en su arquitectura y ornamentación. Un templo, por ejemplo, estaba "cubierto con plata excepto por los pináculos, pues estos estaban cubiertos de oro. En cuanto al exterior, el techo estaba hecho con la apariencia de marfil, abigarrado con oro y plata . . ." De la manera en que Platón la describía, la Atlántida era un gran poder militar que podía reunir un ejército de un millón de hombres y se estaba preparando para asaltar a Atenas y Egipto cuando llegó el gran desastre.

Según la versión de Platón:

> En un tiempo posterior ocurrieron terremotos portentosos e inundaciones, y un día y una noche penosos cayeron sobre ellos cuando todos sus guerreros fueron engullidos por la Tierra, y la isla de Atlántida, de manera similar, fue devorada por el mar y desapareció. Por consiguiente, también el océano en ese punto se ha tornado intransitable e inexplorable, siendo bloqueado por el banco de arena que la isla creó a medida que se fue asentando.

A través de los siglos, la leyenda de la Atlántida fue creciendo. Aunque fue destruida de repente en la versión de Platón, la Atlántida mítica vivió, prosperando a medida que la vida en la isla continuaba, milagrosamente, bajo el mar. Aún el místico moderno Edgar Cayce habló del continente desaparecido y profetizó el inminente resurgimiento de la Atlántida.

De hecho, la leyenda del continente perdido de la Atlántida está basada probablemente en el destino de la isla de Thera (también llamada Santorini), ubicada a unas setenta millas al norte de Creta en el

Mar Egeo. Por documentos geológicos y arqueológicos, se sabe que en algún momento entre 1650 y 1500 A.C. el volcán Santorini hizo erupción y destruyó la mayor parte de esta isla, dejando un pequeño borde de roca al lado de una enorme caldera llena de agua. (Caldera: gran cráter en forma de vasija, que se forma normalmente cuando un volcán decrece y todo menos la parte de arriba está cubierto de agua. En América del Norte una caldera así forma una pequeña isla en el Lago Cráter, en Oregón.).

La erupción, y las inmensas olas que la siguen, han sido consideradas la causa de la destrucción de la civilización de Minos, en Creta, por esta época, y que recibió su nombre por su legendario Rey Minos. Los habitantes de Minos han sido reconocidos como uno de los pueblos más ricos, poderosos y avanzados del mundo antiguo. Una descripción que encaja bien con la versión de Platón de los moradores de la Atlántida. Los habitantes de Minos tenían ceremonias religiosas elaboradas con el conocido culto a los toros que dio lugar al mito del Minotauro y el Laberinto. Después del año 1400 A.C., la civilización de Minos desapareció de la historia. Una teoría popular sostiene que la erupción de Santorini señaló el comienzo del fin de la civilización de Minos.

Por su fecha similar, se ha sugerido que la erupción del Santorini pueda haber sido la causa natural de las plagas bíblicas en Egipto, recontadas en el Éxodo, y de la subsiguiente partición del Mar de Cañas—no del Mar Rojo—como nos enseñaron durante mucho tiempo. Aunque esta teoría es más controversial, es intrigante. Sugiere que las cenizas volcánicas y las gigantescas olas generadas por la erupción del Thera fueron responsables de algunos de los fenómenos naturales descritos en el Éxodo Normalmente se ubica en el siglo XIII A.C., la epoca en que probalemente el volcán haya hecho erupción.

¿Dónde Quedaba el Jardín del Edén?

El mito de la Atlántida persistió durante siglos, provocando especulación y superstición: algo típico de la inclinación de los seres humanos a mezclar la razón y la fe. Todos los mitos geográficos de las culturas antiguas estaban a imbricados en todo el sistema filosófico o religioso de estas sociedades, como lo muestran sus mitos de la creación. Cada sociedad tiene una historia de la creación porque todo el mundo quiere una explicación para sus comienzos. Normalmente esos comienzos anuncian la naturaleza especial y única de cada grupo. Es fácil proclamar tu superioridad cuando le puedes decir a la gente que eres producto de la intervención divina.

El mito de la creación que tuvo mayor impacto en la civilización Occidental ha sido la historia bíblica del Jardín del Edén.

Después el Señor formó al hombre del polvo del suelo y sopló en su nariz el aliento de vida; y fue el hombre un ser viviente. Y el Señor Dios plantó un jardín en Edén, al oriente; y allí colocó al hombre que había formado. Y del suelo el Señor Dios hizo crecer cada árbol placentero a la vista y bueno para comida, el árbol de la vida también en medio del jardín y el árbol de la sabiduría de lo bueno y lo malo.

Un río fluía del Edén para regar el jardín y allí se dividió y se convirtió en cuatro ríos. El nombre del primero es Pisón; es uno que fluye alrededor de toda la tierra de Havila, donde hay oro; y el oro de esa tierra es bueno. También hay allí bedelio y piedra de ónix. El nombre del segundo río es Gihón; es uno que fluye alrededor de toda la tierra de Cus. Y el nombre del tercer río es Tigris, que fluye al este de Asiria. Y el cuarto río es el Eufrates.

La versión bíblica de la Creación del Génesis, con su paraíso terrenal, el Jardín del Edén, del cual Adán y Eva a la larga son expulsados: ("Él sacó al hombre y en el extremo este del jardín colocó a un querubín, y una espada flamante que giraba para todos lados, para proteger el paso al árbol de la vida") fue la fuente de interrogación, especulación y búsqueda durante los inicios de la era cristiana.

Mientras que los cristianos modernos debaten hasta qué grado se debe aceptar literalmente la versión bíblica de la historia, para los cristianos europeos de la Edad Media no había ninguna duda. La Escritura era simplemente la palabra de Dios divinamente inspirada acerca de la cuál no podía haber ninguna duda legítima. Tratar estos cuentos con la más leve incertidumbre era una herejía y frecuentemente una afición mortal.

Con esta mentalidad, los estudios geográficos en la Europa medieval se apartaron de la tradición griega de expandir el conocimiento científico y geográfico para obtar por la obsesión de la Edad de la Fe: explicar el mundo a través de enseñanzas bíblicas. Desafortunadamente, parte de la inspiración de estos hombres de mente santa provenía de fuentes no muy bíblicas. Una de las razones de este fenómeno fue la existencia de una versión mucho más atractiva de la geografía mundial, producida por escritores tan influyentes como Plinio el Viejo (23–79), Luciano de Samosata (120–190 aproximadamente) y Cayo Julio Solino (250 aproximadamente).

La *Historia Natural* de Plinio era de muy dudoso mérito científico, pero sus ideas acerca del mundo fueron el principal punto de referencia de los cartógrafos durante siglos. Aunque era un árido compilador de lugares conocidos, Plinio se torna fascinante cautivador cuando describe el mundo más allá de su propia experiencia y conocimientos de primera mano. Entre los lugares y la gente maravillosa que dijo que existía, se encontraban los habitantes de las Islas Oreja que estaban cerca de la costa de Alemania. Eran una tribu de pescadores cuyas orejas eran tan grandes que cubrían sus cuerpos. Estos grandes apéndices ofrecían el beneficio de que los Todo-orejas pudieran oír los peces debajo del agua. En la Isla Ojo-Malvado, cerca del Polo Norte, las mujeres poseían una mirada que podía embrujar e incluso matar. Plinio prevenía a los viajeros de Hyberborea, una isla con acantilados con forma de mujer, que cobraban vida en las noches para destruir barcos. En esta tierra cerca de Escocia, el sol sale y se pone sólo una vez al año. Aunque se conoce la tristeza en Hyberbórea, la gente escogía el momento de su propia muerte y se lanzaba al mar desde la Piedra Saltarina. En Lixus, una isla cerca de África, Plinio contaba de un árbol que daba una fruta dorada. En la isla de Taprobane, había culebras con una cabeza en cada punta de su cuerpo. En el desierto de África hablaba de los blemmayaes, una raza de gente que no tenía cabeza y que tenía los ojos y la boca en el pecho.

A diferencia de Plinio, Luciano no se tomaba a sí mismo muy en serio. Sus trabajos satíricos marcaban el comienzo de una tradición que más tarde atraería a escritores como Voltaire, Rabelais y Swift; escrito-

res que usaban los cuentos de viajes para criticar hábitos contemporáneos. A pesar de sus obvias invenciones, la *Historia Verdadera* de
Luciano con el tiempo encontró verdaderos creyentes. Entre las maravillas que contó estaban las de Caseosa, o Isla de la Leche, una isla
redonda hecha de queso, con un área de veinticinco millas donde las
uvas producían leche en lugar de vino. En la Isla Dioniso habían viñas
que tenían forma de mujer y podían hablar. Sin embargo, se les adver-
tía a los viajeros que no conversaran con estas viñas mujeres porque se
podían embriagar. Quien intentara tener relaciones sexuales con una
de estas criaturas corría el riesgo de ser convertido en viña. En la isla
atlántica de Corcho vivían los Pies de Corcho que, tal y como su nombre lo sugería, podían caminar sobre el agua con sus pies de corcho. La
isla Calabaza tenía piratas que navegaban en barcos tallados de cala-
bazas enormes.

Si bien Luciano era un fabulador de disparates otros que le siguieron tomaron tales fábulas con absoluta fe. El intento de reconciliar
la ciencia con los textos sagrados y el racionalismo con la religión,
comenzó a tropezones con Solino, que vivió alrededor del año 250 a.c.
y sin disculpa copió su material directamente del de Plinio. Habló de
hombres con pies de caballo, cazadores de un solo ojo que bebían de
tazas hechas de cráneos y de hombres paraguas de la India cuya única
pierna terminaba en un pie lo suficientemente grande como para
cubrir sus cabezas. También había animales interesantes en el mundo
de Solino, ninguno más que el lince cuya orina se convertía en una
piedra preciosa con poderes magnéticos. Una de las verdaderas contribuciones de Solino fue su decisión de cambiar de nombre las conocidas masas de aguas alrededor de Roma. En cuanto al llamado Mare
Nostrum (Nuestro Mar), Solino proclamó su preferencia por llamarlo
Mediterráneo, o "Mar en el medio de la Tierra," una vez más reflejando el síndrome de *omphalos.* ¿Había alguna duda de que un ciuda-
dano romano en la cima del imperio no vivía en el centro del mundo?

Estas fábulas geográficas eran ampliamente aceptadas a medida que
el mundo europeo se adentraba en el período medieval y el énfasis
entre los eruditos cambió de la ciencia a la fe. Una persona inmensamente influenciada por los escritos de Solino fue San Agustín
(354–430), obispo de Hipona, en la provincia Romana de Argelia, el
pensador cristiano más influyente por varios siglos. Conocedor de la

literatura del mundo "pagano" (griego), Agustín lidió con las contradicciones entre la Sagrada Escritura y los clásicos. La Biblia nombra sólo tres continentes, uno por cada uno de los descendientes de Noé; ¿cómo podría haber otro? En la pregunta acerca de las antípodas, Agustín fue decisivo: no había bases racionales para tal creencia.

Con el paso del tiempo, se olvidaron las ideas razonadas de Ptolomeo de una esfera con cuadrículas bien marcadas que mostraban latitud y longitud. En su lugar, los extraordinarios mundos de Plinio y Solino cobraron popularidad. La esfera griega fue reemplazada por una nueva visión cristiana del mundo, que según una famosa representación, era rectangular, como un baúl con una tapa en forma de bóveda que sostenía los cielos. El autor de esta versión particular del mundo era Cosmas Indicopleustes ("Viajero de la India"), un mercader del siglo VI que había viajado mucho y se había convertido en místico cristiano. Para Cosmas, todos los temas sobre el tamaño y la forma del universo, así como las descripciones de sus habitantes en la tierra, podían ser encontrados en la cuidadosa lectura de la Biblia. Para él, una idea como la de las antípodas era simplemente ridícula. Preguntaba, "¿Puede alguien ser tan tonto como para creer que hay hombres cuyos pies están por encima de la cabeza, o lugares donde las cosas pueden estar colgando hacia abajo, árboles que van hacia atrás o lluvia que cae hacia arriba?"

La creencia de Cosmas en el Edén era firme, inconmovible. Sin embargo, éste se encontraba más allá del océano en un lugar inalcanzable para el hombre.

Aún más influyente que Cosmas fue Isidoro de Sevilla, quien vivió en las profundidades de la Edad Oscura en los siglos VI y VII. Isidoro fue más preciso en sus nociones de la localización del Paraíso. Autor de una influyente enciclopedia del conocimiento de sus tiempos (comienzos del siglo VII), Isidoro colocó el Paraíso en una isla en Asia, en el lejano oriente. Su ubicación sería incluida en casi todos los mapas en el mundo Occidental durante cientos de años. De acuerdo con Isidoro, sólo había un problema para poder llegar al Paraíso. Dios, como lo declaraba el Génesis, había cerrado todo posible acercamiento al Edén con una espada flamígera.

La búsqueda del Edén generó mitos y leyendas que se mantuvieron vivos durante siglos. Una de estas era la historia de San Brendan

(484–578 aproximadamente), un monje irlandés del siglo sexto que supuestamente "descubrió" América novecientos años antes de Colón. Inspirado en un sueño, Brendan salió en busca del Paraíso. Con una tripulación de sesenta personas, tardó cinco años en alta mar, encontrándose con extrañas bestias, como pájaros que le decían al santo que eran ángeles caídos. En una remota roca en medio del océano, Brendan encontró la solitaria figura de Judas Iscariote, el traidor de Cristo. Finalmente, Brendan alcanzó una bella isla donde encontró a un sabio y a un gigante muerto que volvió a la vida. Esta historia, contada como combinación de leyenda medieval y realidad, se mantuvo viva por cientos de años durante los cuales la "Tierra Prometida de los Santos" de Brendan estaba claramente marcada en los mapas, y en algunos de ellos se ubicaba el Paraíso de Brendan cerca del lugar donde después los europeos descubrirían América del Norte.

Si el Edén estaba verdaderamente al Este, tal y como lo creía la mayor parte de los hombres, en esa área se hallaba otro lugar mucho más real y tal vez aún más significativo para los cristianos europeos

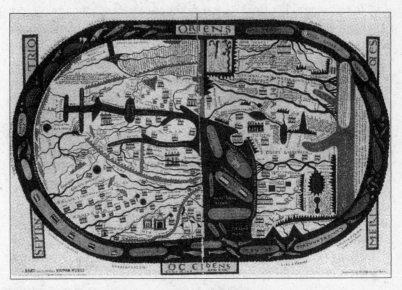

Mapa de San Beato, 776 D.C. CORTESÍA DEL DEPARTAMENTO DE SERVICIOS BIBLIOTECARIOS, MUSEO AMERICANO DE HISTORIA NATURAL

medievales. Al declarar la Primera Cruzada en 1095 para recapturar Tierra Santa de la mano del Islam, el Papa Urbano II dijo, "Jerusalén es el ombligo del mundo, una tierra que es más fructífera que cualquier otra, una tierra que es como otro paraíso de delicias."

La Primera Cruzada, una de varias guerras libradas para retomar Jerusalén de los musulmanes, concluyó exitosamente con la captura de Jerusalén en julio de 1099. Pero ese fue más o menos el fin de los triunfos de los cruzados. Uno de muy corta duración, puesto que Jerusalén fue retomado por Saladino en 1187 (Ver capítulo 4, "Campos de Batalla que Cambiaron la Historia," página 200.) Pero las esperanzas de los cristianos europeos fueron reforzadas por la palabra de un aliado poderoso contra las "hordas" islámicas. En la época de la Primera Cruzada, comenzaron a circular rumores sobre un gran rey cristiano en el Este llamado Presbítero o Juan el Presbítero. Juan Presbítero supuestamente descendía de los Tres Reyes de la historia de Belén. Presumiblemente venció a los persas en una batalla épica y se dirigía al Oeste para ayudar a los cruzados. Unos años más tarde, llegó una carta de este extraordinario general-rey del Este. Aun siendo-completamente falsa, no dejó de alimentar las esperanzas de que Juan Presbítero, como ángel vengador, iba a llegar galopando del Este para unir sus fuerzas con las de los cristianos europeos en su búsqueda de recapturar Tierra Santa. La historia de Juan Presbítero, como la de San Brendan y otros mitos medievales, tuvo larga vida. Doscientos años más tarde, Marco Polo proclamaba que Juan Presbítero había existido pero fue muerto en una gran batalla contra Gengis Kan.

A pesar de la falta de esperanzas, toda esta búsqueda para encontrar a Juan Presbítero y luchar para tomar a Jerusalén tuvo su efecto práctico. Desplomados desde la caída de Roma y acobardados frente a la peste, los europeos estaban finalmente saliendo y viendo el mundo. Muchas de sus ideas permanecieron atascadas en una tenebrosa combinación de fe y magia, pero se había abierto una puerta que permitía que entrara un rayo de luz del Este para brillar a través de la rendija.

La búsqueda europea del Edén continuó hasta los tiempos de Cristóbal Colón, quien en su tercer viaje que estaba convencido de que había encontrado el Paraíso. Su descripción de la Tierra con forma de pera se originó en el momento en que alcanzó el Río Orinoco (en la Venezuela actual). Colón, posiblemente hijo de un judío, era un hombre inmensamente piadoso que se tomaba las Escrituras muy en serio. Colón creía que la precipitación de agua fresca venía de los cuatro ríos bíblicos del Paraíso y que la expansión de tierra que veía era la localización terrenal del Edén. Añadió en su diario, "Estoy convencido de que es el lugar del paraíso terrenal en el que nadie puede andar sin permiso de Dios."

¿Quién Inventó la Brújula?

Una de las razones por las cuales Colón logró llegar tan lejos fue su posesión de lo que ahora consideramos un sencillo dispositivo tecnológico. Todos los niños exploradores tienen una. Hay probablemente una, de una u otra forma, en cada casa. Algunas personas tienen una en el tablero de sus carros. Estos dispositivos son una fuente de fascinación interminable, pero la mayor parte de nosotros no sabe qué hacer con ellos. Son brújulas magnéticas. Funcionan por los extraños polos magnéticos de la Tierra. Estos polos, aspecto característico de este planeta, no son exactamente lo mismo que los polos geográficos. La razón de la ubicación de los polos magnéticos es todavía un misterio, y el campo magnético de la tierra parece haber cambiado su polaridad muchas veces en el pasado geológico. Aun así, una aguja magnética en reposo señalando aproximadamente al norte. Con una tarjeta fijada por debajo de las agujas indicando el punto de dirección, la persona que usa la brújula simplemente fija la aguja sobre el punto norte de la tarjeta y puede determinar la dirección precisa a la cual dirigirse.

La gente da por sentado que haya brújulas y, como muchas otras cosas útiles en la vida, no entendemos cómo funcionan. En el caso de la brújula, al igual que la rueda y cientos de otros inventos básicos que hacen posible el progreso humano, tampoco sabemos exactamente quién la inventó. Aunque parezca curioso, nadie sabe quién descubrió la propiedad magnética de la magnetita. No sabemos quién se dio cuenta de que el poder de atracción de la piedra podría pasarse a un pedazo de hierro o quién descubrió que un imán podía ser utilizado para determinar direcciones geográficas.

Al igual que muchos fenómenos de la naturaleza que no han

podido ser explicados, el de la magnetita fue fuente de leyendas antes
de que se descubriera su lado práctico. Una de estas leyendas fue la
existencia de islas magnéticas junto a las cuales no podían pasar los
barcos si estaban construidos con puntillas. Desde los primeros tiempos, los poderes de la magnetita se asociaban con fuerzas oscuras y
mágicas. La palabra viene de una oscura palabra en inglés antiguo que
significa *camino*, así que una traducción burda es "piedra que enseña
el camino."

En la Europa medieval, los imanes, en efecto, eran usados por los
magos para realizar trucos que entretuvieran a las muchedumbres. De
acuerdo con otra leyenda, un pedazo de magnetita colocado bajo la
almohada de una esposa infiel podía hacer que esta confesara sus peca-
dos. Se decía que el mineral era tan potente que un pedazo muy
pequeño podía curar todo tipo de dolencias e inclusive actuar como
anticonceptivo. De acuerdo con Simón Bretón en su libro acerca de la
historia de los mapas, *La Forma del Mundo*, el compás, decía, también
"tenía el poder de reconciliar a los esposos con sus mujeres, y hacer
que las esposas volvieran con sus maridos."

En *Los Descubridores*, Daniel Boorstin recuenta, "Como el inex-
plicable poder de una aguja magnetizada de 'encontrar' el norte se
consideraba obra de magia negra, los marineros temían sus poderes.
Durante muchas décadas, los capitanes de barco consultaba su brújula
en secreto . . . Cuando la brújula perdió su misterio y se convirtió en
una herramienta diaria de todos los marineras, salió a cubierta. Sin
embargo, en los tiempos de Colón, un piloto que usara la brújula
podía ser acusado de traficar con Satán."

Los chinos fueron tal vez los primeros, alrededor del año 1000 A.C.,
que utilizaron una aguja magnética con propósitos de navegación.
Aunque se conocía el extraño poder de la magnetita tanto en Oriente
como en Occidente, los chinos fueron los primeros que dominaron
este fenómeno e inventaron la brújula. Cuatrocientos años más tarde,
los chinos estaban lo suficientemente bien versados en el uso de la brújula y la navegación para emprender expediciones de navegación ambiciosas bajo un almirante famoso llamado Cheng Ho, quien era
conocido como el Eunuco de las Tres Joyas, tal vez porque daba gemas
como presentes. Con unas sesenta embarcaciones, capaces de llevar

treinta y siete mil hombres, Cheng Ho llevó el mensaje de la superioridad china a las naciones del Océano Índico. Para 1431, Cheng Ho había establecido el predominio de China a través de los mares del sur, hasta India, Arabia y el Este de África, mucho antes de que los europeos intentaran viajes a esta parte del mundo. Irónicamente, el séptimo viaje de Cheng Ho fue el último. La política de la corte puso fin a las aventuras en el extranjero y China, la nación que construyó la Gran Muralla para mantener fuera a los extranjeros, nuevamente se volteó hacia el interior. Rechazando el espíritu de inventiva y exploración, los xenófobos chinos, frenaron en seco una era de exploración que podría haber cambiado el curso de la historia, si se le hubiera permitido florecer.

Mientras que es muy posible que la idea de la brújula haya encontrado su camino desde China hasta Europa, parece igualmente probable que el mundo europeo haya hecho el descubrimiento por sí mismo, sólo que un poco más tarde. Un cuento legendario da crédito del compás a un marinero italiano anónimo de principios del siglo XIV.

El hecho es que alguien tuvo la noción de pegar una aguja magnetizada sobre una "tarjeta de compás," que es un círculo dividido en los principales puntos de dirección. Al principio, la tarjeta de compás de los marineros era un círculo y se mantenía plano sobre una superficie. En una vasija a su lado, se hacía flotar una aguja magnética sobre un pedazo de corcho o paja. Cuando la aguja apuntaba al norte, la tarjeta se ajustaba para indicar la dirección.

Antes de la introducción y el amplio uso de la brújula, los navegantes tenían que confiar en una técnica antigua llamada "Cálculo a Ojo," (navegación a ciegas). El marinero usaba básicamente su experiencia, sus instintos y cualquier conocimiento local que pudiera haber en combinación con visiones astronómicas. Desafortunadamente, con el "Cálculo a Ojo" el énfasis solía estar en lo "ciego." Era un método peligroso y poco confiable que presentaba un enorme obstáculo para los viajes largos hacia las vastas y extensiones, sin leyes, del océano. Sin el compás, Colón no había podido ni siquiera considerar ensayar su sueño ambicioso de alcanzar el Oriente navegando hacia el Occidente.

¿Por Qué No "Descubrieron" América los Chinos, los Africanos o los Árabes?

Tal y como lo demuestran las hazañas de Cheng Ho, el "Cristóbal Colón" chino y el inventor chino de la brújula, Europa no era la única que hacía progresos en la navegación y otros campos geográficos. Los navegantes de los países arábicos y del Oriente recorrían las amplias extensiones de los océanos orientales mientras que Europa estaba todavía en medio de la Edad Oscura.

De hecho, la Edad Oscura de Europa fue un período de extraordinario avance matemático y científico en las sociedades no europeas. Mientras que la Iglesia medieval quemaba o enterraba los clásicos de la antigüedad y los eruditos se ocupaban de ubicar el Paraíso, el mundo árabe estaba adoptando nociones griegas y embarcándose en su propia edad de oro de avances científicos y matemáticos. Mientras Ptolomeo era abandonado por el mundo europeo, los árabes continuaron el estudio de la astronomía y las matemáticas y expandieron rápidamente su imperio en el vacío creado por la desaparición de Roma.

La pregunta sin embargo, sigue en pie: ¿Por qué estas sociedades, con toda su habilidad y erudición, y que ciertamente poseían las habilidades técnicas, no emprendieron el tipo de exploración marina y de colonización que alteraría el curso de la historia a finales del siglo XV, la "Era del Descubrimiento" de los europeos.

Asumiendo que ninguna de estas culturas llegara a América antes que los europeos esta pregunta llega al corazón de la relación entre la geografía y el destino. ¿Qué factores geográficos o culturales impidieron a los árabes, y a los chinos sobre todo, atravesar los océanos para descubrir el Nuevo Mundo?

En el caso de los chinos, puede haber sido la renuencia de una civilización satisfecha a emprender el enorme esfuerzo y los sacrificios que exigían el descubrimiento y la exploración. Daniel Boorstin ha catalogado esta civilización como "un imperio sin aspiraciones." La tradición también tuvo que ver en todo esto. Era un pueblo cuya tradición cultural e histórica había sido oponerse o al menos limitar el contacto con los extranjeros. Después de todo, eran herederos del pueblo que comenzó a construir la Gran Muralla en el año 214 A.C. para sacar a los merodeadores extranjeros.

Los árabes del medioevo tenían los medios para navegar por el mundo. Por supuesto, eran más avanzados que su contraparte europea en muchos aspectos. En lugar de quemar los textos "paganos" de escritores como Ptolomeo, los estudiaron y los superaron. Pero en términos más prácticos, los árabes carecían de la razón fundamental que tuvieron los europeos como Colón para sus viajes.

No necesitaban encontrar una manera de navegar al Oriente. Ya estaban bien establecidos alli y tenían muy poco interés en expandir sus contactos con los europeos que habían mostrado su talante durante las Cruzadas.

Ésta es la tercera diferencia. Al contrario de los exploradores europeos, quienes llevaban la cruz así como la bandera de sus patrocinadores, entre los chinos no había un empeño misionero. Y aunque los árabes llevaban con ellos el Islam, ninguna de las dos culturas produjo el equivalente de los Jesuitas o de ninguna otra orden religiosa católica encaminadas a convertir a los paganos. Por equivocados que pudiesen ser esos proyectos cristianos, la urgencia de expandir la fe fue una poderosa fuerza detrás de los viajes europeos de descubrimiento.

VOCES GEOGRÁFICAS
De los *Viajes* de MARCO POLO
(1299 aproximadamente)

En esta isla de Cipango (Japón) y las otras en su vecindad, sus ídolos son modelados en diversas formas, algunos de ellos con cabezas de bueyes, algunos de cerdos, perros, cabras y muchos otros animales. Algunos tienen la apariencia de una sola cabeza con dos caras; otros de tres cabezas, una de ellas en su sitio y las otras dos sobre cada hombro. Algunos tienen cuatro brazos, otros diez y algunos cien. Los que tienen mayor número de cabezas son considerados los más fuertes y por lo tanto tienen derecho al culto más particular.

Cuando los cristianos les preguntan por qué le dan a sus deidades estas formas diversas, ellos responden que sus padres lo hicieron antes que ellos. "Los que nos precedieron," dicen "nos los legaron así y así deberemos transmitirlo a nuestros descendientes."

Las diversas ceremonias practicadas ante estos ídolos son tan malvadas y diabólicas que no sería nada menos que una abominación dar cuenta de ella en este libro. El lector debería, sin embargo, estar informado de que los habitantes idólatras de estas islas, cuando capturan a un enemigo, que no tiene los medios de efectuar el pago de su rescate, invitan a su casa a todos sus familiares y amistades. Condenan a muerte a su prisionero, lo cocinan y se comen el cuerpo, en un ambiente festivo, asegurando que la carne humana sobrepasa a todas las demás en la excelencia de su sabor.

Debe entenderse que el mar en el que está situada la isla de Cipango se llama el Mar de China, y ese mar oriental es tan extenso que, de acuerdo con los reportes de pilotos y marineros experimentados que lo frecuentan, y de quienes se debe saber la verdad, contiene no menos de siete mil cuatrocientos cuarenta y cuatro islas, la mayor parte de ellas deshabitadas. Se dice que de los árboles que crecen en ellas, no hay ninguno que no produzca una fragancia especial. Producen muchas especias y drogas, particularmente palo santo, aloe y abundante pimienta, tanto blanca como negra.

Es imposible estimar el valor del oro y otros artículos encontrados en las islas; pero su distancia del continente es tan grande, y la navegación asistida tan complicada y llena de inconveniencias, que los veleros comprometidos en el comercio . . . no cosechan grandes utilidades.

Nacido en Venecia en 1254, Marco Polo venía de una familia de mercaderes acomodados. A los diecisiete años salió con su padre y su tío en una misión diplomática al servicio del Papa Gregorio X hacia la corte de Kublai Kan, primer emperador mongol en China. Su viaje a la China a través de Persia y Afganistán tomó tres años y medio. Después de llegar a Pekín (Beijing), el joven europeo atrajo la atención del emperador y permaneció a su servicio durante viente años.

Después de regresar a Venecia, Marco Polo sirvió en un barco veneciano durante una de las guerras regulares entre su ciudad y su rival, Génova. Fue capturado y puesto en prisión. Durante el tiempo que estuvo en prisión dictó un recuento de sus experiencias en el Lejano Oriente a un compañero de celda, basándose en sus cuadernos y quizás en una memoria selectiva, así como en una dosis de imaginación. Sin embargo, se cuenta que, refiriéndose a su relato, dijo: "No he contado la mitad de lo que vi."

Aunque había habido contacto entre Europa y China durante siglos, los recuentos de Polo, traducidos a muchos idiomas, agudizaron el apetito mercantil europeo por la expansión y la dominación del comercio con el Este. Fue ese comercio el que le dio el ímpetu a los portugueses para encontrar una ruta por mar alrededor de África, así como a Cristóbal Colón la ambición de encontrar una ruta al Occidente, hacia la vasta tienda de riquezas descrita por Marco Polo.

Quién "Descubrió" América Realmente?

Imagínate un día en la Luna en el año 2250. (Por favor, toma en cuenta que no es mucho tiempo en comparación con el período de la historia tratado en estas páginas.) La colonia lunar del consorcio japonés–alemán se está preparando para celebrar el bicentenario de su fundación. Habrá grandes desfiles e increíbles ofertas en el centro comercial interestelar, todo en conmemoración de los primeros terrícolas que llegaron a la Luna, en el año 2050.

Pero una pequeña banda de disidentes con pancartas—miembros de la clase lumpen estadounidense—está protestando por este evento. Quieren que la colonia reconozca a las primeras personas que llegaron a la Luna, los estadounidenses que lo hicieron en el año 1969. Los medios de comunicación los consideran una banda de chiflados y dicen que aun si los estadounidenses habían llegado a la Luna—una idea absurda dada la falta de prestigio en el año 2250—ellos no fundaron una colonia y no dejaron una huella indeleble en ese lugar.

Quinientos años después de que Cristóbal Colón salió desde Cabo Palos, en España, hacia las páginas del mito y la historia, su nombre evoca extraordinarias pasiones. La celebración del quinto centenario del primer viaje de Colón en 1492 abrió nuevamente un debate acalorado sobre los logros de Colón y su legítimo lugar en los libros de historia.

Pero incluso usar la palabra *celebrar* en la misma frase que el nombre de Colón, suscita controversias. Un grupo de indígenas norteamericanos recibió gran cobertura de la prensa cuando celebró el Día de Colón en 1991 como el aniversario del último año *antes* de que Colón llegara a América. En Berkeley, California, el 12 de octubre ya no es, oficialmente, el Día de Colón. Los directivos de la ciudad han determinado llamarlo el Día de los Pueblos Indígenas en honor a las sociedades que florecieron antes de la llegada de Colón. (Por alguna razón, es difícil pensar en correr al centro comercial a aprovechar las rebajas por el Día de los Pueblos Indígenas!)

Casi todo el mundo, exceptuando a unos pocos, como los Caballeros de Colón y los Hijos de Italia, está de acuerdo en que Cristóbal Colón no descubrió América, como creían generaciones de niños educados con una versión folklórica de la historia. Mucha de esa historia legendaria de Colón provenía de la imaginación del famoso narrador de cuentos Washington Irving. Pero todavía hay una confusión considerable respecto a qué fue exactamente lo que descubrió Colón y si alguien más "descubrió" el Nuevo Mundo mucho antes que él.

Algunos historiadores han argumentado que, efectivamente, alguien sí lo hizo. Es posible, a juzgar por una campana de barco encontrada cerca de la costa de California, que barcos chinos o japoneses, guiados por los vientos, hubiesen llegado a las costas de América. En América del Sur se han encontrado antiguas monedas romanas, presumiblemente dejadas por marineros en una nave que perdió el rumbo impulsada por el viento. Tal vez la más famosa de las teorías de un descubrimiento pre-colombino es la de Thor Heyerdahl, el famoso expedicionario de la *Kon Tiki* y *Ra*. Heyerdahl, un antropólogo noruego, ha aseverado que marineros procedentes de Egipto o Fenicia llegaron a América del Sur o a México y construyeron allí las pirámides.

Otro erudito que ha argumentado un descubrimiento de América por parte de los africanos es el profesor Iván Van Sertima. En su libro *Llegaron Antes de Colón*, se basa principalmente en artefactos y esculturas de culturas de América Central y del Sur que se asemejan a su contraparte africana para explicar su teoría. Aunque desconcertantes, estas teorías tienen problemas. El primero de estos es la posibilidad de que culturas diferentes lograr el mismo desarrollos de manera independiente. Además, parece obvio preguntarse por qué sólo ciertos aspectos específicos de estas culturas fueron transferidos. Si los fenicios verdaderamente vinieron a América, ¿por qué no trajeron su alfabeto y la rueda, ninguno de los cuales estaba a la vista cuando llegaron los españoles?

¿Fue Colón el primero? Definitivamente no, si tomamos en cuenta a los vikingos que llegaron a la región de Terranova o a sus alrededores en el año 1000, descubrieron que los indígenas no eran muy amigables y regresaron a sus hogares unos años más tarde. Así que los vikingos estuvieron en América antes que Colón. Pero su presencia no tuvo un impacto duradero ni en la historia de América ni en el resto del mundo occidental. El "descubrimiento" de América por Cristóbal Colón como representante de Europa señaló la apertura de un extraordinario período de descubrimiento, colonización y también de explotación sin precedentes en la historia de la humanidad. Fue un período que no habría tenido lugar si no hubiese sido por los extraordinarios eventos que estaban sucediendo en Europa: la sacudida de los pilares de fe ciega que mantuvieron a Europa en la Edad Oscura; la celebración de la mente humana que dio lugar al Renacentismo: el movimiento lento y tortuoso a una nueva era de pensamiento racional que culminó en la Ilustración. Por supuesto, toda esa gloria tiene su lado oscuro, principalmente el sometimiento de los pueblos que encontraron los europeos cuando llegaron a América y su introducción, no mucho después de su llegada, de los esclavos africanos y el gran tráfico de esclavos por el Atlántico.

El brillo heroico de Colón ha sido considerablemente opacado. Los libros de historia ahora nos dicen que fue devuelto a España, encadenado, por su mala administración de las colonias que él mismo había establecido. Pero incluso ahora, los mitos siguen siendo poderosos. Todavía hay gente que se aferra a la noción de que Colón estaba navegando a lo desconocido, con una tripulación atemorizada que creía que el viaje estaba condenado porque la Tierra era plana y ellos se iban a caer al llegar al borde.

Esto no tiene sentido. Aunque la concepción de la Tierra a finales del siglo XV estaba todavía influenciada por la leyenda y la mitología, Colón sabía que el mundo era redondo, como lo creían la mayoría de las personas racionales, dado que era una idea que databa de la época de los grandes filósofos griegos.

Todavía hay muchas personas que no se dan cuenta de que Colón nunca llegó a las costas de los Estados Unidos de América. Sus viajes lo llevaron alrededor del Caribe y a las costas de América del Sur. Llegó a su lecho de muerte pensando que había llegado a alguna isla en las afueras de China, que era su objetivo original.

También había millones de personas viviendo en América cuando llegó Colón, esparcidas por los dos subcontinentes. Parece difícil aceptar que alguien ha "descubierto" un lugar donde ya viven cuarenta millones de personas. Es como decirles a los amigos que has descubierto un nuevo restaurante. Magníficas hamburguesas y papas fritas. Aunque no eres fanático de la decoración con esos grandes arcos dorados.

La respuesta obvia a la pregunta de quién descubrió América es que la descubrió la gente que vivía acá cuando Colón echó el ancla. Habían comenzado a llegar a América quince o treinta mil años antes, cruzando un puente de tierra que conectaba a Asia con América durante una de las últimas edades de hielo. En olas sucesivas vinieron siguiendo los animales que cazaban, asentándose con el tiempo y esparciéndose a través de dos grandes continentes.

La única constante en los diversos puntos de vista sobre la forma de la tierra y su lugar en el universo es que ha sido un proceso continuo de cambio. Así que mientras es fácil burlarse de las nociones de las personas del pasado acerca del mundo, con sus bestias míticas, la Tierra plana flotando en un mar interminable, y escarabajos rodando bolas de estiércol, es importante no aferrarnos tanto a nuestras propias nociones del mundo.

El universo tiene una forma engañosa de decirnos "Crees que eres muy inteligente, pero estás totalmente equivocado." Esto sucede cada vez que la ciencia descubre algo que sacude nuevamente nuestro concepto del mundo.

Por ejemplo, si uno estuvo en la primaria hace veinte años o más, uno puede tomar prácticamente todo lo que aprendió en ese momento

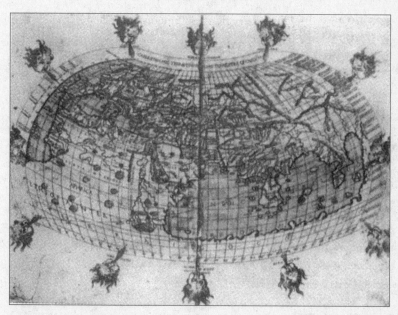

Mapamundi de Berlinghieri. Cristóbal Colón pudo haber tenido acceso a este mapa. CORTESÍA DEL DEPARTAMENTO DE SERVICIOS BIBLIOTECARIOS, MUSEO AMERICANO DE HISTORIA NATURAL

o lo que uno cree que recuerda acerca de los dinosaurios, la evolución del hombre o el espacio y arrojarlo por la ventana.

Durante la última década, mucho de lo que aprendimos y aceptábamos como dato científico hace apenas veinte o treinta años ha sido, o bien radicalmente revisado o totalmente refutado. Cosas tan básicas como la edad de la especie humana y la composición del universo han sido reevaluadas en su mayoría a raíz de importantes descubrimientos en años recientes.

Una de las equivocaciones populares más serias acerca de la ciencia y los científicos es que estas gentes de chaqueta blanca y muchos bolígrafos en sus bolsillos lo saben todo. Cualquier ingeniero o científico que se respete será el primero en descartar esta noción con absoluta convicción.

He aquí un ejemplo notable de cómo los avances científicos pueden transformar nuestra manera de pensar. Mira nuevamente a Cristóbal Colón. Te puedes haber reído cuando leíste las palabras que abren este capítulo acerca de la idea de que la tierra tenía forma de pera.

Bien, pues no es un chiste.

Una de las cosas que aprendimos tras el lanzamiento del satélite *Vanguard* en marzo de 1958 y su entrada en órbita, fue que la Tierra no es una esfera como nos enseñaron en el colegio. Un "dato" que hemos aceptado desde los tiempos de Newton. De hecho, el astrónomo John O'Keefe determinó, a partir de la órbita del *Vanguard*, que la Tierra tiene una ligera forma de pera con una protuberancia en el hemisferio sur, aunque no tan grande como había imaginado Colón.

Pero hay que darle crédito. Al menos en esto, ¡Colón estaba básicamente en lo cierto!

VOCES GEOGRÁFICAS
De *La Tempestad*,
por WILLIAM SHAKESPEARE (1564–1616).

> *¡O maravilla!*
> *¡Cuántas criaturas buenas hay aquí!*
> *¡Qué tan beata la humanidad!*
> *O feliz nuevo mundo,*
> *Que tiene tanta gente en él.*

Estas palabras, pronunciadas por Miranda, la bella hija de Próspero, cuando ve por primera vez a un hombre joven, son de una obra que es un maravilloso ejemplo de la intersección de la geografía, la historia y el arte. *La Tempestad*, una de las últimas obras de Shakespeare, fue escrita alrededor del año 1611. Es la historia de Próspero, un duque que ha sido derrocado y es llevado a una isla donde reina con poderes mágicos. Cuando las personas que lo derrocaron pasan cerca de la isla, Próspero crea una tormenta, dañando su barco y obligándolos a desembarcar.

La fuente de la obra fue un incidente real, ampliamente conocido en Inglaterra en su tiempo. Una expedición de nueve barcos que se dirigía a la recientemente establecida colonia de Virginia zarpó de Inglaterra en mayo de 1609. El buque insignia *Sea-Adventure*, naufragó cerca de las Bermudas. Todos los que estaban a bordo sobrevivieron y construyeron nuevos barcos en la isla, llegando finalmente a Virginia un año más tarde. Los cuentos de sus aventuras fueron enviados a Inglaterra y publicados.

Shakespeare no fue el único que encontró inspiración de este relato de un naufragio tan notable. Unos cien años más tarde, Daniel Defoe (1660–1731) publicó su famosa novela *Robinson Crusoe* (1719). Al igual que *La Tempestad*, es una historia de un náufrago. El cuento de Defoe se basaba en las experiencias de Alexander Selkirk, un marino escocés. Mientras servía en una expedición corsaria en 1704, Selkirk fue dejado en tierra a petición propia en Mas-a-tierra, una de las Islas de Juan Fernández en el Pacífico, cuatrocientas millas al oeste de Chile. Fue rescatado en 1709 y regresó a Inglaterra donde se convirtió en una celebridad y alcanzó la inmortalidad literaria cuando Defoe basó su famosa novela en las extrañas aventuras de Selkirk.

El período de la gran Era Europea de los Descubrimientos inspiró un gran número de clásicos literarios. Uno de ellos introdujo una nueva palabra en el idioma inglés: la *Utopía* de Thomas More (1516). Inspirado en los cuentos maravillosos que llegaban a Europa todos los días en cada barco que arribaba del Nuevo Mundo al otro lado del Atlántico, More uso el estilo de los relatos de viaje para establecer su visión de una sociedad perfectamente altruista. En Utopía no existía la propiedad privada. En esta república altamente democrática, localizada en algún lugar cerca de las costas de América del Sur, el objetivo más valioso de la gente era el "ocio" para poder aprender y mejorar. (La ironía de esta sociedad ideal libre de pobreza y sufrimiento es que la palabra *Utopía* literalmente significa "ningún lugar," un chiste de More.)

Las otras dos obras literarias notables, basadas en el estilo de los libros de viajes que recibieron la influencia de los extraordinarios descubrimientos y exploraciones de este período son *La Nueva Atlántida* de Sir Francis Bacon (1627), que al igual que *Utopía* sitúa una sociedad ideal en una isla del Pacífico, y *Los Viajes de Gulliver* de Jonathan Swift (1726). Al igual que los otros, Swift confiaba en la enorme fascinación del público con los recientemente descubiertos lugares exóticos para urdir su sátira de los modales de sociedad inglesa y europea en los cuentos de un viajero que llega a las islas de Lilliput, Laputa, Brobdingnag y otras remotas naciones del mundo.

HITOS EN GEOGRAFÍA I
5000 a.c.—1507 d.c.

ANTES DE CRISTO

aprox. 5000 Se utilizan barcos para navegar en los ríos en Mesopotamia.

aprox. 3000 Se usan barcos para navegar en el Nilo en Egipto.

aprox. 2900 La Gran Pirámide de Giza en Egipto es construida como tumba para el Faraón Keops (Khu-fu). Los lados de la pirámide, que es un cuadrado casi perfecto en la base, están alineados con líneas exactas norte-sur y este-oeste.

aprox. 2400 Los chinos introducen un método para hacer observaciones astronómicas basadas en el ecuador y los polos. Aunque este método no fue adoptado en Occidente sino hasta el siglo XVI a.c., todavía hoy es el método estándar de registro astronómico.

aprox. 2300 Un mapa de la ciudad de Lagash en Mesopotamia es tallado en piedra en el regazo de una estatua de un dios; es el "mapa de ciudad" más antiguo que se conozca.

aprox. 2000 Primer uso de velas en barcos en el Mar Egeo.

aprox. 1800 Bajo el reinado de Hammurabi, el famoso legislador, se compilan en Babilonia catálogos de estrellas y registros planetarios.

aprox. 1350–1251 Moisés conduce a los hebreos al Éxodo desde Egipto. (Esta fecha está en disputa, otras fechas sugeridas son de 1225 a.c.)

aprox. 1100 Los fenicios, que ocupaban lo que es hoy el Líbano, comienzan su expansión en la región del Mediterráneo. Aunque eran fundamentalmente marinos mercantes, colonizarán el Mediterráneo, más específicamente en Cartago. Sus contribuciones, aunque eclipsadas por las de los griegos, fueron importantes para la navegación. Desarrollaron un alfabeto escrito del cual se deriva el moderno alfabeto Occidental.

aprox. 900   Un mapa babilónico del mundo es dibujado en arcilla.

aprox. 750   Las ciudades griegas comienzan a expandirse a través del Mediterráneo.

aprox. 610   Una expedición fenicia supuestamente navega alrededor de África.

aprox. 530   Pitágoras, matemático y músico, trabaja en Samos. Los seguidores de Pitágoras enseñan que la Tierra es una esfera y no tiene forma de disco. La primera descripción conocida de la Tierra como esfera, hecha por Platón, citando a Sócrates, se produce en el año 380 A.C. Un miembro de la escuela de Pitágoras sugiere más tarde que hay un fuego central alrededor del cual giran la Tierra, el sol, la luna y los planetas; también cree que la Tierra rota.

aprox. 500   El historiador griego Hecateto desarrolla un mapamundi que muestra a Europa y Asia como semicírculos rodeados por océano.

aprox. 480   El filósofo griego Oenópides es supuestamente el primero en calcular el ángulo al cual está inclinada la Tierra. Su cifra de 24 grados difiere tan solo en medio grado de la cifra aceptada actualmente que es de 23.5 grados.

Siglo V   Los astrónomos chinos comienzan a realizar observaciones continuas de las estrellas.

aprox. 390   Platón concibe la idea de que debe haber un continente directamente opuesto a Europa, en el otro lado del globo, al cual llama las Antípodas.

334   Alejandro de Macedonia invade Asia Menor, conquista Egipto (332); Persia (339); llega a la India (329); y muere en Babilonia (323).

aprox. 300   Piteas navegante griego llega posiblemente a Islandia. Mediante la observación de las fuertes mareas atlánticas, teoriza correctamente que son causadas por la luna.

aprox. 310–230   Aristarco postula que la Tierra gira alrededor del Sol, de acuerdo con lo que decía Arquímedes.

aprox. 300   Aparecen escritos chinos que contienen la primera referencia al lineamiento magnético de la magnetita; se le llama "punta sur."

aprox. 240   Eratóstenes calcula la circunferencia de la Tierra casi con absoluta precisión.

221   Shi Huang Ti, de la dinastía Ch'in, unifica a China y comienza la construcción de la Gran Muralla en el año 214.

Siglo II   Posible uso de la magnetita en la China.

aprox. 190–c. 120   Hiparco astrónomo griego, es el primero en usar la latitud y la longitud.

aprox. 138   Durante la dinastía Han, Chang Ch'ien es enviado como embajador a explorar Asia Central en busca de aliados para ayudar a luchar contra los hunos. En sus años de viaje, llega a Afganistán y luego hasta Siria y posiblemente a Egipto.

aprox. 112   Apertura de la "Ruta de la Seda" a través de Asia Central; se convierte en la ruta en la cual se intercambian productos chinos y europeos, aunque ningún europeo vería la China por varios siglos.

aprox. 64–c. 21   Estrabón, griego influyente, viajero y geógrafo.

ANNO DOMINI (D.C.)

23–79   Plinio el Viejo, erudito romano cuya *Historia Natural* fue una obra ampliamente aceptada. Plinio, descuidado en su investigación, escribió fábulas y leyendas para el consumo popular. Murió observando una erupción del Monte Vesubio.

117   Muerte del emperador romano Trajano; El Imperio Romano está en pleno auge.

127–145   Claudio Ptolomeo, matemático, astrónomo y cartógrafo, publica sus trabajos más importantes en Alejandría.

271   Se utiliza la brújula en la China.

Finales del Siglo III Aparecen los primeros mapas chinos en seda con coordenadas en cuadrícula rectangular.

aprox. 350 Es dibujada la Tabla Peutinger, un mapa romano de rutas. Este mapa de carreteras, que muestra el mundo conocido en el apogeo del Imperio Romano, es una tira larga y delgada que mide una pulgada por 21 pulgadas. Muestra una red de 70,000 millas de carreteras romanas, con balnearios, rutas y pueblos grandes y pequeños. Pero todas las carreteras eran dibujadas en línea recta. No había ningún intento por trazar o bosquejar escalas, aunque las distancias entre ciertos puntos estaban escritas en los mapas.

410 Los visigodos invaden Italia, saquean Roma e invaden España.

Siglo VI Época de Cosmas Indicopleustes, un viajero y topógrafo cristiano cuya visión del mundo se basa en la Biblia en lugar de la precisión científica.

632 Muerte de Mahoma; comienza la expansión árabe.

760 Los árabes adoptan los números indios y desarrollan el álgebra y la trigonometría.

800 Carlomagno es coronado emperador en Roma, marcando el comienzo de un nuevo Imperio Occidental (más tarde Sacro Imperio Romano).

aprox. 1000 Los vikingos colonizan Groenlandia y "descubren" América, estableciendo una colonia en Terranova. Su estadía en Norte América es breve y no produce ningún impacto duradero en la historia del continente.

1095 El Papa Urbano II ordena la Primera Cruzada, encaminada a recuperar de los musulmanes santos lugares cristianos en Palestina. En 1099, Jerusalén es capturada por un ejército europeo multinacional que procede a masacrar a los judíos y los cristianos que están allí. Los cruzados establecen un reino latino en Jerusalén que cae a manos de Saladino en 1187. Rápidamente perdiendo de vista el celo religioso a cambio de la conquista territorial, los cruzados continúan asaltando posiciones musulmanas hasta el año 1270. Aunque fue un fracaso militar, las Cruzadas tuvieron un gran impacto en Europa, expandiendo el contacto europeo con el Este, estimulando el comercio y el contacto con culturas mucho más desarrolladas del Oriente Medio, China e India.

1206   Los mongoles, bajo Gengis Kan, comienzan su conquista de Asia.

1275   Marco Polo llega a China y entra en el servicio de Kublai Kan. Los recuentos de Polo de sus experiencias en China y el Oriente se publican en el año 1299.

1291   Los hermanos Vivaldi de Génova intentan navegar alrededor de África hacia el Oriente. Aunque su expedición desaparece, representa un nuevo espíritu aventurero en Europa, así como un rechazo a la idea de que es imposible navegar alrededor del extremo de África.

1374   Muerte de Ibn Battutah, el más grande viajero árabe medieval, conocido como el "Marco Polo árabe." Su libro *Viajes*, describe sus extensos viajes a través de todo el mundo musulmán, China y Rusia, viajes que totalizaron unas 75,000 millas (en un momento en el que definitivamente no había millas para viajeros frecuentes).

VOCES GEOGRÁFICAS
De los *Viajes por Asia y África* (1354), de
IBN BATTUTAH (1304), refiriendose a su viaje a Malí
y su estadía con los negros musulmanes en el área del
Río Níger.

Otra de sus buenas cualidades es su hábito de usar prendas limpias los viernes. Incluso si un hombre no tiene sino una camisa raída, la lava y la limpia y se la coloca para el servicio del viernes. Otra es su entusiasmo por aprender el Corán de memoria. Encadenan a sus hijos si muestran retraso en memorizarlo y no son liberados hasta que se lo saben de memoria. Visité el *qadi* en su casa en el día del festival. Sus hijos estaban encadenados, así que le dije, "¿No los dejarás libres?" El me respondió, "No lo haré hasta que se hayan memorizado el Corán."

Entre sus malas cualidades están las siguientes: Las sirvientas, niñas esclavas y las niñas pequeñas, van desnudas frente a todo el mundo, sin nada sobre ellas. Las mujeres entran desnudas en la presencia del sultán sin nada que las cubra y las hijas de éste van igualmente desnudas. Después está su costumbre de cubrir sus cabezas con polvo y cenizas, como muestra de respeto, y las grotescas ceremonias que hemos descrito acá donde los poetas recitan sus versos. Otra práctica reprehensible entre muchos de ellos es comer carroña, perros y asnos . . .

. . . Nos detuvimos cerca de este canal en una aldea grande, cuyo gobernador era un negro, peregrino y hombre de buen carácter, llamado Farba Magha. Era uno de los negros que hizo la peregrinación en compañía del Sultán Mansa Musa. Farba Magha me dijo que cuando Mansa Musa llegó a este canal, tenía con él a un *qadi*; uno hombre blanco. Este *qadi* intentó escabullirse con cuatro mil *mithqals* y el sultán, al enterarse, se enfureció y lo exilió al país de los caníbales paganos. Vivió entre ellos durante cuatro años, al final de los cuales el sultán lo llevó nuevamente a su país. La razón por la cual los paganos no se lo comieron era porque era blanco, porque dicen que el blanco es indigerible, porque no está "maduro," mientras que el hombre negro está ya "maduro" en su opinión.

1375 Abraham Cresques completa el *Atlas Catalán*. Un mapa espectacular, encargado como regalo para el rey de Francia. El atlas contiene historias seductoras de las riquezas de Malí en África Occidental, donde el oro "crecía como zanahorias," era cuidado "por hormigas como croquetas" y extraído por "hombres desnudos que vivían en agujeros."

Siglo XV Se renueva el interés por la *Geografía* de Ptolomeo en Europa durante el Renacimiento.

1405 Los chinos comienzan viajes por el Océano Índico dirigidos por el Almirante Cheng Ho, el Eunuco de Tres Joyas, quien más tarde fue conocido como el "Cristóbal Colón chino" por sus grandes viajes.

1410   El teólogo francés Pierre d'Ailly escribe *Imago Mundi*, en el que el tamaño de la Tierra es bastante reducido. Colón lee y subraya los trabajos de d'Ailly, en particular este pasaje: "La longitud de la tierra hacia el Oriente es mucho mayor que lo que admite Ptolomeo . . . porque la longitud de la Tierra habitable en el lado del Oriente es de más de la mitad del circuito del globo. Porque, de acuerdo con los filósofos y Plinio, el océano que se expande entre el extremo de España (es decir Marruecos) y el borde este de la India no es muy ancho. *Pues es evidente que el mar es navegable en muy pocos días si hay buen viento*, por lo que se deduce que el mar no es tan grande que pueda cubrir tres cuartos del globo, como lo creen algunas personas.

1415   Los portugueses capturan Ceuta en la costa del Norte de África (Marruecos); comienzo del imperio africano de Portugal. Unos años más tarde, en 1444, los portugueses traen los primeros esclavos africanos de regreso a Europa.

1453   Constantinopla, ciudad capital de la cristiandad oriental, es capturada por los turcos, quienes convierten la Basílica de Santa Sofía en una mezquita y terminan el contacto entre Occidente y Oriente que había estado fluyendo a través de esta ciudad que conecta a Europa con Asia. Pero el desplazamiento de muchos eruditos griegos a Italia ayuda a acelerar el Renacimiento.

1457   Fra Mauro, un monje veneciano, dibuja un mapamundi. Contradice, significativamente, la idea de Ptolomeo de que África está conectada a otro continente grande del sur. Este mapa sugiere la posibilidad de un viaje por el océano alrededor de África.

1487   Bartolomé Días le da la vuelta al extremo sur de África.

1492   Colón llega al "Nuevo Mundo," aunque siempre creerá que llegó al continente Asiático. Sus viajes al Caribe marcan la apertura de la era del descubrimiento, la colonización y la explotación europea de América.

1494   El Tratado de Tordesillas divide el Nuevo Mundo entre Portugal y España.

1497   El navegante Italiano Giovanni Caboto (John Cabot), llega a Terranova navegando bajo bandera inglesa, y la reclama para Inglaterra.

1497–98   Vasco da Gama se convierte en el primer europeo en navegar hasta la India y regresar a Europa.

1498   Colón llega a América del Sur durante su cuarto viaje. Aunque se da cuenta de que ha encontrado un vasto continente, todavía cree que está conectado con Asia.

1499   Américo Vespucio, navegante italiano, llega a América. En cartas posteriores, ampliamente leídas en Europa, se atribuye el crédito de haber descubierto un *Mundus Novus* o Nuevo Mundo.

1500   Pedro Cabral descubre Brasil.

1505   Los portugueses establecen centros de comercio en el Este de África.

1507   El mapa Waldseemüller nombra el Nuevo Mundo por Américo Vespucio y no por Colón. Aunque el cartógrafo después cambia esto en otro mapa, el nombre se queda.

VOCES GEOGRÁFICAS
AMÉRICO VESPUCIO dice en una carta escrita a Lorenzo Medici:

En días pasados le di a su excelencia un recuento completo de mi regreso, y si mal no recuerdo, le hacía una descripción de todos los lugares en el Nuevo Mundo que he visitado en los veleros de su Serena Majestad el Rey de Portugal. Considerándolo cuidadosamente, parecen formar verdaderamente otro mundo y, por lo tanto, no sin razón, lo hemos llamado el Nuevo Mundo. Ninguno de los antiguos tenía conocimiento de él, y las cosas que han sido determinadas últimamente por nosotros trascienden todas sus ideas. Ellos pensaban que no había nada al sur de la línea del equinoccio más que un inmenso mar, y unas pobres y desiertas islas. A ese mar lo llaman el Atlántico, y si alguna vez confesaron que podría haber tierra en esa región, decían que sería estéril y no podía ser sino inhabitable.

La navegación actual ha controvertido sus opiniones y ha demostrado abiertamente a todos que ellos estaban muy lejos de la verdad.

Nacido en 1454, Américo Vespucio se ha convertido en una figura histórica misteriosa. Aunque su nombre estuvo relacionado con las enormes tierras del Nuevo Mundo, más tarde fue criticado por su supuesto engaño para usurpar a Colón. Vespucio, hijo de una familia florentina exitosa, se fue a trabajar con la poderosa y rica familia banquera de los Medici. Fue enviado a España por los Medici y se volvió fabricante de barcos. En 1499, inspirado por las noticias de Colón, se unió a una expedición de dos barcos que navegaron a América del Sur. En 1501, navegando hacia Portugal, hizo otro viaje, después del cual determinó que estas tierras no eran parte de Asia sino que eran un Nuevo Mundo. Los viajes de Vespucio se volvieron mucho más famosos en su día que los de Colón, conduciendo al cartógrafo a usar su nombre para consagrar el Nuevo Mundo que estaba añadiendo a su mapa.

CAPÍTULO DOS

¿QUÉ TIENEN DE MALO LAS TIERRAS YERMAS?

Así que los Geógrafos, en mapas de África
Llenan sus vacíos con dibujos salvajes
Y sobre bajos no habitables
Colocan elefantes a falta de pueblos.

JONATHAN SWIFT,
Sobre la Poesía, una Rapsodia

¿Cuán Antigua es la Tierra y Cómo se Formó?

¿Estaban los Continentes Unidos en Alguna Época?

¿La Corteza de la Tierra Está Bien Cocida?

¿Dónde Están las Montañas Más Altas?

Terremotos: ¿De Quién es la Falla?

Grandes Terremotos de la Historia

¿Qué Son los Continentes?

"*Wow! The Ukraine, Moldavia, Uzbekistan, Kazakhstan, Byelorussia, Tadzhikistan, Kirgizia, Turkmenistan . . .*"

"¡Guau! Ucrania, Moldavia, Uzbekistán, Kazakhstan, Bielorrusia, Tadzhikistan, Kirgizia, Turkmenistán . . ."

Uno de los problemas principales que tienen las personas con la geografía es que simplemente no entienden. No hablan el idioma.

Penínsulas y cabos. Puertos y bahías. Arroyos y acuíferos. Estuarios y deltas. Se supone que en el colegio tenemos que aprender lo que todas estas cosas significan. Pero en algún momento nuestras tundras se confunden con nuestras sabanas.

A partir de este capítulo, se explicarán algunos de los términos más confusos de la geografía, junto con una visión general de las características físicas básicas de la Tierra y de cómo llegaron a suceder. Comenzando por la característica más básica de todas.

¿Cuán Antigua es la Tierra y Cómo se Formó?

Aristóteles era muy inteligente, pero no lo sabía todo. Uno de sus errores era la noción de que la tierra siempre había existido. Pero él no se debería sentir mal; no estaba solo. Muchas otras personas simplemente han asumido que la Tierra siempre existió.

Sin embargo, casi todas las culturas han producido mitos de la Creación para explicar el origen del mundo. Hasta hace muy poco tiempo en la historia de la humanidad, la fe pesaba más que la ciencia en la búsqueda de esas explicaciones. Tal vez el intento más notorio de reconciliar la versión bíblica de la Creación con hechos conocidos fue la del Arzobispo James Ussher en 1650. En la cronología del mundo de Ussher, la Creación tuvo lugar a las 9 A.M. el 26 de octubre del año 4004 A.C. La versión de Ussher de los sucesos fue aceptada como el Evangelio, literalmente, y se ponía en los márgenes de la versión del Rey James durante siglos. Aún hoy, en Estados Unidos, la lucha no ha terminado. En los años ochenta, en algunos estados, grupos de fundamentalistas cristianos fueron a las cortes tratando de exigirle a los colegios estatales que enseñaran la "teoría creacionista", una seudociencia basada en la versión bíblica de la Creación, junto con la teoría de Darwin de la evolución, en los textos de geografía. Estos "creacionistas" incluso tenían un aliado poderoso en la figura del Presidente Reagan, cuyos puntos de vista científicos deben ser tenidos en cuenta. Después de todo, él es el hombre que alguna vez dijo en medio de la campaña que los árboles eran una causa mayor de contaminación. (Su secretario de prensa, James Brady, divertía a los reporteros gritando "Árboles asesinos" mientras el avión del presidente volaba sobre un bosque.)

Claro está que la religión tuvo mucha influencia durante la mayor parte de la historia. La ciencia entró en el panorama muy lentamente, pero rápidamente cobró impulso. En 1779, el naturalista francés Georges Leclerc, Conde de Buffon, hizo la conjetura remarcablemente astuta de que la Tierra comenzó caliente y se fue enfriando lentamente. Creyendo que la Tierra estaba hecha principalmente de hierro, calentó bolas de este material y después midió la tasa a la que se enfriaban para dar con una edad de la Tierra de setenta y cinco mil años. No se rían. El Conde de Buffon no era ningún bufón. Si bien erró en sus cálculos, al menos estaba haciendo el intento de darle métodos científicos a la cuestión. Simplemente le faltaba buena información. Mucho tiempo después de Buffon, otros científicos trataron experimentos similares con materiales diferentes.

Sin embargo, con el descubrimiento de la radiación a principios de este siglo, la ciencia recibió una de sus grandes conmociones periódicas. El intenso calentamiento producido por la radioactividad, desconocido hasta entonces, hizo que los intentos de medir el enfriamiento de metales se volviera obsoleto por simples lecturas de termómetro. La radioactividad produce temperaturas que estaban más allá de lo conocido. Con el tiempo, se descubrió el sistema de establecer fechas a partir de la radioactividad, dándole a la ciencia una noción más clara de la edad de la Tierra.

Las rocas más viejas cuya edad ha sido calculada por la ciencia hasta ahora son de aproximadamente 4000 milliones de años. Exactamente 3960 millones si se quiere ser quisquilloso.

Esta piedra antigua, hallada entre otras más jóvenes en Canadá, y que parece no haberse llenado de musgo, es realmente un grano de zircón (el zircón, mineral de color entre café e incoloro, puede calentarse, cortarse y pulirse para formar una gema brillante blanco azulosa.). En Groenlandia, las formaciones rocosas datan de hace 3800 millones de años.* Obviamente, la Tierra tiene que ser más vieja que eso, y el calculo más cercano es de 4600 millones de años de edad. Ese número, a propósito se ve así: 4,600,000,000.

Millones, billones, trillones, tropecientos, todos parecen iguales. En estos días de presupuestos de billones de dólares que se discuten en Washington D.C., a las personas a menudo se les olvida lo enormes que son realmente estos números. Cuando vemos las palabras *millón*, o *diez millones* o *diez billones*, se nos convierten en un borroso dibujo de un Gran Número en nuestras mentes simplistas. Tenemos dificultad para comprender la diferencia entre tales números tan sobresaltantes.

Dado el dato de los 4600 millones de años, la ciencia moderna asume que la Tierra se formó más o menos al mismo tiempo que el sol. La mejor aproximación, teóricamente hablando, es que cuando el sol se condensó de una nube de gas interestelar, quedó una pequeña cantidad de material girando por fuera de su cuerpo principal, como la ropa dentro de la lavadora. La atracción de la gravedad agrupó materiales en lo que se llaman cuerpos celestiales chicos, trozos de roca y líquidos congelados que varían de tamaño de unos pocos pies a unas pocas millas. A medida que colisionaban estos cuerpos, algunos de ellos se fusionaron en un proceso llamado acreción. Como los pedacitos de polvo que se vuelven bolas de pelusa debajo de la cama, estos cuerpos celestiales comenzaron a unirse para formar la Tierra y otros planetas. A medida que se volvieron más grandes por la acreción, estos planetas emergentes ejercieron una fuerza gravitacional mayor, uniéndose a otros cuerpos celestiales. Pero algunos cuerpos celestiales sa-

---

* La edad de las rocas se calcula midiendo la radioactividad de los elementos contenidos en las mismas. Durante la descomposición radioactiva, un elemento se convierte en otro. Midiendo la cantidad de elemento radioactivo en la roca y la cantidad del elemento en el cual se ha cambiado, los científicos pueden determinar cuánto tiempo lleva descomponiéndose y, por ende, la edad de la roca. La edad del zircón puede calcularse midiendo hasta qué punto la forma radioactiva del uranio se ha descompuesto en plomo, su producto final de descomposición. El bien conocido método del carbono se limita a las rocas que contienen fósiles y otro material vivo de no más de sesenta mil años de edad. Para objetos más antiguos, el material más comúnmente utilizado es el potasio—40.

lieron girando por su cuenta, colisionando los unos con los otros y creando un desorden galáctico de migajas a las que ahora llamamos meteoritos.

Las rocas traídas de la Luna por los astronautas de la nave *Apolo* en 1970 demostraron tener entre 3 y 4 mil millones de años. Eran más jóvenes que la Tierra y, consecuentemente, rebatieron la noción de que la Tierra y La luna se hubiesen formado al mismo tiempo. Por otra parte, una nueva teoría acerca del nacimiento de la Luna que ha cautivado a los hombres de las ciencias fue planteada por William Hartmann en su libro *La Historia de la Tierra*. Apodada el "Gran Chapuzón," (Big Splash) la idea de Hartmann sostiene que la Luna se formó de una colisión entre la Tierra, de veinte millones de años de edad, y otro gran cuerpo celestial que chocó con la Tierra. Los desechos de este accidente cósmico fueron arrojados a la órbita alrededor de la Tierra y se convirtieron en la Luna, que está hecha de materiales similares a los de la Tierra.

¿Estaban los Continentes Unidos en Alguna Época?

¿Qué *fue* eso? ¿Escuchaste un golpe en la noche? Tal vez California se estaba rozando el hombro con el Océano Pacífico.

Una de las teorías mas desconcertantes de nuestra tal llamada "Tierra firme" es la noción de que no todo el suelo de la Tierra está inmóvil sino que se mece como barcos de juguete dentro de una bañera en la que hay unos niños golpean con martillos.

Esta noción se conoce técnicamente como *tectónica global de placas*, una teoría aceptada casi universalmente. Aunque la idea de que hay secciones de la Tierra que están en permanente movimiento, y que los continentes alguna vez estuvieron unidos, data de hace unos cientos de años, fue formalmente expuesta por Alfred Wegener en su libro de 1915, *El Origen de los Continentes y los Océanos*. Wegener, un meteorólogo y naturalista alemán, se interesó en el aparente alineamiento de los continentes. Como si fueran un rompecabezas a la espera de ser armado, parecía que las costas atlánticas de América del Sur y de África podían ser enganchadas logrando un patrón organizado. Cuando Wegener se enteró del descubrimiento de fósiles en el

Brasil que eran similares a los encontrados en África, le dio nuevo aliento a su noción de que estos dos sitios habían estado conectados. Basándose en eso y en pruebas físicas, Wegener propuso la idea de que los continentes habían sido alguna vez una sola masa que luego se dividió. Incluso bautizó esta masa de tierra gigante y teórica, Pangea ("Toda la Tierra") y la rodeó por un mar circundante, Panthalassa ("Todo el Mar").

Como muchas nuevas ideas en la ciencia, la teoría de Wegener del "desplazamiento continental" fue descartada en su día, principalmente porque era incapaz de explicar las fuerzas que podían haber propulsado estas enormes masas de tierra. Wegener pensó que el tirón de las mareas podía tener algo que ver con el proceso. Visionario y héroe de la ciencia, Wegener murió en 1930 en Groenlandia cuando intentaba establecer un observatorio en medio del hielo. Durante décadas posteriores, sus ideas fueron simplemente descartadas como si fuesen las nociones absurdas de un loco.

Pero en algún lugar en el cielo de la ciencia, Wegener está finalmente riendo. Muchas pruebas obtenidas desde los años sesenta han demostrado que Wegener estaba sin duda en el camino correcto. El geólogo británico S. Keith Runcorn fue uno de los primeros campeones de una variante de la teoría de que los continentes habían estado conectados. La teoría del desplazamiento continental de Wegener ha evolucionado a lo que hoy llamamos "teoría de placas tectónicas." El desplazamiento continental está pasado de moda porque ahora se sabe que no sólo los continentes se están moviendo. La corteza de la tierra está dividida en secciones móviles llamadas *placas*. Algunas de estas placas son la base de continentes, o gran parte de ellos; otras forman el fondo marino. Las placas—el geofísico canadiense J. T. Wilson fue el primero en usar el término *placa* en 1965—se mueven sobre el núcleo supercaliente y fundido, empujadas y haladas por corrientes convexas en el material derretido generado por el calor del núcleo de la Tierra. El estudio de los movimientos de estas grandes placas se llama *tectónica* (de la palabra griega *tekton*, "construir"). Piensa en cómo se cocina un budín de tapioca. Comienza a hervir y se pueden ver las burbujas en la superficie. Si se le colocara algo encima al budín, que pudiera flotar, comenzaría a corcovear y dar empellones por toda la olla. La Tierra por dentro es como una gran tina de tapioca hirviente,

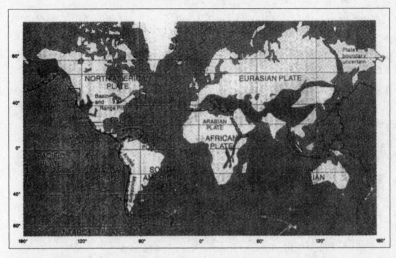

Fuente: Departamento del Interior de los Estados Unidos, Sondeo Geológico de Estados Unidos. CORTESÍA DEL DEPARTAMENTO DE SERVICIOS BIBLIOTECARIOS, MUSEO AMERICANO DE HISTORIA NATURAL

excepto que el budín es magma, la materia líquida que se encuentra en el centro de la Tierra, que sale disparada en los volcanes. Flotando sobre la magma están los pedazos de corteza de la Tierra que llamamos placas.

Las placas tienen, como promedio, entre treinta a cincuenta millas de espesor y se mueven a velocidades de hasta unas pocas pulgadas al año. Pueden medir desde varios miles de millas de ancho (las placas de Norte América se extienden seis mil millas desde la costa del Pacífico hasta el medio del océano Atlántico), hasta unos cientos de millas. Las personas tienden a asociar la roca con la idea de solidez. Es difícil imaginar estas piezas inmensas de roca viajando alrededor de la superficie del planeta. La clave de su movimiento es la flexibilidad de la parte superior del manto de la Tierra—la capa que está por debajo de la corteza—que se encuentra parcialmente derretida. Como las placas "flotan" en este manto elástico y movedizo, parecen jugar un partido de jockey planetario, empujándose unas contra otras buscando su posición, frotándose, dando empellones, tumbándose y ocasionalmente estrellándose con efectos dramáticos y ocasionalmente catastróficos.

Y todavía no han terminado. El mundo, como lo conocemos hoy, será muy distinto dentro de unos 50 millones de años. (Nuevamente, esto es un abrir y cerrar de ojos en el tiempo geológico.) Por ejemplo, una gran parte de África Oriental probablemente se desprenderá. Uno puede ver dónde va a suceder esto si se para en el Valle de la Gran Grieta, que va desde Siria hasta Mozambique. Baja California se desprenderá del resto de México.

LAS PRINCIPALES PLACAS DE CORTEZA Y A DÒNDE SE DIRIGEN

*Placa Africana: se está dirigiendo hacia el suroeste,
    alejándose de Europa.*

Placa Árabe: se mueve al norte, hacia Eurasia.

Placa Eurásica: se mueve hacia el suroeste.

*Placa Australiana: se mueve generalmente hacia el
    noroeste.*

*Placa Norteamericana: se desliza hacia el oeste,
    hacia el Pacífico, con cierta inclinación al sur.*

Placa Suramericana: se dirige al oeste.

Volvamos a la Pangea de Wegener, o el supercontinente. La teoría más lógica dice que todas las masas de la Tierra estaban concentradas en una gran masa hace unos 220 millones de años. A medida que las placas se iban separando, Pangea se dividió en dos inmensas masas continentales. Laurasia, en el hemisferio norte, se componía de lo que se convirtió en América del Norte, Europa, Groenlandia y Asia. En el hemisferio sur, el segundo supercontinente era Gondwanalandia, constituido por la futura África, América del Sur, Antártica y Australia. Otros científicos sugieren que el proceso podía haber comenzado al chocar las dos masas más pequeñas hace unos 300 millones de años para formar Pangea, que después se volvió a separar. Pero de cualquier forma, hace 100 millones de años, los actuales continentes estaban tomando forma. Europa se separó de América del Norte para juntarse con Asia, y América del Sur se estaba separando de África. Después, hace 65 millones de años, India se separó de África y se movió hacia el norte en dirección a Asia. Australia se separó de la Antártica, llegando a su actual posición.

¿La Corteza de la Tierra Está Bien Cocida?

En una sola palabra, no. La tarta definitivamente está todavía en el horno, y nunca se terminará de cocinar.

La Tierra, que está constantemente realineándose y reciclándose, está en un estado permanente de cambio. Gran parte del tiempo estos cambios son imperceptibles. Sin embargo, de pronto el Parque Candlestick de San Francisco comienza a sacudirse durante la Serie Mundial de 1989 y todo el mundo se acuerda de que la Madre Naturaleza tiene sus propios planes. Nos damos cuenta de que la tierra firme puede tener más de "terror" que de firme!

Nos han llegado imágenes más extraordinarias de los cambios de la Tierra en fotos de Hawai y de las Filipinas, donde la actividad volcánica ha sido dramática y destructiva. Sin embargo, mientras que la lava derretida ha caído y destruido muchas casas costosas, también ha caído en el mar y se ha endurecido rápidamente, añadiéndole pulgadas a la línea costera, creando nuevas playas en Hawai, que algún día producirán mucho dinero en el mercado de bienes raíces. Este truco está durando lo suficiente como para poder aprovecharlo.

Hay otros cambios que son menos aparentes que los cataclismos repentinos de los terremotos y los volcanes. Por ejemplo, no podemos ver un video en las noticias de la tarde que nos muestre el continuo proceso de destrucción y creación que sucede debajo de la superficie de la tierra. A la larga, los cambios producidos por las placas tectónicas serán más radicales, porque los continentes todavía se están moviendo, continuando su pausado viaje a través del manto de la Tierra. Las placas en movimiento siguen transformando la Tierra de diversas maneras; y todas se producen en los puntos donde se juntan las placas o en los límites entre ellas. Hay tres tipos de límites. En los límites neutrales o de transformación, las placas se están rozando unas contra otras mientras que literalmente se cruzan. Los habitantes de California están perfectamente concientes de esta acción, porque causa los terremotos que tanto sienten y temen, ya que California está siendo arrastrada hacia el norte por la placa que hay debajo del Océano Pacífico.

El segundo tipo de límite se llama divergente: son los puntos donde las placas se alejan unas de otras en direcciones opuestas. Esto es común sobre todo bajo el océano, ya que las placas que forman el fondo marino se mueven en direcciones opuestas. Mientras esto sucede, el magma, el material derretido de debajo de la corteza de la Tierra, se hincha y penetra entre las dos placas, construyendo in mensas cordilleras sumergidas. La cordillera más larga de la Tierra es la cordillera del medio del Atlántico que marca el límite entre las placas de América del Norte y de Eurasia, que se están alejando la una de la otra. Algunas veces esta erupción se mueve por encima de la superficie. En 1963 ocurrió un cataclismo tan inmenso cerca de Islandia, que nació una nueva isla, Surtsey, como producto de 10500 millones de pies de lava derretido que salieron del mar. Los límites divergentes también existen bajo masas de tierra, y el mejor ejemplo es el Valle de la Gran Grieta en África, donde el continente va a ser literalmente cortado en dos a medida que las placas se vayan en direcciones opuestas. No te preocupes, esto tomará todavía un tiempo y a la velocidad actual, ninguno de nosotros ni de nuestros descendientes estará acá para presenciarlo.

Finalmente, están los límites convergentes, que identifican a las placas que se encuentran de frente. Normalmente, una de las placas es empujada por debajo de la otra en un proceso que se llama *subducción*. El material de la placa que está siendo empujada hacia abajo se derrite por el intenso calor del manto, que es la forma principal en la que los materiales de la Tierra se reciclan. Si las placas que convergen están en el fondo marino, uno de los resultados del proceso de subducción es una profunda fosa oceánica, tal como la fosa Mariana ubicada en el Pacífico, al sur de Japón que, a más de 35,000 pies (11,022 metros) de profundidad, es el punto más profundo en los océanos del mundo. Si una de las placas que convergen, si cargan tierra firme, el resultado puede ser un "estrujón" que forma una gran cadena montañosa con una fosa oceánica cercana. El mejor ejemplo de esta acción es la Cadena o Cordillera de los Andes en América del Sur. Si ambas placas que colisionan cargan tierra firme, el resultado es inclusive más espectacular, ya que las dos placas portadoras de tierra se soldan. Los Urales, una cadena de 1,500 millas de largo en Rusia, marca el punto en donde Europa y Asia colisionaron y se unieron. Pero la colisión más extraordinaria ocurrió probablemente en el subcontinente Indio, cuando colisionó y se unió con el resto de Asia.

¿Dónde Están las Montañas Más Altas?

La colisión de la India y Asia creó la cadena montañosa más alta del mundo, donde se encuentra Monte Everest, el pico más alto del mundo. El movimiento de las placas tectónicas es evidente en el hecho de que el Everest todavía está creciendo a una tasa más bien saludable de un centímetro—.394 pulgadas—cada año. Un crecimiento espectacular para los estándares geológicos. Aunque hay disputas acerca de su altura exacta, el Everest alcanza unos 29,108 pies (8,872 metros), o aproximadamente 5.5 millas de altura, la cima más alta de los Himalayas (en sánscrito quiere decir "morada de nieve"). Los Himalayas, una serie de tres cadenas montañosas paralelas, se extienden por cerca de 1500 millas, desde el noroeste de Pakistán y a través de Kashemira, el norte de India, Tibet, Nepal, Sikkim y Bhutan hasta la frontera de China en el Este. Los tres grandes ríos de la India, el Ganges, el Brahmaputra y el Indo, comienzan en los Himalayas.

Irónicamente, el Everest fue nombrado por los cartógrafos británicos por un hombre que puede no haber visto jamás la montaña. De 1830 a 1943, George Everest fue el líder del equipo británico encargado de hacer los mapas de toda la India. Una tarea comenzada en el siglo XVIII y que continuó hasta bien entrado el XIX, y en la cual se basó Rudyard Kipling para escribir *Kim*, la primera novela de espionaje. La exploración topográfica de la India fue un logro increíble que requirió de coraje y sacrificio extraordinarios en vista de las enormes dificultades físicas enfrentadas por los topógrafos. Cuando la investigación llegó a los Himalayas, se les prohibió a los ingleses, y a cualquier otro extranjero, pasar más allá de la frontera con el Tibet por orden del emperador chino. Los británicos reclutaron hombres de la región entrenados en las técnicas de investigación y equipados con cadenas de medir que eran camufladas como cuentecillas para rezar. Estos nativos eran profesores y gente educada llamada *pandits*. Los británicos los pronunciaban "pundit," dándole así al idioma inglés una nueva palabra que significaba "hombre educado," una connotación que están tratando de disminuir una serie de "pundits" políticos modernos.

Hasta donde pudieron, los británicos evitaron darles nombres europeos a los picos que examinaron, identificándolos por números o por su nombre local. Se hizo una excepción con el pico número XV, que fue como los examinadores llamaron inicialmente al Everest, cuando se dieron cuenta de su gran altura, y lo bautizaron en honor de George Everest. Pero los tibetanos que vivían bajo sus impresionantes alturas habían nombrado este gran pico, desde tiempos atrás, con un nombre mucho más poético: Chomolungma ("Sagrada Madre de las Aguas").

La cima del Everest no fue conquistada hasta 1953, cuando Sir Edmund Hillary, de Nueva Zelanda, y Tenzing Norkay, un guía sherpa de Nepal, alcanzaron la cima el 28 de mayo. (Esto introdujo una segunda palabra al léxico político estadounidense, inspirada en los Himalayas. *Sherpas* son ahora las personas avanzadas que preparan el camino para las conversaciones de una cumbre entre los líderes del mundo.) El Everest es reclamado por la República de China, que controla el Tibet ("Techo del Cielo") y la ha nombrado oficialmente la región autónoma de Xizang.

A parte del Everest, otros ocho de los diez picos más altos del mundo están en los Himalayas. La segunda montaña más alta, K-2 ó el Monte Godwin Austen, mide 29,064 pies (8,858 metros) y está en el la cercana cadena de Karakoram, en el noroeste de Pakistán. Entre los Himalayas y el Karakoram tienen casi todos los picos más altos del mundo entre los primeros cincuenta, y un gran porcentaje de los cien más altos del mundo.

En comparación con éstas, la mayor parte de las montañas en el hemisferio occidental son bastante pequeñas. La montaña más alta de Occidente es el Cerro Aconcagua (23,034 pies; 7,021 metros), ubicada en la Cordillera de Los Andes, en la frontera entre Argentina y Chile. Los Estados Unidos no tienen ninguna montaña que esté entre las cien más altas del mundo. En los Estados Unidos, el pico más alto es el Monte McKinley, en Alaska (20,320 pies; 6,194 metros), que es conocido también por su nombre indígena: Denali (una palabra athabasca que significa "la Más Grande"). Los dieciséis picos más altos de los Estados Unidos están todos en Alaska. La montaña más alta en los cuarenta y ocho estados es el Monte Whitney, en California, que con sus 14,494 pies tiene más o menos la mitad del tamaño del Monte Everest. En Europa, el punto más alto es Mont Blanc (Monte Blanco) (15,771 pies; 4,807 metros) cerca de la frontera suiza–italiana, en los Alpes franceses. Al igual que los Himalayas, los Alpes son el resultado de una colisión frontal continental. En este caso, fue la placa africana que chocó con la placa europea.

Una de las primeras personas que se interesó por la formación de las montañas desde el fondo del mar fue Leonardo da Vinci (1452–1519). Leonardo, un naturalista que veía el arte como un intento de entender la naturaleza, daba largas caminatas a través de las montañas de Italia y se preguntaba acerca de la creación de los Alpes. Al observar la presencia de fósiles de conchas de mar, se preguntaba cómo podían hallarse en la parte alta de las montañas. La sabiduría medieval tradicional podría haberle atribuido estos fósiles al diluvió bíblico que cubrió la Tierra de agua, pero las observaciones de Leonardo no estaban atadas a una fe ciega en las Escrituras. En sus cuadernos, Leonardo escribió que la superficie de la Tierra estuvo alguna vez cubierta por agua y las montañas de la Tierra habían emergido del fondo del océano. A través de los años, pensaba, las lluvias devastaron partes de la montaña dejando peñascos rocosos. A pesar de haber escrito hace aproximadamente quinientos años, sus ideas acerca de la formación de montañas y de la erosión estaban increíblemente cerca de la verdad tal y como la conocemos hoy.

Estas son las montañas que podemos ver. Hay montañas más altas en la Tierra pero no las vemos o las damos por descontadas.

MONTAÑAS MÁS ALTAS

Nombre	Altura (en pies)	Cadena
Everest	29,108	Himalayas
K-2	29,064	Karakoram
Kanchenjunga	28,208	Himalayas
Lhotse	27,890	Himalayas
Makalu	27,790	Himalayas
Dhaulagiri I	26,810	Himalayas
Manaslu	26,760	Himalayas
Cho Oyu	26,750	Himalayas
Nanga Parbat	26,660	Himalayas
Annapurna I	26,504	Himalayas

Fuente: 1992 *Information Please Almanac*.

La montaña volcánica Mauna Kea, en Hawai, mide 33,476 pies, más alta que el Monte Everest. Pero sólo una parte de ella, 13,680 pies, es visible por encima de la superficie del océano.

Voces Geográficas
"Porque Está Ahí."

George Leigh Mallory intentó escalar el Monte Everest tres veces. Durante una gira en Estados Unidos tras su segundo intento, a Mallory le preguntaban repetidamente, "¿Por qué quiere escalar el Everest?"

Su famosa respuesta se ha convertido en una razón universal para atreverse a lograr cosas extraordinarias. Mallory murió en su tercer intento en 1924.

Terremotos: ¿De Quién es la Falla?

Se necesita un terremoto de fuerza considerable para llegar a los titulares de los periódicos. Cuando sucede y se ve en vivo en la televisión en plena Serie Mundial, tal y como sucedió en San Francisco, en el área de Oakland, en octubre de 1989, sale en los titulares de primera plana. De acuerdo con el Sondeo Geográfico de los Estados Unidos, hay varios *millones* de terremotos haciendo temblar las tazas de té alrededor del mundo cada año. La mayor parte de estos son tan tenues y suceden en áreas tan remotas, que pasan desapercibidos incluso por los instrumentos sísmicos más sensibles. (Sísmico viene de la palabra griega para terremoto *seismos*; sísmica significa "causado por o relacionado con terremotos").

Los terremotos son otro resultado de los movimiento de placas. A medida que las placa se mueven, las rocas están comprimiéndose o estirándose a causa de estos movimientos. Cuando eso sucede, las rocas absorben energía, pero las tensiones son poderosas. Como un resorte que es estirado demasiado u oprimido durante mucho tiempo, la presión finalmente debe ceder. Las rocas se rompen y la gran energía almacenada dentro de ellas sale en forma de terremoto. Los terremotos ocurren en tres tipos de límites de placas. En las placas divergentes, los terremotos submarinos son relativamente pequeños. Pero las placas colisionantes pueden producir grandes choques. En 1976, un enorme terremoto asoló China, cuya causa pudo haber sido una elevación repentina de la placa australiana. Como lo mostrará la siguiente lista de grandes terremotos, China ha sido propensa a tales desastres durante buena parte de su historia, y los primeros intentos por estudiar los terremotos los realizaron los chinos. El primer terremoto de que se tiene información ocurrió allí en 1831 A.C. Y después de un seísmo en 1177 A.C., los chinos comenzaron a mantener registros de los mismos. Un extraordinario científico y astrónomo chino llamado Zhang Heng desarrolló el primer sismógrafo en el año 132. Cuando se sentía un temblor, caía una bola de la boca de un dragón de bronce a la boca de una serie de ranas de bronce que estaban debajo, para indicar la dirección del origen del terremoto.

En lugar de tener colisiones frontales directas, algunas placas se deslizan con dificultad al lado de las otras en movimiento lateral. El área entre estos dos "barcos" que se están cruzando en la noche se llama zona de falla. En los Estados Unidos, la más famosa de éstas es la Falla de San Andrés en la costa del Pacífico, donde la placa del Pacífico se dirige al norte y roza contra la placa Atlántica, llevándose parte de la costa de California con ella. Al contrario de la creencia popular—y quizás en detrimento de las esperanzas de los anticalifornianos—California no está destinada a hundirse en el Océano Pacífico. En cambio, será arrastrada, gritando y pateando, hacia el norte. Las proyecciones de computadora que predicen la localización de las placas en 50 millones de años a las tasas actuales de movimiento, colocan a Los Ángeles cerca de Anchorage. Imagínate eso: La-La, Alaska. En un término ligeramente más corto, los resultados pueden ser interesantes. Tal como lo planteó Jonathan Weiner en su libro *Planeta Tierra*, "En 15 millones de años, Los Ángeles, si aun existe, será un suburbio de San Francisco. Los Gigantes y los Dodgers serán nuevamente rivales del mismo pueblo."

En el futuro inmediato, la perspectiva no es agradable. El terremoto que asoló San Francisco y Oakland en octubre de 1989 tuvo un impacto de 7.1 en la escala de Richter. Era un terremoto de gran impacto, capaz de causar daños severos. La mayor parte de los sismólogos creen que a California le espera un terremoto aún mayor, tal vez de una intensidad de 8 ó 9, que es lo más alto que alcanza la escala de Richter. La escala de Richter, diseñada en los años cuarenta por los sismólogos Charles Richter y Beno Gutenberg, mide la cantidad de energía liberada por un terremoto y su potencial para hacer daño.

Escala de Richter	Efectos	Número Promedio Por Año
Por debajo de 2	Imperceptible	600,000
2.0 a 2.9	Generalmente no se siente	300,000
3.0 a 3.9	Sentido por personas que están cerca	49,000
4.0 a 4.9	Temblor débil menor; daño leve	6,000
5.0 a 5.9	Temblor moderado, Equivalente a una bomba atómica	1,000
6.0 a 6.9	Gran temblor, puede ser destructivo en áreas pobladas	120
7.0 a 7.9	Terremoto importante; causa daños serios; se detecta en todo el mundo	14
8.0 a 8.9	Gran terremoto que produce destrucción a las comunidades cercanas; la energía liberada equivale a un millón de veces la de la primera bomba atómica	uno cada 5 a 10 años
9.0 ó más	Terremotos más grandes	uno o dos por siglo

GRANDES TERREMOTOS DE LA HISTORIA

365—Mediterráneo oriental Afectó un área de cerca de un millón de millas cuadradas, abarcando Italia, Grecia, Palestina y el Norte de África. Este terremoto se llevó pueblos costeros y la gran ola que produjo devastó la ciudad egipcia de Alejandría, ahogando a 5,000 personas.

1556, enero 24—Provincia de Shaanxi (Shensi), China En el terremoto más letal de la historia, murieron cerca de 830,000 personas.

1692, junio 7—Port Royal, Jamaica Centro de actividad colonial británica y hogar de los piratas españoles, Port Royal fue sacudido por tres temblores que destruyeron dos tercios de la ciudad, matando a miles de personas. (En 1907, la ciudad fue asolada nuevamente y destruida por el incendio producido después del terremoto.)

1755, noviembre—Portugal Uno de los terremotos más severos, registrados hasta esa fecha, destruyó Lisboa, ciudad portuaria con una población de más de 200,000 habitantes. Los edificios se bamboleaban y después se caían a medida que la ciudad era golpeada con impactos que se sintieron en el sur de Francia, el Norte de África y aún en los Estados Unidos. Una enorme ola llegó hasta las Indias Occidentales. La serie de temblores que golpearon a Lisboa levantaron partes de la costa hasta veinte pies de altura y mataron entre 10,000 y 20,000 personas (hay cálculos que llegan a 60,000 personas).

1811, diciembre 16—Nuevo Madrid, Missouri Aunque se dice que es el mayor terremoto que haya golpeado a los Estados Unidos, este gran temblor produjo pocas muertes, ya que el lugar estaba poco poblado. Sus efectos, sin embargo, fueron dramáticos. El suelo se elevaba y caía. La Tierra se abrió y quedaron grandes fisuras. En el Río Mississippi se produjeron grandes olas, y su curso fue alterado dos semanas más tarde en las sacudidas posteriores del terremoto.

1897, junio 12—Assam, India   Esta región de los Himalayas fue golpeada por una sacudida tan grande como el terremoto de Nuevo Madrid, con resultados dramáticos. Las Colinas de Assam se elevaron casi veinte pies.

1908, diciembre 28—Messina, Italia   Murieron cerca de 85,000 personas y la ciudad fue destruida por un poderoso terremoto.

1915, enero 13—Avezzano, Italia   Este terremoto dejó 29,980 muertos.

1920, diciembre 16—Provincia de Gansu (Kansu), China   Otro terremoto gigantesco en China; mató 200,000 personas.

1923, septiembre 1—Japón   Tres sacudidas de 8.3 de magnitud rugieron a través de la llanura Kwanto en Honshu, la isla principal de Japón. Aparecieron enormes fisuras y los deslizamientos de tierra cambiaron el paisaje. Se produjeron incendios al voltearse las estufas y así se incendiaron las casas de madera, convirtiendo a las ciudades de Yokohama y Tokio en infiernos. La mayor parte de Yokohama fue destruida, y Tokio fue igualmente dañado por el terremoto y los incendios, dejando a un millón de personas sin hogar y 140,000 muertos, casi mismo número de los que murieron en los bombardeos de Tokio en la Segunda Guerra Mundial y en los ataques atómicos en Hiroshima y Nagasaki

1935, mayo 31—India   Un terremoto en Quetta (actual Pakistán) mató a 50,000.

1939, enero 24—Chile   30,000 personas murieron cuando un terremoto arrasó 50,000 millas cuadradas de zonas rurales.

1950, agosto 15—Assam, India   Entre 20,000 y 30,000 personas murieron en Assam, en uno de los más violentos temblores de nuestros tiempos. Con una intensidad de 8.7 en la escala de Richter, su energía fue comparable a la de 100,000 bombas atómicas del tamaño de la de Hiroshima. El terremoto estuvo acompañado de ruidos estridentes y explosiones agudas producidas por el colapso de las estructuras de rocas bajo la superficie.

1960, mayo 22—Chile La ciudad de Valdivia fue arrasada, mientras que Concepción fue destruida por sexta vez por un terremoto. Este temblor estuvo acompañado de olas gigantes y dos volcanes en reposo regresaron a la actividad. Murieron 5,700 personas y fueron destruidas 50,000 viviendas. Dada su ubicación al pie de la Cordillera de Los Andes en la costa de América del Sur, Chile ha sido históricamente uno de los países más duramente afectados por terremotos devastadores.

1964, marzo 27—Alaska El terremoto más fuerte que jamás haya golpeado a América del Norte se produjo a 80 millas al este de Anchorage. Fue seguido por olas sísmicas de 50 pies de altura que viajaban a 8,445 millas por hora. Increíblemente, dado el poder de este terremoto, el número de víctimas fue de solo 117. Un terremoto similar en un área más densamente poblada habría sido mucho más catastrófico. Inicialmente evaluado en 8.5, posteriormente se calculó que su intensidad había sido de 9.2 en la escala de Richter.

1970, mayo 31—Perú Cincuenta mil personas murieron por un terremoto.

1972, diciembre 22—Managua, Nicaragua Esta capital centroamericana fue demolida por un terremoto de 6.2 de magnitud, dejando unos 6,000 muertos.

1976, febrero 4—Guatemala Quince terremotos de consideración ocurrieron en todo el mundo en 1976, uno de ellos fue este devastador fenómeno que mató a 23,000 personas.

1976, julio 8—Tangshan, China Otro de los terremotos mortales de 1976 golpeó a esta ciudad china del noreste sin previo aviso. Un año antes, los chinos habían podido predecir un terremoto inminente y habían evacuado Liaoning. Pero no se hicieron tales predicciones acerca de este. El reservado gobierno chino no permitió mucha ayuda extranjera en respuesta al desastre, pero estudios posteriores estimaron que murieron más de 600,000 personas, la mitad de la población de Tangshan.

1976, agosto 17—Mindanao, Filipinas   Un terremoto y una gran ola mataron a 8,000 personas.

1977, marzo 4—Bucarest   Mil quinientas personas murieron cuando esta antigua ciudad europea fue golpeada y arrasada por un terremoto.

1978, septiembre 16—Tabas, Irán   Veinticinco mil personas murieron a causa de un terremoto.

1985, septiembre 19 y 20—Ciudad de México, México   Con una intensidad de 8.1 en la escala de Richter, el primero de dos enormes terremotos golpeó la densamente poblada capital mexicana. Un día más tarde, golpeó un segundo terremoto con una intensidad de 7.6, en el momento en que la ciudad estaba en medio de los rescates y los trabajos de reparación. Muchos edificios que se habían dañado con el primer terremoto, se derrumbaron. A pesar de que la población de la ciudad era de más de 12 millones de personas, las fatalidades fueron más bien bajas, llegando a una cifra de 10,000 personas.

1988, diciembre 7—Armenia   Un terremoto de 6.9 en la escala de Richter mató cerca de 25,000 personas y dejó a otras 400,000 sin hogar. Este terremoto tuvo importantes ramificaciones geopolíticas, porque el líder de la Unión Soviética, Mijail Gorbachev, de visita en los Estados Unidos cuando sucedió el terremoto, regresó a la ciudad afectada y después aceptó la ayuda internacional por primera vez en la historia soviética.

1989, octubre 17 – Bahía de San Francisco   Este gran terremoto, que golpeó el Área de la Bahía durante un partido de la Serie Mundial, con una intensidad de 7.1 en la escala de Richter, mató a pocas personas, 67, y causó daños de millones de dólares.

1990, junio 21 – Irán noroccidental   Un terremoto de intensidad de 7.7 destruyó aldeas y pueblos en el área del mar Caspio, dejando 50,000 muertos y 400,000 personas sin hogar.

1991, abril 29 – Georgia (Soviética)   En medio de los temblores políticos que estaban sacudiendo la antigua Unión Soviética, un terremoto pasó por el área montañosa de Georgia soviética pocas semanas después de que la antigua república declarara su independencia. Las comunicaciones fueron destruidas, los edificios arrasados y murieron aproximadamente 100 personas.

Voces Geográficas
Descripción del cruce y denominación del Océano Pacífico, del *Viaje de Magallanes Alrededor del Mundo*, por Antonio Pigafetta.

Miércoles, noviembre 28, 1520. Desembocamos de ese estrecho, penetrando en el Mar Pacífico. Llevábamos tres meses y veinte días sin tener ningún tipo de comida fresca. Comíamos biscocho, que ya no era biscocho sino polvo de biscocho cubierto con gusanos, porque ellos se habían comido la parte buena. Hedía a orina de ratas. Bebíamos agua amarilla que había estado podrida durante días. También comimos la piel de buey que cubría la parte alta de la proa evitando que la misma se cuarteara. Se habían vuelto extremadamente duras por el sol, la lluvia y el viento. Las dejamos en el mar durante cuatro o cinco días y después las colocamos unos instantes encima del rescoldo y así nos las comimos; a menudo comíamos aserrín de las tablas. Las ratas se vendían por medio ducado la pieza y aún así no las podíamos conseguir. Pero por sobre todas las desgracias, la siguiente era la peor. Las encías de la boca de algunos de los hombres se inflamaron, así que no podían comer bajo ninguna circunstancia y por lo tanto morían . . .

Navegamos aproximadamente cuatrocientas leguas durante esos tres meses y veinte días a través de un estrecho abierto en ese Mar Pacífico. La verdad es que es muy pacífico, pues durante ese tiempo no tuvimos ni una tormenta.

Navegando hacia España, el explorador portugués Fernando Magallanes (1480?–1521) zarpó en 1519 con un plan como el de Colón para tratar de llegar a las Islas Molucas en las Indias Orientales, navegando hacia el oeste. Su plan tenía un objetivo. Se proponía encontrar un estrecho en el extremo de América del Sur hacia el Mar del Sur, recientemente descubierto por Vasco Núñez de Balboa (1474–1517) en 1513. Con una tripulación políglota de cerca de 250 hombres y cinco barcos crujientes cargados con armas y bienes para comerciar, Magallanes zarpó de España y bajó por la costa de América del Sur. Cuando comenzó el invierno, se detuvo en la costa de Argentina y tuvo que reprimir una rebelión matando al capitán insurgente de uno de los barcos. Magallanes también abandonó a uno de los rebeldes y un sacerdote que había ayudado a planear el motín. Después de perder un barco, Magallanes partió nuevamente, pasando finalmente por el estrecho que lleva su nombre, atravesando trescientas millas de las aguas más difíciles y revueltas del mundo, terminando en un pasaje angosto de montañas cubiertas de hielo. Justo cuando estaba entrando en el Pacífico, Magallanes se enteró de que lo habían engañado sus proveedores y le faltaba el equivalente a un año de provisiones. Se envió un barco de regreso a España en busca de provisiones. Perseverando con tres barcos, finalmente llegó al Pacífico, que fue nombrado así por el buen tiempo que allí encontraron.

En marzo de 1521, después de las privaciones descritas anteriormente, llegó a Guam, donde las tripulaciones recogieron agua y comida. Un mes más tarde, mientras se detenían en la isla de Cebú, en las Filipinas, Magallanes y unos cuantos de su grupo fueron atraídos a la orilla por el rey local. En abril 27 de 1521, fue muerto con flechas envenenadas cuando se enfrentaba a los indígenas mientras su tripulación regresaba a los barcos. Dos barcos más fueron abandonados finalmente antes del regreso a España. El 8 de septiembre de 1522, cerca de tres años después de su partida, dieciocho hombres, lo que quedaba de los 250 tripulantes que zarparon, regresaban a Sevilla bajo el comando de Sebastián el Cano. Se había demostrado que el mundo era redondo. Se conocía ya su verdadero tamaño. La importancia de la llegada de Colón al Nuevo Mundo ya era claro para toda Europa.

¿Qué Son los Continentes?

Con todos los desplazamientos y choques de continentes, es admirable que hayan estado ahí el tiempo suficiente para que las personas les dieran nombres. La ruptura de los supercontinentes antiguos nos dejó con siete de los llamados continentes. Se definen como grandes masas de tierra en que está dividida la superficie de la Tierra. Pero esa definición brinda mucha libertad y suscita algunas preguntas lógicas. ¿Es Europa realmente un continente? ¿Por qué la India no es uno de ellos? ¿Cómo pueden las islas ser parte de un continente si no están conectadas con la tierra firme?

Desde los tiempos antiguos hasta hace relativamente poco, las personas reconocían solamente tres continentes: Europa, Asia y África. Los otros dos, América del Norte y del sur, no fueron reconocidos sino hasta después de los viajes de Colón. Australia y Antártica, que existían solo en teoría como la Terra Australis Incognita desde el tiempo de Ptolomeo, pasaron siglos sin ser descubiertas por los europeos ni incluidas en sus mapas. Australia no fue nombrada ni colocada en los mapas sino hasta el siglo XIX. La Antártica fue descubierta en 1820, cuando Nathaniel Palmer, un capitán de ballenero estadounidense encontró las islas cerca del continente, y el almirante ruso de nombre Von Bellingshausen alcanzó el área continental de la Antártica en 1821.

¿Cuál es el Continente Más Grande?

De acuerdo a casi todas las medidas razonables, Asia es el lugar más importante del mundo actual. Dejando a un lado los prejuicios estadounidenses y europeos acerca de su propia importancia, el curso del mundo puede perfectamente determinarse por lo que suceda en Asia en las siguientes décadas. El panorama no es muy prometedor. Enfrentados con una explosión poblacional, desastres ambientales y catástrofes naturales frecuentes, Asia parece tener un futuro incierto.

Incluyendo la porción asiática de la antigua Unión Soviética, Asia mide más de 17 millones de millas cuadradas, cerca de un tercio de la superficie seca de la Tierra. El continente cubre más área que los continentes de América del Norte, Europa y Australia juntos. Asia no sólo es el continente más grande físicamente, sino que tiene una población combinada de más de 2.5 billones de personas, cerca de la mitad de la población total del mundo. Más de mil millones de estas personas son chinas. Hay setenta y ocho ciudades asiáticas que tienen poblaciones de más de un millón de personas cada una.

Como rival de China en cantidad de población está India, donde vive actualmente cerca del 17 por ciento de la población del mundo. En algún momento en el próximo siglo, India suplantará a China como el país más poblado del mundo, que en el año 2100 tendrá una población de 1,631,800,000 de acuerdo con los cálculos del Banco Mundial Hoy, al menos 100,000 personas en Bombay, pagan renta por el derecho de dormir en un pedazo pequeño de acera.

El país que ocupa el décimo lugar entre los más poblados, también uno de los más pobres, es Bangladesh, donde la edad promedio es de sólo dieciséis años. Bangladesh, que alguna vez fue parte de Pakistán, del cual lo separa una franja de mil millas de terreno perteneciente a la India, obtuvo su independencia después de una brutal guerra civil en 1971. Una de las áreas más densamente pobladas en el mundo y con una elevación máxima de solo 660 pies, Bangladesh está amenazada por inundaciones constantes. El más peligroso y frecuente desastre natural del país. Hay tres ríos importantes que fluyen de los Himalayas y que se encuentran en el sur de Bangladesh para formar el delta más grande del mundo: el Ganges, el Brahmaputra y el Menga. Sus crecidas producidas por los monzones son un desastre anual. La deforestación de los Himalayas, ocasionada por la tala excesiva de árboles para leña, agrava el problema de las inundaciones de Bangladesh. En 1984, una inundación severa dejó 1 millón de personas sin hogar. Las anegaciones de 1988 inundaron tres cuartas partes del país. Añádase a eso los habituales ciclones que se forman en la Bahía de Bengala, como el de abril de 1991 que mató 125,000 personas y dejó más de 9 millones sin techo. Sin embargo, irónicamente, Bangladesh se ha convertido en refugio para gente de la vecina Myanmar, anteriormente conocida como Burma, donde una prolongada guerra civil está forzando a miles de personas a huir a Bangladesh, agravando más lo que ya es una situación desesperada.

En Filipinas, que es una serie de 7,100 islas que están aproximadamente a quinientas millas de la costa sureste de Asia, 30 millones de personas (de un total de 60 millones) viven en la pobreza absoluta. Cerca del 95% de la población vive en las once islas más grandes.

Junto a estas escenas de privación está la otra cara de Asia. Las naciones del Cinturón Pacífico, conducido por Japón, Corea del Sur, Taiwán e Indonesia se jactan de ser algunas de las economías más dinámicas del mundo. En un extremo aún mayor están las naciones productoras de petróleo del Oriente Medio asiático, como los estados de la Península Arábica, Irán e Irak. Aunque hay partes de Oriente Medio que están más estrechamente asociadas con África del Norte o la Europa mediterránea por razones históricas, religiosas y culturales, estos países todos forman parte de la masa de tierra de Asia.

¿Por Qué el Oriente se llama "el Oriente"?

El Oriente ha sido calificado, desde hace tiempo por los occidentales, como "inescrutable" y "misterioso." Igualmente misterioso es saber de dónde viene la palabra *Oriente*, que generalmente alude a los países del Este de Asia. ¿Y qué tiene que ver eso con llegar a un lugar desconocido y detenerse para que alguien nos "oriente"? ¿O perderse y sentirse "desorientado"?

Ambas palabras—el lugar "Oriente" y el verbo "orientar—" vienen de la misma fuente: la palabra latina *oriri* que significa "levantarse," y la palabra relacionada *oriens* que significa "levantamiento" o "nacimiento." Como el sol sale por el este, se utilizó la palabra *oriens* en tiempos antiguos para denotar la dirección del sol naciente, la tierra y las regiones al este del Mediterráneo. La palabra *Oriente*, en el sentido de tierras del Este, pasó al idioma inglés en el siglo XIV proveniente del francés antiguo.

Poco a poco, la palabra tomó un nuevo significado relacionado con volver la cara al este. Las catedrales, por ejemplo, se construían para que miraran al este, para estar "orientadas" hacia Jerusalén. Pero no fue sino hasta el siglo XIX que la palabra oriente se utilizó en el sentido más general de acertar una dirección o, para usar otro término de la brújula, "obtener tu orientación." Hoy en día, cuando un hombre intenta descifrar un mapa de carreteras si se ha perdido y dice que sólo necesita "orientarse," obviamente no está buscando la China.

Su sensata esposa, por supuesto, sólo dice, "Querido, paremos en una gasolinera y preguntemos."

HITOS EN GEOGRAFÍA II
Siglo XVI

1512   Los exploradores portugueses De Abreu y Serrao llegan a las Molucas, o Islas Especias.

1513   Después de una expedición de veinticinco días a través de las densas selvas tropicales de Centroamérica, el español Vasco Núñez de Balboa (1474–1517) divisó el Océano Pacífico y lo llamó Mar del Sur. Pero los rivales políticos acusaron a Balboa de traición y lo decapitaron en una plaza pública junto con cuatro de sus seguidores. Sus restos fueron arrojados a los buitres.

1518   La viruela, una enfermedad común aunque no necesariamente mortal en Europa, es introducida a la isla de Hispaniola (lo que es hoy Haití y la República Dominicana). La viruela sería la responsable, más que las armas, los caballos o las tácticas militares españolas, de diezmar a gran parte de la población indígena que no había desarrollado una inmunidad natural a la enfermedad.

1519   Hernán Cortés (1485–1547), a quien consideraron una encarnación del dios azteca Quetzalcoatl, entra en Tenochtitlán, Ciudad de México, y captura al emperador Montezuma II, comenzando la conquista española del Imperio Azteca en México. Aunque Cortés fue inicialmente expulsado, regresó en 1521 con una fuerza mayor y completó la conquista de México, extendiendo el reino español hasta Baja California.

1519–22   La nave de Magallanes circunnavega el globo.

1524–28   Giovanni da Verrazzano, todavía buscando una ruta hacia el Oriente, hace el mapa de la costa atlántica de América del Norte mientras busca el Paso del Noroeste, un derrotero más simple y más directo que navegar alrededor de África o alrededor de América del Sur, como lo había hecho Magallanes.

aprox. 1525 El físico francés Jean Fernel es el primero en calcular el largo de un grado de latitud y llega muy cerca de su longitud aceptada de 110,567 kilómetros en el ecuador.

1532 El español Francisco Pizarro comienza la conquista del Imperio Inca del Perú, ya devastado por la viruela y la guerra civil. Pizarro captura al soberano inca Atahualpa, lo ejecuta y conquista el Perú.

1533 Primer informe de triangulación, un método de prospección en el que se usa una cadena de triángulos, realizado por el cartógrafo Holandés Reiner Gemma Frisus, cuyo libro *Des Principis Astronomiae et Cosmographiae* ("Principios de Astronomía y Cosmografía") también señala que la longitud puede encontrarse comparando la hora con la posición del sol.

1534 El explorador Francés Jacques Cartier (1491–1577) hace el primero de tres viajes a América en busca del Paso del Noroeste que une el Atlántico con el Pacífico. En el segundo viaje, un año más tarde, navegó por el Río San Lorenzo, esperando que fuera el pasaje hacia la China, y llegó en la ciudad de los hurones de Hochelaag, sitio de la actual Montreal.

Voces Geográficas
Jacques Cartier acerca de los hurones

La tribu no tiene ninguna creencia en Dios que conduzca a nada; puesto que ellos creen en un dios al que llaman *Cudovagny* y sostienen que él a menudo tiene relaciones sexuales con ellos y les dice cuál será el estado del tiempo. También dicen que cuando se enfada con ellos, les arroja polvo en los ojos. Ellos creen además que cuando se mueren van a las estrellas y descienden al horizonte como las estrellas. Seguidamente, van a un bello campo verde cubierto de extraordinarios árboles, flores y frutas deliciosas. Después de explicarnos estas cosas, les mostramos su error y les informamos que su *Cudovagny* era un espíritu maligno que los enganaba y que no hay sino un solo Dios,

que está en el Cielo y que nos da todo lo que necesitamos
y es el Creador de todas las cosas, y que sólo en Él debemos creer. También que debemos recibir el bautismo o
pereceremos en el infierno.

Aunque Cartier y los exploradores franceses posteriores eran más
ilustrados que los españoles en el sentido de tratar con los indígenas,
sus puntos de vista eran típicos del sentido de superioridad cultural y
moral que todos los europeos cargaban en sus tratos con los indígenas.
Fue esa "superioridad" la que hizo que fuera más sencillo para las olas
sucesivas de europeos sacar a los indígenas de sus tierras ancestrales,
matar a la mayoría de ellos y destruir la forma de vida de los mismos.

1538   Primer mapamundi realizado por el geógrafo flamenco Gerar-
dus Mercator, (nacido Gerhard Kremer; 1512–1594), estudiante de
Frisius. Este mapa es el primero en utilizar los nombres de América
del Norte y del Sur. En 1544, durante la Contrarreforma, fue declarado hereje, pero unos amigos influyentes lo salvaron de la muerte
durante la Inquisición. En 1569, publicó un mapamundi que mostraba una nueva proyección de la Tierra redonda en un mapa
plano. La Proyección Mercator, que muestra líneas rectas, paralelas, de latitud, fue diseñado para ayudar a los marinos a navegar por
una línea fija y se convirtió en la solución más ampliamente aceptada al problema de la proyección, pero exagera algunas de las distancias y áreas de tierra cerca de los polos.

1543   El astrónomo polaco Nicolás Copérnico (nacido Mikolaj Kop-
pernigk, 1473–1543), publica *De la Revolución de Cuerpos Celestes*,
en que propone un sistema solar centrado en el Sol, en el que la
tierra rota diariamente sobre su eje. Aunque fue escrito mucho
antes, este libro fue ocultado por Copérnico por temor a represalias
de la Iglesia Católica.

1566   Felipe II encarga el primer mapa detallado de España.

1570   *Theatrum Orbis Terrarum* (Teatro del Mundo) por Abraham
Ortelius (1527–98), primera colección actualizada de mapas del
mundo desde la *Geografía* de Ptolomeo. En la introducción de la
colección, el amigo de Ortelius, Gerhardus Mercator, por primera

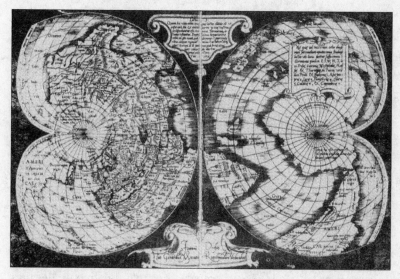

Mapa Mercator de 1538, el primero en nombrar a América del Norte y América del Sur. CORTESÍA DEL DEPARTAMENTO DE SERVICIOS BIBLIOTECARIOS, MUSEO AMERICANO DE HISTORIA NATURAL

vez usa la palabra *atlas*, el nombre del héroe mítico griego que sostuvo el mundo en sus hombros, para referirse a una colección de mapas.

1577–80   El explorador, esclavista y pirata inglés, Sir Francis Drake (c. 1540–96) circunnavega el globo y es el primer inglés que logra esta hazaña. El viaje alrededor del mundo del cruel Drake—apodado el Dragón por sus enemigos—se dio principalmente a expensas de los españoles y los portugueses, cuyos puertos arrasó y cuyos barcos hundió. Cuando Drake llegó de regreso a Inglaterra con 160,000 libras para la Reina y un retorno de la inversión del 4,700 por ciento de sus avalistas, le fue otorgado el título de Caballero por la Reina Isabel a bordo de su barco, a pesar de las protestas de los españoles. Las bitácoras de su viaje fueron consideradas secreto de estado y todos los detalles del viaje se mantuvieron ocultos. En la nueva competencia internacional, tal información se estaba convirtiendo en secreto de negociación valioso.

1583   Llega a la China Mateo Ricci (1552–1610), misionero jesuita italiano. Para ganar el aprecio del emperador, hace demostraciones de los relojes europeos y dibuja antiguos mapas colocando, con mucha inteligencia, a China en el centro.

1584   Sir Walter Raleigh (1552–1618), explorador y cortesano inglés, organiza una expedición para colonizar América del Norte en la Isla Roanoke, en Carolina del Norte. Fue una mala selección porque este lugar era pantanoso y lleno de enfermedades. Los colonizadores regresaron a Inglaterra al año siguiente con Francis Drake. Raleigh preparó otra colonia que también fue desembarcada en Roanoke por un capitán apresurado más interesado en buscar barcos españoles con tesoros que en establecer una colonia tranquila. Los barcos con provisiones también fueron desviados para atacar a los barcos españoles. Cuando los barcos de auxilio, demorados por la batalla con la Armada Española, finalmente llegaron en 1590, la colonia ya había desaparecido. Fue conocida como la Colonia Perdida. Nunca se encontraron restos de la colonia, pero se especula que se fueron hacia el norte y se mezclaron con indígenas amistosos.

1588   La Armada Española, una flota de 130 barcos fuertemente armados con 27,000 tropas a bordo, fue enviada por el Rey Felipe II para asegurar el Canal de la Mancha como preludio a la invasión española a Inglaterra. Bajo el mando de los notables "perros del mar" Drake y Hawkins, una flota inglesa mucho más pequeña puso en fuga a los españoles y muchos de ellos se perdieron en una tormenta cuando trataban de escapar de regreso a España. La batalla marcó el comienzo de la decadencia española y del surgimiento de Inglaterra como poder marítimo predominante en el mundo.

1589   El geógrafo Inglés Richard Hakluyt (1552–1616) publica la primera edición de su obra maestra, *Principales Navegaciones, Viajes y Descubrimientos de la Nación Inglesa*. Ministro ordenado y profesor, Hakluyt se deslumbró con las hazañas y las aventuras de los grandes marinos británicos, tales como Hawkins, Drake, Raleigh y Frobisher. El libro era un llamamiento patriótico a los ingleses para que colonizaran los Nuevos Mundos; Hakluyt era un promotor de bienes raíces que describía con entusiasmo las ricas y abundantes tierras, iniciando a Inglaterra en su curso de la construcción de un imperio.

¿Por Qué África es Llamada el "Continente Negro"?

Pocos lugares en el mundo han sido más mitificados o malentendidos en el mundo que África. La historia moderna de África, su desarrollo y su lugar en el mundo moderno pueden rastrearse hasta la época de su colonización y explotación por las principales potencias europeas, comenzando por los portugueses en el siglo XV. África sólo era "oscura" para los europeos cuyo conocimiento del África subsahariana estaba limitado a los mitos medievales de bestias fantásticas y personas extrañas y leyendas de tierras ricas en oro. Hasta que los portugueses comenzaron sus exploraciones por la costa oeste (atlántica) de África, los africanos subsaharianos que vivían a orillas de la costa estaban protegidos por vastas extensiones del Desierto del Sahara hacia el norte y el océano hacia oeste. África desarrolló culturas ricas, con imperios como los de Malí, Songhai y Kush. El contacto con marineros árabes y chinos y comerciantes en la costa este de África (Océano Índico), había existido durante siglos y estaba mucho más desarrollado, razón por la que el Islam estaba bien establecido en muchas partes de África mucho antes de que los misioneros cristianos del siglo XIX comenzaran a montar sus tiendas.

Para los árabes, África no era tan oscura. El Imperio Malí, centrado en la capital de Timbuktú (Tombouctou) fue fundado cerca del año 1200 y floreció durante los siguientes doscientos años como centro musulmán religioso y de comercio. Desafortunadamente, también era el centro del comercio de esclavos, que existía dentro de África mucho tiempo antes de que los primeros europeos llegaran y comenzaran las deportaciones masivas de africanos negros a las Indias Occidentales y a las Américas.

África, una inmensa masa de tierra montada a horcajadas sobre el ecuador, y que tiene una extensión de 5,000 millas de arriba hasta abajo y 4,600 millas de este a oeste, es el segundo continente más grande del mundo. Su área de 11,677,239 millas cuadradas (aproximadamente 29.8 millones de kilómetros cuadrados) equivale a cerca del 20 por ciento del área terrestre del mundo. Curiosamente, es el único continente con tierra en los cuatro hemisferios; norte, sur, este y oeste. El único lugar en el que se encuentra con otra masa de tierra es la tenue conexión con Asia en el Istmo de Suez, en Egipto. Aunque se habla inglés en muchas partes, y el swahili es el lenguaje autóctono más prominente, en África se hablan más de mil idiomas diferentes. Cincuenta de estos se consideran idiomas importantes, usados por más de un millón de personas.

En la moderna África, la sequía, la erosión, la deforestación y la explosión demográfica se combinan para producir una crisis de alimentos después de otra. La crisis del SIDA en África es un problema mucho mayor que otros países; hay cálculos que pronostican que un cuarto de la población llegará a estar infectada. Estas situaciones desesperadas se agravan con la inestabilidad de los gobiernos que gastan cantidades desmesuradas en armamento militar. Las guerras civiles así como los últimos vestigios de la lucha entre las superpotencias, le han añadido penurias al África. En 1986, al final de una sequía africana muy publicitada que condujo a las obras de caridad de "We Are the World" ("Nosotros Somos el Mundo"), diez de los trece países más afectados habían sufrido alguna forma de guerra, contienda civil o influjo masivo de refugiados que huían de tales condiciones.

Unos 300 millones de personas viven en los cuarenta países del África subsahariana, y otros 300 millones viven en los países norafricanos. Para finales del año 2025, se espera que África tenga una población mayor que la población combinada de Europa, América del Norte y América del Sur, si no se produce una disminución posible de la población infectada de SIDA. La población de Kenya, país del este de África, aumenta a una tasa de cerca del 4 por ciento al año, la tasa de crecimiento más alta del mundo. Para el año 2020, se espera que su población sea de cerca de 46 millones. (En contraste, los Estados Unidos tienen una tasa de crecimiento de la población relativamente baja, de menos de un 1 por ciento anual.) Para el año 2100 se espera que

Nigeria sea la tercera nación más poblada después de la India y China. Otras naciones africanas con poblaciones en rápido crecimiento son Etiopía, Zaire, Tanzania y Egipto.

Uno de los mayores problemas para millones de africanos es el agua. Las sequías y la desertificación de África seguirán convirtiendo en una pesadilla la alimentación del continente en el futuro. Una posible solución sería la desalinización del agua de mar, pero es una respuesta costosa. La primera planta de desalinización del África se inauguró en 1969 en Nouakchott, capital de Mauritania, en el noreste de África, donde la población ha aumentado de 12,000 personas en 1964 a más de 350,000 hoy en día. Las sequías han bajado el nivel del agua tanto, que sólo son productivos los pozos más profundos. La mayor parte del ganado de Mauritania ha muerto de hambre.

En otros países de África del Norte, las situaciones son sólo un poco mejores. En Egipto, la cuna de una de las civilizaciones más grandes y longevas en la historia de la humanidad, el tratado de paz con Israel ha permitido un cambio en el descomunalmente inflado gasto militar, pero la explosión de población sigue siendo una situación incontrolable. Embutido en la larga franja de terreno utilizable a lo largo del Nilo, es un país que se enfrenta con problemas enormes. En Egipto, el 95 por ciento de los 53 millones de habitantes viven a menos de una docena de millas del Río Nilo o de uno de sus afluentes del delta. Si la Represa Aswan, río arriba, se derrumbara, casi todos los egipcios se ahogarían en los primeros tres días. Esa amenaza se volvió real cuando Israel amenazó supuestamente con bombardear la represa, conduciendo a negociaciones entre los dos países.

Pero esos temores palidecen ante un temor mucho más serio que es la sequía. A comienzos de 1992, la Organización de las Naciones Unidas para la Alimentación y la Agricultura en Kenya anunció que África se enfrenta a la peor sequía del siglo XX. La falta de lluvias de estación en el área que va desde el Cabo de la Buena Esperanza en el extremo de sur de África hasta El Cairo, ha perjudicado la agricultura y la industria. Mientras que otras partes de África han afrontado la sequía en años anteriores, la actual escasez de lluvia ha golpeado áreas de África, como Kenya, Zimbabwe y Sudáfrica, que han sido capaces de alimentarse y de exportar granos en años anteriores.

NOMBRES:

Malawi, Malí, Malasia y Maldivas

Solucionemos esto. Este es un problema relativamente típico. Algunos nombres de países suenan muy parecido a otros. Esto puede ser muy confuso. He aquí cuatro ejemplos. Países muy diferentes en lugares diferentes, pero es difícil tener claro cuál es cuál.

Malawi   Hubiese sido más fácil si hubieran conservado su antiguo nombre, Nyasaland. Pero eso era un vestigio del dominio colonial británico, y esta república de África centro-oriental del tamaño del estado de Pennsylvania, obtuvo su independencia por pacíficos en 1964. Dos de sus vecinos son Mozambique al este y Zimbabwe (antes Rhodesia) al sur. El tercer lago más grande de África, Malawi (antes llamado el Lago Nyasa), cubre un 20 por ciento del país. Aunque está libre de los conflictos políticos que afectan a otras naciones africanas, la ya empobrecida Malawi ha sufrido el influjo de refugiados de la guerra civil en el vecino Mozambique.

Malí   Mucho antes de que los europeos pusieran pie en la costa occidental de África, existía el mito de que Malí era la tierra del oro. El *Atlas Catalan* dibujado en Europa en 1375 hablaba de un lugar en donde el oro "crecía como zanahorias." De hecho, sí había oro en Malí. Este, pequeño país rodeado de tierra en el noroeste de África, junto al desierto del Sahara, Malí fue alguna vez la sede de un imperio importante basado en Timbuktú, que durante ochocientos años fue un importante centro comercial. Fundada alrededor del año 1100, Timbuktú rápidamente se convirtió en un centro de negocios para el comercio trans-sahariano, dada su proximidad con el desierto y el Río Níger. La base de este comercio era el intercambio de oro por la sal transportada a través del Sahara por caravanas de camellos. A finales del siglo XIII, éra la bulliciosa capital del Imperio Malí y sede de una gran mezquita y un centro de estudios musulmán. En Timbuktú florecieron juntos el comercio y el estudio como sucedería poco después en varias ciudades europeas. Pero también lo hizo el comercio árabe—africano de esclavos, que se convirtió en uno de los negocios más lucrativos de

Timbuktú. En 1468, Malí y Timbuktú fueron conquistadas por Songhai, un imperio africano—musulman que alcanzó su apogeo a finales del siglo XV.

Para mediados del siglo XVII, las glorias de Malí se habían terminado, a medida que sucesivas invasiones iban destruyendo el antiguo imperio. Los franceses tomaron control de esa nación en 1896 y Malí se fue colonia francesa hasta 1960, cuando se unió con Senegal para formar la República Sudanesa, y más tarde se constituyó en república independiente. Como muchas otras naciones del noroeste de África, Malí se enfrenta a una aguda escasez de alimentos como resultado de las sequías. Los cálculos más pesimistas predicen que en el futuro Malí será inhabitable a medida que el Desierto del Sahara continúe a avanzar hacia el sur.

Malasia Mira ahora hacia Asia. Malasia, una agrupación más bien curiosa, es una federación de estados independientes con una parte, Malasia Occidental, ubicada en el extremo de la Península Malaya,—debajo de Tailandia—un dedo de tierra que sale al Mar de China; y una segunda parte, Malasia Oriental, a cuatrocientas millas, en la Isla de Borneo, la tercera isla más grande del mundo. Rica en petróleo, caucho, estaño y productos de agricultura, Malasia disfruta de una de los estándares de vida más altos en Asia.

Esos recursos han hecho de Malasia una presa atractiva en el pasado. Los portugueses, los holandeses y los británicos, todos han explotado las riquezas de Malasia. Durante la Segunda Guerra Mundial, fue ocupada por los japoneses durante gran parte del conflicto, convirtiéndose en un "protectorado" británico en la posguerra. Después de su independencia de Gran Bretaña, Malasia se unió inicialmente con las cercanas Islas de Singapur. Pero una guerra civil por la independencia de Singapur separó los dos países en 1965. La población está dividida entre la mayoría malaya y una gran minoría de origen chino. Las luchas étnicas entre los dos grupos han producido esporádicos brotes de violencia.

Aunque una gran parte de la isla de Borneo es territorio malayo, no toda lo es. Parte de Borneo se unió con Singapur cuando éste se independizó. Una pequeña área de la isla (2,200 millas cuadradas) se convirtió en Brunei, un sultanato musulmán. Muchos estadounidenses jamás habían oído hablar de Brunei hasta que su sultán, rico por las reservas de petróleo de la pequeña república, fuera uno de los contribuyentes de la ayuda caritativa de Oliver North a los contras, como se revelaría durante el escándalo Irán-contra al final del segundo término presidencial de Ronald Reagan.

Maldivas   La República de las Maldivas, una colección de diecinueve atolones de coral en el Océano Índico, está aproximadamente a cuatrocientas millas al suroeste de Sri Lanka (antes Ceilán). Para los residentes de las cerca de mil doscientas isletas que componen las Maldivas, el calentamiento global no es simplemente una teoría interesante o un tema de debate. Dado que ninguna de las islas se eleva a más de seis pies sobre el nivel del mar, aún un deshielo menor de los casquetes polares y una consecuente subida del nivel del mar sería catastrófico. Las pruebas disponibles sugieren que los niveles del mar han subido entre cuatro y seis pulgadas en el último siglo. Un pronóstico aceptado habla de una subida de ocho pulgadas para el año 2030. Ya se están evacuando cuatro diminutas islas en las Maldivas debido a las inundaciones.

VOCES GEOGRÁFICAS
De *La Verdadera Historia de la Conquista de la Nueva España*, por BERNAL DÍAZ DEL CASTILLO (1632).

Mirando paisajes maravillosos, no sabíamos qué decir, o si lo que aparecía delante de nosotros era real pues, de una parte, en la tierra, había grandes ciudades y en el lago muchas más, y el lago en sí mismo estaba atestado con canoas, y en el mismo había muchos puentes a intervalos, y frente a nosotros se alzaba la gran ciudad de México, y nosotros, que no éramos ni cuatrocientos soldados y nos acordábamos bien de las palabras y advertencias hechas por la gente de Huexotzingo y Tlaxcala, y las otras advertencias que nos habían hecho de que debíamos tener cuidado al entrar a México, donde nos matarían en cuanto nos tuvieran dentro . . .

. . . Cuando llegamos cerca de México, donde había otras torres más pequeñas, el gran Montezuma se bajó de su litera y esos grandes caciques lo sostuvieron con sus brazos bajo un maravillosamente rico dosel de plumas de color verde con muchos bordados de oro y plata, y con perlas y cachuitas suspendidas de una especie de bordado, que era maravilloso de mirar. El gran Montezuma estaba ricamente ataviado de acuerdo con su costumbre, y estaba calzado con sandalias cuyas suelas eran de oro y la parte superior estaba adornada con piedras preciosas . . .

El Gran Montezuma tenía aproximadamente cuarenta años, era de buena estatura y bien proporcionado, delgado y escaso de carnes, no muy moreno, pero del color natural y la sombra de un indígena. No usaba su pelo largo, sino que apenas cubría sus orejas, su escasa barba negra estaba bien cuidada y era escasa. Su cara era algo larga, pero alegre y tenía buenos ojos y mostraba en su apariencia y modales ternura y, cuando era necesario, seriedad. Era pulcro y limpio y se bañaba una vez al día en las tardes. Tenía muchas mujeres amantes, hijas de jefes, y tenía dos grandes cacicas como esposas legítimas. Estaba libre de ofensas no naturales. Las ropas que usaba un día, no las volvía a usar sino hasta cuatro días después. Tenía más de doscientos jefes en su guardia. . . .

Para cada comida, sus cocineros preparaban más de treinta platos diferentes, de acuerdo con sus formas y la usanza, y colocaban braseros de cerámica bajo los platos para que éstos no se enfriaran. Preparaban más de trescientos platos de la comida que Montezuma se iba a comer y más de mil para la guardia. . . .

He oído decir que estaban acostumbrados a cocinar carne de niños pequeños, pero como tenía tal variedad de platos hechos de tanta cantidad de cosas, no tuvimos éxito en saber si eran de carne humana o de otra cosa, pues diariamente cocinaban pollos, pavos, faisanes, perdices nativas, codornices . . . así que no pudimos ver, pero estoy

seguro de que, después de que nuestro Capitán censuró el
sacrificio de seres humanos, y la comida de sus carnes, él
ordenó que tal comida no se le volviera a preparar.

Díaz, nacido en el año del primer viaje de Colón, estaba entre la
primera generación de españoles que se fueron al Nuevo Mundo,
tentados por cuentos de oro y riquezas. En 1519 se unió a Hernán Cortés para su expedición a México. Con cinco barcos y seiscientos hombres, Cortés desembarcó en Vera Cruz y procedió a quemar sus barcos
para evitar que sus hombres le exigieran regresar. El emperador azteca Montezuma trató de enviar regalos para evitar que los españoles
avanzaran. Pero estos regalos tuvieron exactamente el efecto contrario.
El bando español fue recibido de mala gana por Montezuma, que
creía que Cortés era el dios Quetzalcoatl que regresaba. Esto fue fatal
para el emperador mismo y para su pueblo. Cortés lograría vencerlos
y conquistar su imperio con relativa facilidad, a pesar de una oposición sangrienta.

¿Dios "Derramó su Gracia" Sobre Toda América del Norte o se Detuvo en las Fronteras de los Estados Unidos?

América del Norte, con un área de 9,360,000 millas cuadradas (cerca
de 24 millones de kilómetros cuadrados) es el tercer continente más
grande del mundo. Compuesto principalmente de los Estados Unidos,
Canadá y México, incluye a Groenlandia y las islas del Caribe, con el
estado de Hawai completando la cuenta (aunque Hawai, por lógica,
debería agruparse con el resto de las isla del Pacífico que forman Oce-
anía). Ocupa cerca del 16 por ciento de la superficie seca de la Tierra.
Con una población de más de 430 millones de personas América del
Norte es no sólo el tercer continente más grande, sino también el tercero más poblado.

Al igual que otras grandes masas de tierra, es un área de inmensos
contrastes, abarcando desde el norte de Canadá y Alaska, cerca del
polo Norte, bajando hasta las zonas tropicales de México y el Caribe.
América del Norte, habitada inicialmente hace al menos veinticinco
mil años por los mongoloides que salieron de Asia a través del puente

de tierra que cubriera después el Estrecho de Bering, gradualmente se convirtió en el hogar de decenas de millones de indígenas—más tarde erróneamente llamados indios por Cristóbal Colón, que creyó que había llegado a las Indias Occidentales—y que estaban esparcidos por todo el continente cuando llegaron los primeros europeos en los siglos XV y XVI. Fue esa llegada, que algunos llaman "invasión," la que inició la explosiva transformación de América del Norte de una enorme selva en el área agrícola e industrial más poderosa del mundo.

Muchos estadounidenses ignoran simplemente las diez provincias canadienses vecinas, el segundo país más grande del mundo. Irónicamente, el nombre del país se deriva de una palabra de los indígenas hurones, *kanata*, que significa "aldea pequeña." Desde la Guerra de 1812, cuando las fuerzas estadounidenses atacaron y quemaron York (Toronto), las relaciones entre los dos países han sido pacíficas, aunque ocasionalmente irritadas. Los canadienses luchan para mantener una identidad nacional ante el poder cultural y económico de los Estados Unidos. Pero las fronteras compartidas de los dos países siguen siendo la frontera indefensa más larga del mundo. En su mayor parte unidos por el idioma inglés y por la herencia—con la excepción de una pequeña minoría francesa—y con tradiciones políticas similares, los dos países forman la sociedad comercial más grande del mundo. Siguiendo el ejemplo de la Comunidad Económica Europea, casi todas las restricciones económicas han sido eliminadas entre los dos países, y el Tratado de Libre Comercio, firmado en 1988 (ridiculizada por algunos en Canadá como la "Ley de la Venta de Canadá"), terminó con las restricciones restantes en 1999.

A pesar del enorme tamaño físico de Canadá, su población es relativamente pequeña, acercándose a los 27 millones de personas, con ocho de cada diez canadienses viviendo a cien millas de la frontera con los Estados Unidos.

La historia de los Estados Unidos con su vecino del sur, los Estados Unidos Mexicanos, no ha sido tan plácida, aunque México, y tal vez el Caribe y otras naciones centroamericanas, entrarán pronto en el Tratado de Libre Comercio America del Norte. Al igual que con Canadá, pocos estadounidenses tienen mucho más que una vaga idea de la historia de México, plagada de actitudes raciales y culturales endurecidas durante doscientos años de relaciones tormentosas, paternalistas y a menudo militaristas. La imagen de México en los Estados Unidos ha sido todavía más distorsionada por las versiones de Hollywood de sucesos y personas tales como la Batalla de El Álamo y la vida del bandido Pancho Villa.

Recientes descubrimientos arqueológicos y una nueva generación de estudiosos han abierto una visión radicalmente nueva del pasado precolombino mexicano. Mientras que los libros de texto estadounidenses usualmente comenzaban con un pequeño relato acerca de Cortés y Montezuma y los grotescos sacrificios humanos de los aztecas, donde algunas veces se mataban hasta 10,000 víctimas a la vez, poco se decía de la larga historia de vida en las Américas antes de que llegaran los primeros europeos. México había sido el centro de una sucesión de civilizaciones indígenas durante más de 2,500 años. Las culturas olmeca, maya, tolteca y azteca—o mexica, como se llamaban a sí mismos—desarrollaron la alfarería, las matemáticas, la metalurgia, calendarios sofisticados, observaciones astronómicas, la arquitectura, la ingeniería hidráulica, la planeación urbana, tratamientos médicos y estructuras sociales complejas tal y como lo hacían las contrapartes europeas y asiáticas.

La capital del Imperio Azteca era una maravilla de ingeniería. En 1325, como protección contra sus poderosos vecinos, los aztecas escogieron la isla de Tlatelolco en el fangoso Lago Texcoco como sitio para su ciudad. Construyendo tres carreteras elevadas y dos acueductos que llevaban agua potable a la ciudad, drenaron las tierras pantanosas y construyeron un dique de diez millas de largo para impedir la entrada las aguas saladas de la otra parte del lago. Al cabo de doscientos años, era una ciudad imperial que cubría casi cinco millas cuadradas, con una red de canales y puentes que hicieron de Tenochtitlán—que significa "Lugar del Cactus Espinoso"—una Venecia americana.

Pero el momento definitivo en la historia moderna de México fue en 1519, con la llegada de unos pocos barcos con casi seiscientos hombres bajo el mando de Hernán Cortés. Con armas, caballos y algo aún más devastador, el virus de la viruela, los españoles rápidamente dominaron México, Centro y Suramérica, destruyendo a más del 90 por ciento de la población nativa que habían descubierto—estimada entre 1.5 y 3 millones de personas—despojando a la tierra de su oro y desplazando sociedades de siglos de antigüedad. Las pirámides Aztecas

fueron reducidas a escombros, sus piedras usadas para construir catedrales católicas, México fue gobernado como virreinato de la Nueva
España durante los siguientes trescientos años, hasta 1810, cuando los
mexicanos se rebelaron por primera vez, obteniendo una temporal
independencia en 1821. Durante los siguientes veinte años, una porción considerable de territorio mexicano fue arrasado por los Estados
Unidos, primero por la rebelión de Texas y su anexión a la Unión en
1836, y después con la anexión de California y gran parte del Sudoeste
estadounidense después de la Guerra con México entre 1845 y 1848.

Durante la presidencia del reformista Benito Juárez, un indígena,
México eliminó el carácter de religión oficial de la Iglesia Católica y se
rehusó al pago de su deuda externa en 1855. La respuesta fue una invasión de fuerzas británicas, españolas y francesas, con los franceses finalmente apoderándose de la Ciudad de México, tomando control del
país y declarando al archiduque Maximiliano de Austria como emperador de México en 1863. Una sucesión de rebeliones y dictaduras
finalmente condujeron a la revolución de 1910–1917. Desde 1917,
México ha sido gobernado como república constitucional con un presidente electo durante un solo período de seis años. Aunque es una
democracia, la política de México ha sido dominada por un solo partido durante décadas, el Partido Revolucionario Institucional. Pero los
partidos de oposición tanto de derecha como de izquierda han comenzado a tener logros recientemente.

Con un área de cerca de un quinto del tamaño de los Estados Unidos, México tiene una población de más de 85 millones y una tasa de
crecimiento de cerca del 2.3 por ciento, mucho más alta que la de
Canadá, que es del 0.7 por ciento, o la de los Estados Unidos, que es
del 0.8 por ciento. México, una de las naciones más endeudadas del
mundo, permanece en la pobreza aún cuando es una nación productora de petróleo. Los avances recientes en agricultura han mejorado la
producción de comida. Los bajos costos de mano de obra han hecho
que el ensamblaje de alta tecnología—desde carros hasta computadoras personales—sea una creciente fuente de empleo.

Pero su capital, Ciudad de México, es pobre, contaminada y congestionada. Estando en uno de los peores lugares para construir una
ciudad, es vulnerable a las amenazas más letales: terremotos y volcanes, que todavía están activos. Sin embargo, durante quinientos años

ha sido una de las ciudades más grandes del mundo, que continúa su crecimiento a pesar de las permanentes predicciones de un destino funesto.

LUGARES IMAGINARIOS

¿Dónde Quedaba El Dorado?

El imperio de Guayana está directamente al este del Perú, hacia el mar, y está bajo la línea equinoccial, y posee más oro que cualquier otra parte del Perú, y tantas o más ciudades grandiosas de las que Perú jamás tuvo en su momento de mayor prosperidad. Me han asegurado de esto los españoles que han visto Manoa, la ciudad capital de la Guayana, que éstos llaman El Dorado, que por su grandeza, por las riquezas y por su excelente sede, es superior a cualquier otra en el mundo . . . Cómo todos estos ríos cruzan y se encuentran, dónde se ubica el país y cómo es bordeado, mi propio descubrimiento y la forma en la que entré, con todo el resto, mi señoría recibirá en un gran cuadro o mapa, que aún no he terminado y que muy humildemente ruego que su señoría lo oculte y no deje que pase de sus manos; pues de saberse, todo puede ser prevenido por otras naciones; pues sé que este mismo año es buscado por los franceses.

El navegante y aventurero inglés Sir Walter Raleigh (1552–1618) escribía en 1595 sobre un reino supuestamente ubicado en algún lugar entre el Amazonas y el Perú. El nombre El Dorado fue primero aplicado a un hombre, posteriormente a una ciudad y después a un país entero, todo legendario. La leyenda surgió de una costumbre de la tribu muisca, que vivía en las altas planicies cercanas a Bogotá, de ungir a cada nuevo jefe o cacique con una goma resinosa y después cubrirlo con polvo de oro. El jefe entonces se sumergía en un lago sagrado y se lavaba el oro mientras que su gente arrojaba al mismo lago ofrendas de esmeraldas y oro.

La costumbre había terminado mucho antes de la llegada de los españoles, pero la leyenda sobrevivió y creció a tamaños míticos. Cuando los primeros exploradores españoles escucharon este cuento, llamaron a este cacique El Dorado. Dichos exploradores ansiosamente perpetuaron el mito de El Dorado porque brindaba una simple razón para la exploración continua. Incluso identificaban a El Dorado como la ciudad de Manoa, supuestamente en el sudeste de Guayana. Mucha de la exploración y la conquista española de América del Sur fue resultado directo de la leyenda de El Dorado y las búsquedas que inspiró.

Aun cuando el encanto de El Dorado atrajo a los españoles y después a los ingleses como Raleigh, surgió una segunda leyenda, quizás producto de un vengativo chiste de los indígenas que querían que los hombres blancos se fueran y disfrutaban viendo a sus conquistadores blancos yendo por todo el país en busca de una fantasía. Una fortuna aún más grande esperaba al hombre que pudiera encontrar Cíbola, con sus Siete Ciudades de Oro, que se suponía, existía en el área sudeste de América del Norte. La leyenda atrajo a los exploradores españoles, especialmente a Francisco Coronado (1510–1554), que se llevó a trescientos de sus hombres de caballería y mil indígenas en un largo viaje en 1540 a través de gran parte del Sudeste. Lo que finalmente descubrieron como Cíbola fue una colección de pueblos zuñis. La expedición también encontró el Gran Cañón de Colorado.

¿Es América Un Continente o Dos?

Si un continente es una gran masa de tierra continua, completamente rodeada por agua, ¿por qué considerar entonces a América del Norte y del Sur como dos continentes diferentes? Claramente están conectados el uno con el otro. América Central, compuesta de las siete repúblicas independientes de Belice, Costa Rica, El Salvador, Guatemala, Honduras, Nicaragua y Panamá, crea un puente terrestre entre América del Norte y del Sur. Aun cuando esta delgada franja de tierra estuvo inundada en el pasado, lógicamente hablando, los dos continentes son uno solo. Pero las consideraciones políticas e históricas—especialmente el hecho de que la historia de Canadá y los Estados Unidos estuvo dominada por los británicos, mientras que los españoles retuvieron el control de México y casi todo lo que hay al sur del mismo, excepto Brasil—a menudo pasan por encima de los hechos geográficos. ¡Nadie dijo que la geografía fuera una ciencia perfectamente lógica!

Los estadounidenses no saben mucho acerca de Canadá y México, sus vecinos más cercanos, pero su iguorancia es abismal cuando se trata de América del Sur. Por ejemplo, la mayoría de los estadounidenses se sorprendería de saber que virtualmente todo el continente de América del Sur está al este de Savannah, Georgia. Con un área de 6,883,000 millas cuadradas (aproximadamente 18 millones de kilómetros cuadrados), América del Sur es el cuarto continente más grande del mundo, con casi 12 por ciento de la superficie seca de la Tierra. Las 302 millones de personas de América del Sur viven en doce repúblicas independientes y en un vestigio de la era colonial (Guayana Francesa). Aunque parece que la densidad de la población es comparativamente baja, América del Sur es intensamente urbana, porque buena ¡parte del continente es inaccesible o no cultivable a causa de sus dos características geográficas más importantes: la Cordillera de los Andes y la selva tropical del Amazonas.

La Cordillera de los Andes recorre aproximadamente 4,500 millas a lo largo de casi toda la costa occidental (del Pacífico) de América del Sur, más de tres veces el largo de las Montañas Rocosas de Estados Unidos. Los Andes, que pasan a través de siete de las 12 repúblicas de América del Sur—Argentina, Chile, Bolivia, Perú, Ecuador, Colombia y Venezuela—son la segunda cordillera del mundo en altura promedio después de los Himalayas. (Las otras repúblicas de América del Sur son Brasil, Guayana, Paraguay, Surinam y Uruguay; Guayana Francesa es la última posesión europea en el continente.) El Cerro Aconcagua, el pico más alto del hemisferio occidental con 22,834 pies (6,960 metros), está en Los Andes, cerca de la frontera noroccidental Argentina con Chile. En Chile, un estrecho país de 1,800 millas de largo, los Andes cubren un tercio del área, haciendo que gran parte del país no sea cultivable. Chile posee un gran desierto, el Atacama, rico en minerales, y tiene la ciudad más al sur del mundo, Punta Arenas.

Escondido en los Andes peruanos durante más de quinientos años está el misterio de Machu Picchu, que fuera alguna vez una gran ciudad Inca. Los incas, señores de un imperio extenso y altamente centralizado, controlaban un territorio que se extendía por 3,000 millas de norte a sur a lo largo de un corredor de 250 millas de ancho desde la planicie costera pacífica hasta los Andes. Aunque no tenían la rueda ni la escritura, los incas eran expertos en construcción, con un sistema elaborado de carreteras y puentes de suspensión por cable que les permitían a los mensajeros viajar hasta 150 millas por día. El sistema inca de terrazas de cultivo no solamente producía mucha comida sino que frenaba la erosión de la tierra en las pendientes de las montañas. Estas son técnicas que se están introduciendo nuevamente después de siglos de negligencia colonial y mala administracíon gubernamental. Los arquitectos incas levantaron muchas edificaciones magníficas en la ciudad capital de Cuzco, que significaba "ombligo" en el idioma quechua de los incas, otro ejemplo del síndrome de *omphalos* mencionado anteriormente. Los orfebres diseñaban objetos preciosos que inmediatamente llamaron la atención de los españoles que llegaron en 1532. Debilitados por las guerras internas, los incas fueron una presa para los conquistadores, quienes trajeron consigo la viruela, arma mucho más devastadora que cualquier otra.

Su mayor proeza de construcción puede haber sido Machu Picchu. Colgado en lo alto de los Andes, en un peñasco montañoso que cae abruptamente a cada lado, Machu Picchu no fue descubierto hasta que el estadounidense Hiram Bingham lo encontró en 1911. En la ciudad, unas empinadas escaleras conducían a santuarios de granito, templos y casas de piedra maravillosamente talladas, muros terraceados construidos sin mortero y enormes piedras ceremoniales. Las calles, escaleras y plazas estaban todas colocadas en perfecta armonía con los contornos de la montaña. Machu Picchu, con ventanas colocadas en los templos para permitir la observación del solsticio del invierno, era muy probablemente una ciudad sagrada donde los señores incas y las Vírgenes del Sol iban a adorar o venerar sus deidades. Aun que los españoles habían destrozado casi todo vestigio de la sociedad inca, Machu Picchu se encontró casi intacta, pero sus orígenes y las razones del aparente abandono siguen siendo un misterio.

Localizado en la costa noroccidental, Perú es hoy la tercera república más grande de América del Sur. Perú, que se convirtió en una importante fuente de oro y plata para los españoles, fue despojado de su riqueza y hoy en día su economía enfrenta grandes dificultades. A causa de los Andes, sólo el 3 por ciento de la tierra es arable, y las comunicaciones y el transporte también tienen complicaciones por el terreno, un ejemplo magnífico de la interacción negativa entre la geografía y la economía de una nación. Aunque la pesca comercial es una parte importante de la economía del Perú, el exceso de pesca en sus aguas costeras ha causado una profunda disminución de los niveles de producción.

La otra característica más extraordinaria de América del Sur es la selva tropical del Amazonas en el Brasil, junto con su río. Brasil abarca casi la mitad de América del Sur, y su densamente arborizada cuenca amazónica cubre la mitad del país. Brasil, el país más grande en América del Sur y el quinto más grande del mundo, es más grande que los cuarenta y ocho estados contiguos de Estados Unidos. Pero la amplia cuenca del río del Amazonas está escasamente poblada. Diez por ciento de las 140 millones de personas del Brasil viven en dos ciudades, San Pablo y Río de Janeiro, y casi la mitad de la población vive en la región centro sur, que genera el 80 por ciento de la producción industrial de la nación y el 75 por ciento de sus productos agrícolas. Brasil es una de las principales naciones deudoras del mundo, y está en medio de una reforma económica que busca romper con décadas de tasas de inflación inimaginables.

Entre sus maravillas geográficas, América del Sur tiene la cascada más alta del mundo, el Salto del Ángel, en el sudeste de Venezuela, (nombre que significa "Pequeña Venecia," nombre dado por Américo Vespucio que quedó admirado con las chozas indígenas colgadas por encima de las aguas costeras), Escondida entre las selvas venezolanas más remotas, la cascada cae 3,212 pies por la ladera de una montaña de cima plana de veinte millas de largo, o *meseta*, de nombre Auyántepuí (Montaña del Diablo). Es trece veces más alta que las Cataratas del Niágara y más del doble del tamaño de la Torre Sears de Chicago, el edificio más alto del mundo (1,454 pies; 443 metros). Casi completamente inaccesible, el Salto del Ángel puede ser visto en su totalidad solamente desde el aire. Esta es la manera en que fue visto por primera vez y de ahí obtuvo su nombre. Sería lógico pensar que la cascada, a diferencia de la cercana montaña nombrada por el diablo, fuera nombrada en honor a los mensajeros celestiales. La imagen es justa, ya que el agua, blanca, navega a través del aire desde tan increíbles alturas. Pero la cascada fue en realidad nombrada en honor a un aviador y explorador americano llamado Jimmy Angel, quien las descubrió en 1935, y cuyo avión se estrelló cerca de allí en 1937. La cascada no fue explorada a pie y de manera precisa hasta 1949, cuando un equipo estadounidense confirmó su altura.

¿Cuál es la Diferencia Entre una Selva Tropical y una Jungla?

"Fuera de la Jungla" fue el titular de la historia de portada de la *New York Times Magazine* a comienzos de 1992. El artículo hablaba acerca de la tregua política y el final de una larga guerra civil en la nación centroamericana de El Salvador. Los antiguos rebeldes habían intercambiado sus uniformes de campaña por trajes de tres piezas. Entonces, ¿por qué el titular no decía algo así como "Fuera de la Selva Tropical?" ¿Y cuál es la diferencia entre estos dos términos geográficos?

En una palabra, mercadeo. Al menos eso es lo que el especialista del lenguaje William Safire cree. En estos días de conciencia ambiental y de corrección política–ecológicas, las palabras *selva tropical* han desplazado a la palabra *jungla* porque suena mucho más atractivo. Como dijo Safire recientemente, "Si le llamamos jungla nadie quiere preservarla. Pero una *selva* tiene un cierto encanto. Si un encuestador pregunta, '¿Está bien talar la *jungla?*' la respuesta será, 'Claro, ¿quién la necesita?' Si el mismo encuestador pregunta, '¿Aprueban la destrucción *del bosque tropical?*' la respuesta será 'No, eso conducirá al calentamiento global o una nueva edad de hielo.' "

Pero lo siento, Sr. Safire. Sí hay algunas diferencias. Una selva tropical tiene típicamente un dosel alto y muy poca maleza, mientras que una jungla está densamente enmalezada. Eso hace bastante diferencia si se está tratando de pasar por entre una de ellas.

La palabra *jungla* proviene del hindú y el sánserito y significa "tierra yerma" ó "desierto," que parece extraño dada la imagen húmeda que tenemos de la jungla. La palabra se asoció con la familiar escena tarzanezca de las lianas colgantes, culebras venenosas y charla incesante de los monos.

En los últimos años de pasión ambiental, la palabra *jungla* ha sido sacada del lenguaje de un tajo. Las palabras *selva tropical* han cobrado fama. La compañía de helados Ben and Jerry's, del estado sin selvas tropicales de Vermont, vende el sabor "Selva Tropical," usando nueces que crecen en la selva tropical del Amazonas y un porcentaje de las utilidades va a la preservación de las selvas tropicales. Las estanterías de los supermercados ahora tienen líneas de dulces de la selva tropical "ambientalmente correctos." Hollywood reconoce cualquier buena oportunidad comercial. La película *Medicine Man* de 1992, disfrutó de un gran éxito, debido principalmente al interés en la preservación de las selvas tropicales. El mundo de las tiras cómicas siempre sale ganando. La película animada de Disney *The Jungle Book* es una adaptación del clásico de Rudyard Kipling con el mismo nombre. En 1992, una película acerca de las selvas tropicales titulada *"Fern-Gully: La Última Selva Tropical"* fue presentada con la esperanza de que haría por las selvas tropicales lo que *Bambi* había hecho por el venado de cola blanca.

Ya sea que las llame selvas tropicales o junglas, a menudo son grandes pero están desapareciendo. La selva tropical más grande de América del Norte, Lacandona, está en el estado mexicano de Chiapas. Nombrado por una nación de indígenas americanos que se presumía que habían descendido de los mayas, la selva tropical Lacandona cubría, hace apenas cincuenta años, 5,000 millas cuadradas (un área del tamaño de Connecticut). Pero desde 1970, más del 60 por ciento de la frondosa pero frágil selva se ha perdido en aras del desarrollo.

El Amazonas en América del Sur es la selva tropical más grande del mundo. Tiene un área casi tan grande como cuarenta y ocho de los cincuenta estados de los Estados Unidos y contiene más especies de plantas y animales que cualquier otro lugar en la tierra. Pero casi un 4 por ciento de la selva tropical del Amazonas ha sido quemado y desmontado para hacer ranchos de ganado, fincas, obtener madera y por razones de incentivos tributarios.

"¿Y qué?", preguntas. Convertir la selva en terreno utilizable parece una muy buena idea. Pero la Madre Naturaleza tiene un punto de vista diferente. Se estima que la selva amazónica contiene *un tercio de los árboles del planeta* y abastece *la mitad de su oxígeno*. Deshacerse de tal enorme parte de los "pulmones" del planeta tiene un impacto que va mucho más allá de las fronteras del Brasil.

La quema de grandes secciones de la selva tropical del Brasil tiene otra consecuencia peligrosa. El humo de estos enormes incendios contribuye a la acumulación de dióxido de carbono en la atmósfera, provocando el "efecto invernadero" que conducirá al calentamiento global, un aumento catastrófico en los niveles del mar y la posibilidad de que se formen desiertos donde hoy día crecen acres de trigo.

Por último, está el tema de la "biodiversidad," una forma elegante de decir que hay una gran cantidad de seres vivientes en las selvas tropicales que ni siquiera conocemos. La destrucción de las selvas tropicales está matando una cantidad increíble de especies cuyo valor, especialmente en el área de la investigación médica, se desconoce. Hace poco ha salido a la superficie la preocupación del tema de la preservación de especies por la destrucción de las selvas tropicales, pero es potencialmente la razón más importante para conservar las regiones que aún quedan.

LUGARES IMAGINARIOS

¿Hay Amazonas en el Río Amazonas?

Cómo es que una raza de mujeres guerreras legendarias, que los griegos creían que vivían cerca del Mar Caspio, terminaron en América del Sur?

Para los griegos, las amazonas eran una raza de valientes mujeres guerreras que se cortaban uno de sus senos para poder usar sus escudos o sacar sus arcos con mayor facilidad; su nombre se deriva de la palabra griega que significa *sin seno*. Las amazonas supuestamente peleaban del lado de Troya en la Guerra de Troya. Uno de los trabajos del héroe Hércules fue robar la faja de una reina amazona. Estrabón escribió acerca de ellas cerca del año 23 A.C. El escritor y viajero medieval John Mandeville también describió a estas bravías Amazonas en sus *Viajes* (c. 1356).

De acuerdo con éste y otros cuentos, aceptados como reales hasta la Edad Media, la Amazonia fue un imperio de mujeres que no toleraban la presencia de hombres. Su único contacto con el sexo opuesto era un festival anual diseñado para asegurar la reproducción de su raza. Una vez en Amazonia, los hombres eran usados desapasionadamente y después transformados en eunucos y mantenidos como esclavos o simplemente eliminados. Sólo las niñas eran conservadas por las amazonas. Los niños eran desterrados.

La idea de que hubiera amazonas en América del Sur data de la conquista española. Los primeros europeos que vieron el Río Amazonas fueron conquistadores españoles que en 1500 lo llamaron el Río Mar. Francisco de Orellana, uno de los que estaba buscando oro en El Dorado, condujo la primera expedición europea por el río en 1541, y este se llamó brevemente Orellana. En el grupo de Orellana estaba el padre Gaspar de Carvajal, un fraile dominico que narró esta expedición y contó haber visto mujeres guerreras dirigiendo los ataques a los barcos de los españoles.

El padre Gaspar escribió, "Nosotros mismos vimos estas mujeres, que estaban luchando frente a todos los indígenas como capitanas. Éstas (mujeres) peleaban tan valientemente que los hombres indígenas no se atrevían a dar la espalda, y a cualquiera que lo hiciera lo mataban con garrote frente a nosotros; esta es la razón por la cual los indígenas mantuvieron su línea de defensa por tanto tiempo. Estas mujeres son muy blancas y altas, y tienen pelo muy largo y trenzado, enrollado alrededor de la cabeza, y son muy robustas y van desnudas, pero con sus partes privadas cubiertas, con su arco y flechas en sus manos, luchando igual que diez hombres indígenas. Había una mujer entre estas que disparó una flecha que se hundió profundamente en uno de los bergantines, y otras menos profundamente, de modo que los bergantines parecían puerco espines.

Si estas no eran las guerreras bravías de las que se había escrito y narrado durante siglos en Europa, estaban cerca de las genuinas amazonas. Añadiéndole peso a la noción de que estas eran las amazonas, estaba el hecho de que los indígenas llamaban el río Amazunu ("gran ola"). Las expediciones españolas posteriores no volvieron a ver a estas extraordinarias guerreras, pero quedó el nombre del Río de las Amazonas.

El Río Amazonas es el segundo más grande del mundo, después del Nilo. Pero es mucho más impactante en volumen. El Nilo, a pesar de su longitud, es un grifo que gotea en comparación con el Amazonas, y tiene menos del 2 por ciento del volumen del Amazonas. El Amazonas contiene mucha más agua que el Nilo, el Yangtze y el Mississippi juntos, cerca de una quinta parte del agua dulce corriente de la Tierra.

El flujo del Río Amazonas, cuya fuente está en los Andes peruanos, es tan grande que el mar abierto es de agua dulce durante más de doscientas millas más allá de la desembocadora del Amazonas. Esa agua, cerca de 7 millones de pies cúbicos por segundo, sería suficiente para satisfacer doscientas veces las necesidades municipales de todos los Estados Unidos. En su punto más ancho cerca del océano, el Amazonas tiene 40 millas. Las mareas estacionales, llamadas *pororoca*, envían sus aguas río arriba en enormes olas de treinta y cinco kilómetros por hora. Los barcos de navegación oceánica pueden navegar el Amazonas hasta la ciudad de Iquitos en el Perú.

¿De Quién es la Antártica?

Elige una respuesta. Nadie. Todos. O las siete naciones que han reclamado posesión de esa gran capa de hielo que cubre el quinto continente más grande, y el más remoto, del mundo. Es también el más frío, ventoso y el más seco, siendo esta última característica un tanto contradictoria ya que el 2 por ciento del agua dulce de la Tierra está en la Antártica. Sucede que esta agua está contenida en la capa de hielo del continente, que tiene entre 6,000 y 14,000 pies de espesor y contiene 90 por ciento del hielo del mundo.

Sin población autóctona o permanente, ciertamente es el continente más solitario. Es el único continente que fue verdaderamente "descubierto," ya que nadie vivía allí cuando lo encontraron. Centrado en el Polo Sur, y ubicado casi por entero dentro del Círculo Polar Antártico, la Antártica (que significa "opuesto al Ártico") tiene una superficie de más de 5.5 millones de millas cuadradas (15.5 millones de kilómetros cuadrados), que equivale al 10 por ciento de la superficie sólida de la Tierra. Tiene empinadas cadenas montañosas y dos volcanes activos. No hay plantas con flores, pasto, ni grandes mamíferos. La comida para la gran variedad de peces, pájaros, ballenas y focas que viven en la Antártica o en sus aguas cercanas la brindan especies de algas, musgo, líquenes y plancton marino.

Esto no siempre fue así. Los investigadores han encontrado restos de fósiles de plantas y árboles. Más recientemente se han descubierto fósiles de dinosaurios que sugieren que la Antártica no siempre fue tan inhóspita. Los fósiles de dinosaurio, descubiertos en 1991 en una piedra de 200 millones de años cerca del Polo Sur, prueban que la Antártica fue en algún momento un lugar más caliente. Estos descubrimientos también apoyan la teoría de las placas tectónicas, porque estos fósiles antárticos son iguales a algunos fósiles africanos. Dicha teoría menciona que los dos lugares estuvieron alguna vez conectados como parte de Gondwanalandia, el gran supercontinente del sur, no en la parte inferior del mundo, sino un poco más cerca de lo que ahora es el Océano Pacífico suroccidental. Otros geólogos han sugerido recientemente que la Antártica y América estuvieron una vez conectadas. Echando hacia atrás el reloj geológico unos 500 millones de años, estos investigadores sugieren que América del Sur era en ese entonces una tajada de pizza metida entre la Antártica y América del Norte.

Aunque es posible, e incluso probable, que los navegantes polinesios hayan llegado a la Antártica, la primera aproximación al continente conocida fue la del Capitán James Cook, tal vez el más grande navegante explorador de la historia. A finales de 1772, en su segundo gran viaje de exploración e investigación cartográfica, se acercó a la Antártica, sobrepasando el Círculo Polar Antártico, sin ver el continente. Ante una masa de hielo insuperable y un frío que ningún marino británico había conocido—aun cuando estaban en el verano antártico en enero de 1773—Cook regresó habiendo navegado mucho más al sur que cualquier otro hombre. Un año más tarde, en ese mismo viaje, el intrépido Cook llegó a cien millas del continente, pero nuevamente fue obligado a regresar por el hielo y el frío, condiciones que eran tan rudas que la sangre de sus hombres se congelaba y las puntillas se salían del barco. Conjeturando que estaba buscando un gran océano congelado, Cook no encontró la Antártica. Pero en el curso de su viaje había descartado, de una vez por todas, el antiguo mito de la Terra Australis, un grande y rico continente en el sur, con el cual los británicos esperaban establecer relaciones comerciales.

La tierra firme y las islas cercanas fueron finalmente visitadas en 1820 por un capitán ballenero estadounidense, Nathaniel Palmer, y una expedición rusa conducida por Von Bellingshausen. A los pocos años, sus aguas estaban siendo exploradas por navegantes ingleses y estadounidenses, como Charles Wilkes, estadounidenses quien determinó que la Antártica era un continente, y un inglés, James Ross, que descubrió el océano Antártico, bautizado por él mientras estaba trazando mapas de gran parte de sus costas entre 1840 y 1842.

Para comienzos del siglo, la exploración de Antártica inspiró una competencia dramática y trágica por llegar al Polo Sur. Ubicado a unas mil millas tierra adentro, el Polo Sur es una meseta alta y plana, el lugar más frío y desolado de la Tierra. El polo, un paisaje de ventiscas rugientes y sin vida, fue conquistado por el noruego Roald Amundsen (1872–1928) el 14 de diciembre de 1911. Su grupo llegó un mes antes que el de el inglés Robert Falcon Scott (1868–1912) cuyo desafortunado grupo de cuatro llegó al polo el 18 de enero de 1912. En su horrible viaje de regreso, el grupo de Scott se enfrentó a dos meses de hambrunas, escorbuto y congelación. Scott fue el primero en morir y los otros tres murieron en una ventisca a solo once millas de la siguiente estación de provisiones.

Desde su descubrimiento, la Antártica ha sido reclamada por varios países por la creencia de que contiene incalculables riquezas. Solamente una vez ha habido un conflicto armado por el territorio. En 1952, unos soldados argentinos a quienes se les ordenó evitar que los británicos reconstruyeran una base científica destruida dispararon contra un grupo de científicos británicos. Se disputaban la Península Antártica, un largo estrecho de tierra en dirección al extremo de América del Sur, que está a solo 800 millas de distancia. Los británicos basaban su reclamación en su posesión de las Malvinas, un grupo de islas 450 millas (650 Km) al noreste de Cabo Cuerno en la punta de América del Sur. (El reclamo de Gran Bretaña de las Islas Falkland—o Islas Malvinas para los argentinos—condujo a una guerra entre las dos naciones en esas islas en 1982. Después de una breve pero feroz pelea que dejó 1,000 muertos en ambos lados, los británicos retuvieron la posesión.) Durante el año 1950, Australia, Nueva Zelanda, Francia, Noruega y Chile también hicieron reclamaciones sobre el territorio antártico. Los Estados Unidos, la Unión Soviética, Japón, Sudáfrica y Bélgica establecieron estaciones de investigación para 1959 y fueron posteriormente acompañados por China, India y Brasil. Aunque se presume la existencia de riqueza mineral y reservas de petróleo bajo el hielo y en los mares alrededor de la Antártica, el duro clima, las tremendas profundidades del hielo y el medio ambiente frágil suponen grandes obstáculos para recuperar cualquier parte de esa supuesta riqueza.

Desde 1961, la Antártica ha sido gobernada por los términos del

Tratado de la Antártica, que declaró que el continente sea usado exclusivamente para propósitos pacíficos, prohibió las operaciones militares y estableció el continente como la primera zona libre de armas nucleares del mundo. Pero ese tratado se vencía en 1989 y sus provisiones están abiertas a negociación. Ya veinte países han acordado prohibir las perforaciones en busca de petróleo en la Antártica. Australia y Francia han pedido una prohibición perpetua a la extracción de minerales. Pero si alguien encuentra petróleo mañana y alguna forma de sacarlo de debajo del hielo, ¿cuánto durarán esas buenas intenciones?

Mientras tanto, la Antártica y el Polo Sur existen como un laboratorio científico extraordinario cuyas millas de helada profundidad y condiciones únicas brindan una serie de pistas interesantes acerca del pasado de la Tierra y la atmósfera encima de nosotros. Ya ha producido el inquietante descubrimiento del agujero en la capa de ozono de la atmósfera. (Ver Capítulo 5.)

¿No es Europa Solo una Parte de Asia?

Esto puede ser una gran sorpresa para los Conservadores en el Parlamento de Gran Bretaña y a otros tradicionalistas europeos que tienen opiniones apasionadas acerca de la superioridad cultural de Europa. Pero lo siento, amigos. Son tan sólo una parte de Asia. Es cierto, geográficamente hablando. Europa, incluyendo las Islas Británicas, es simplemente una enorme península occidental de Asia. Muchos geógrafos, cuando se refieren a Europa y Asia, hablan de Eurasia. Pero ciertas consideraciones políticas y precedentes históricos a menudo superan las realidades geográficas.

Se estima que Europa, el penúltimo continente en tamaño, incluyendo la porción europea de la antigua Unión Soviética, ocupa entre 3.8 y 4 millones de millas cuadradas (10.5 millones de kilómetros cuadrados), o cerca del 8 por ciento de la superficie seca de la Tierra. Es difícil estimar una cifra exacta por las numerosas islas cerca de la orilla y las disputas acerca de dónde termina Europa exactamente y dónde comienza Asia. Tanto Rusia como Turquía, por ejemplo, tienen un pie fuera, por así decirlo. Pero los estados europeos—incluyendo lugares pequeños menos conocidos como Mónaco, Andorra, San Marino y

Ciudad del Vaticano—tienen más del 25 por ciento de la población mundial.

En los últimos años se ha hecho difícil hacer un conteo exacto de los estados independientes de Europa. Y se ha vuelto complicado distinguir a los jugadores sin tarjeta de puntaje. Con la unificación de Alemania y la ruptura de la Unión Soviética, hay ahora cerca de cuarenta estados en Europa, dependiendo de lo que uno llame estados y de lo que uno llame Europa, ¡y todavía no han terminado de crear países!

Mientras Europa avanza hacia un sistema monetario unificado, la eliminación de tarifas y la apertura de fronteras, haciendo obsoletos los pasaportes nacionales dentro del continente, el continente entero ha sido inundado por nuevas olas de nacionalismo ferviente y, tristemente, violento. Inicialmente, ese nacionalismo se estaba solucionando con un mínimo derramamiento de sangre a medida que los asombrosos sucesos en Europa del Este y posteriormente en la Unión Soviética se precipitaban a una velocidad vertiginosa. Pero en varias naciones de Europa Oriental, Yugoslavia en particular, los antagonismos étnicos, religiosos y tribales que ha habido durante siglos y que estuvieron ocultos durante los años de gobierno comunista autoritario, han traído el peor derramamiento de sangre en Europa desde el final de la Segunda Guerra Mundial. La siguiente lista divide a Europa en pequeños pedazos para poder reconocer más fácilmente lo que una vez fue un lugar reconfortantemente familiar en el globo.

LA "NUEVA" EUROPA: UNA LISTA POLÍTICA Y GEOGRÁFICA MULTIPROPÓSITO, DEFINIDA SENCILLAMENTE

ESCANDINAVIA

- Dinamarca
- Noruega
- Suecia
- Finlandia

Aunque Finlandia no está realmente en una de las penínsulas escandinavas, cultural y políticamente es considerada parte de este grupo.

BENELUX

- Bélgica
- Luxemburgo
- Holanda (Países Bajos)

En 1958, estos tres países hicieron una unión económica llamada Benelux; recordatorio conveniente de sus nombres.

PENÍNSULA IBÉRICA

- Portugal
- España

ESTADOS ALPINOS

- Austria
- Francia
- Italia
- Liechtenstein
- Suiza

LOS BALCANES

- Albania
- Bulgaria
- Grecia
- Rumania
- Yugoslavia

Escenario de la peor violencia de la era postsoviética, ha sido desgarrada por la guerra civil entre grupos étnicos rivales. En 1992, Yugoslavia, creada de las cenizas de la Primera Guerra Mundial, había sido separada en cinco repúblicas más pequeñas. La nueva Yugoslavia, bastante reducida en tamaño, consta de las regiones antiguas de Serbia y Montenegro. Otras partes de la antigua Yugoslavia han sido reconocidas como repúblicas independientes. Estas son Eslovenia, Croacia, Bosnia y Herzegovina y Macedonia.

EUROPA CENTRAL

- Checoslovaquia

La democracia ha llegado a Checoslovaquia, que eligió como presidente al escritor y antiguo prisionero político Vaclav Havel en diciembre de 1990. Desde entonces, el país se ha disuelto en un faccionalismo entre grupos étnicos rivales, los checos y los eslovacos, y podría ser posible una división de Checoslovaquia que, al igual que Yugoslavia, fue creada después de la Primera Guerra Mundial en 1918.

- Alemania

La nueva Alemania está compuesta por la antigua República Federal de Alemania (Alemania Occidental) y la República Democrática Alemana (Alemania del Este). La capital nuevamente está en Berlín.

- Hungría
- Polonia

PAÍSES FORMADOS POR LA DESINTEGRACIÓN DE LA ANTIGUA UNIÓN SOVIÉTICA

- Belarus
- Georgia

Colocar esta antigua república Soviética en Europa es un riesgo. Bordeada en el sur por Turquía e Irán, Georgia podría considerarse geográficamente en Asia, pero cultura e históricamente pertenece más a Europa. Como fue el lugar de nacimiento del dictador soviético José Stalin, algunos europeos pudieran sentirse inclinados a dejar que Asia reclame al asesino Stalin como hijo nativo suyo.

- Moldova
- Rusia

A horcajadas entre Europa como en Asia, Rusia es la más grande de las quince repúblicas de la antigua Unión Soviética.

- Ucrania

Repúblicas Bálticas

- Estonia
- Latvia
- Lituania

Después de que Stalin y Hitler firmaron su pacto de no agresión con ciertas cláusulas secretas en 1939, Hitler le dio a los soviéticos mano libre para invadir las tres Repúblicas Bálticas, que fueron anexadas por la Unión Soviética en 1940. Medio siglo más tarde, los tres pequeños estados que bordean el Mar Báltico en Europa noroccidental audazmente declararon su independencia de la Unión Soviética. A finales de 1991, después del golpe abortado contra Mijaíl Gorbachev, finalmente fueron reconocidos como independientes por las naciones occidentales.

Islas Estados

- Islandia

Por razones de cultura y lenguaje, esta pequeña isla agreste, donde la mayor parte de los residentes obtienen su calor de fuentes geotérmicas, puede también considerarse un país escandinavo.

- Irlanda
- Malta

El lugar más bombardeado en la Segunda Guerra Mundial y hogar de la estatua de un pájaro más famosa en la historia de las novelas detectivescas, *El Halcón Maltés.*

- Reino Unido

Lo que ahora se llama el Reino Unido, que alguna vez fuera el centro del vasto Imperio Británico, está compuesto por Inglaterra, Escocia, Gales e Irlanda del Norte. La unión tuvo lugar hace cerca de tres siglos, a comienzos de 1536, cuando el Rey Enrique VIII fusionó Inglaterra y Gales bajo un mismo gobierno. Escocia se unió a Inglaterra bajo el Rey Jaime I de Inglaterra, primo de la Reina Isabel I. En 1707, la Ley de Unificación formalmente creó el Reino de la Gran Bretaña, con un Parlamento unificado en Westminster. En 1801, Irlanda se unió a la Gran Bretaña, pero en 1921 la mayor parte de Irlanda obtuvo su independencia como Estado Libre Irlandés. Seis condados del norte, predominantemente protestantes, permanecieron en el Reino Unido, fuente de la contienda continua en Irlanda del Norte, donde la minoría católica favorece la unificación con el resto de Irlanda.

Un movimiento resurgente de independencia también ha echado raíces en Escocia, inspirado en los ingresos del petróleo del Mar del Norte y la fiebre nacionalista que se ha esparcido a través de Europa en los años precedentes.

MISCELÁNEAS

- Andorra

Un estado pequeño semiindependiente en los Pirineos, entre Francia y España.

- Gibraltar

Este peñón de 2.25 millas cuadradas domina la entrada y salida del Mediterráneo y es una dependencia autogobernada del Reino Unido. Pero España lo quiere de regreso, aunque la gente de Gibraltar ha votado por retener su *status quo*.

- Isla de Man

Otra dependencia autogobernada del Reino Unido, ubicada en el Mar de Irlanda, entre Irlanda y Gran Bretaña.

- Mónaco

Una cuña pequeñita en la costa mediterránea francesa. Este principado es más o menos del tamaño del Parque Central de Nueva York.

Es el segundo estado independiente más pequeño del mundo después de Ciudad del Vaticano.

- San Marino

Un enclave en las montañas del centro de Italia, es la república más pequeña del mundo, con un área de 24 millas cuadradas (61 kilómetros cuadrados), un décimo del tamaño de la Ciudad de Nueva York. Fundada por un santo cristiano en el siglo IV como refugio contra la persecución religiosa, es también la república más antigua del mundo.

- Ciudad del Vaticano

El estado papal soberano ubicado dentro de Roma, Italia. Ciudad del Vaticano es la nación más pequeña del mundo.

¿Qué Pasa con Groenlandia y Chipre?

Groenlandia, la isla más grande del mundo (si no se cuenta Australia), es una región autónoma de Dinamarca, pero se ha retirado de la Comunidad Europea y geográficamente se considera parte de América del Norte.

Chipre está actualmente dividida en las secciones griega y turca. Aunque muchas personas la cuentan como parte de Asia, pertenece al Concejo de Europa. Turquía tiene territorio tanto en Europa como en Asia, pero por razones de historia y cultura se identifica más con Asia.

¿Por Qué es Australia un Continente?
¿No es Simplemente Otra Isla?

Las películas *Pájaros Espinos, Cocodrilo Dundee y Mad Max* han reforzado la imagen romántica de Australia en Estados Unidos. Entonces, pon otro camarón a asar y reflexiona acerca de esto: ¿Es Australia la isla más grande del mundo? ¿O es el continente más pequeño? Sencillamente, la respuesta a ambas preguntas es "Sí."

Con un área de 2,966,200 millas cuadradas (7,692,300 kilómetros cuadrados), Australia es tanto el continente más pequeño como la isla más grande. Su población de 17,500,000 personas, es la más pequeña entre los seis continentes habitados. Cinco países son más grandes que el continente de Australia. (En orden de tamaño son Rusia, Canadá, China, los Estados Unidos y Brasil.)

Los primeros europeos en llegar a Australia fueron los holandeses, cuando el Capitán Abel Tasman exploró la isla en 1606 y la llamó Nueva Holanda. El Capitán James Cook reclamó posesión para los británicos en 1770. Pocos años más tarde, cuando éstos últimos perdieron otra de sus pequeñas posesiones en la Guerra de Independencia de los Estados Unidos, decidieron que necesitaban un nuevo lugar para enviar a sus convictos encarcelados. Australia era entonces conocida como Nueva Gales del Sur, y se estableció una colonia penal llamada Bahía Botánica cerca del sitio donde ahora queda Sydney. Los primeros convictos, junto con una ola de colonos británicos que buscaban un nuevo comienzo, llegaron en 1788. Los prisioneros continuaron llegando durante otros cincuenta años, más de 160,000 en total. Los colonos nunca dejaron de llegar, especialmente durante la fiebre del oro en 1851 y en 1892. Los colonos libres establecieron seis colonias, que después se convirtieron en estados. En 1901 se unieron en Mancomunidad de Australia, combinando el sistema parlamentario británico con la experiencia federal de los Estados Unidos.

Hasta 1801, los cartógrafos no descifraron que esta cárcel flotante era un continente y no un conjunto de varias islas. Fue entonces cuando recibió el nombre de Australia, en honor del gran continente mitológico sureño, Terra Australis, que había sido tema de especulación desde los tiempos de los antiguos griegos.

NOMBRES:

¿Quién se Comió las Islas Sándwich?

Ya no encontrarás las Islas Sándwich en los mapas. Han sido devoradas en su totalidad. Es decir, lo que una vez se llamó Islas Sándwich ha regresado al nombre usado por los nativos de esta cadena de islas volcánicas, Hawai.

El descubrimiento y bautismo de las Islas Sándwich por el Capitán James Cook es solo un capítulo en una de las más extraordinarias narraciones de exploración y descubrimiento de la historia. Hijo de un granjero, el Capitán Cook (1728–1779) se convirtió en el más famoso explorador marino de todos los tiempos. En el curso de tres viajes a través de una docena de años, llenó acertadamente más detalles en el mapamundi que cualquiera en cientos de años. Un hombre modesto, honesto y humano, abrió el Pacífico para toda Europa, para bien y mal.

Cuando Cook izó velas en 1768 en el primero de sus tres viajes, ya había pistas de lo que tenía el Pacífico. Desde los tiempos de Magallanes y Sir Francis Drake, el primer inglés que navegó alrededor del mundo, se habían filtrado a Europa historias de islas idílicas y lugares maravillosos. Pero aún después de los viajes de marinos como el holandés Tasman, que llegó a Australia, los europeos no comprendían la vastedad del Pacífico, el océano que ocupa más espacio de la Tierra que toda la tierra firme junta. Navegando en una pequeña embarcación construida para transportar carbón, Cook zarpó con dos órdenes, una pública y la otra secreta. Su primera misión era alcanzar Tahití (llamada Otaheite) a tiempo para observar el tránsito del planeta Venus a través de la faz del Sol, un evento que se predecía que iba a ocurrir el 3 de junio de 1769 y después no volvería a suceder hasta un siglo más tarde. Mediante la observación de este fenómeno desde varios puntos del globo, los astrónomos británicos esperaban calcular de manera precisa la distancia entre la Tierra y el Sol y hacer que la navegación astronómica fuera más confiable y segura. Este objetivo puramente científico, tan diferente de las eras anteriores de exploración cuando las leyendas de oro y riquezas eran las que daban la única motivación, era típica del enfoque británico. Un intento de la Era de la Ilustración para expandir el conocimiento del mundo y mejorar la seguridad de la navegación. Era este mismo espíritu el que colocaría a los naturalistas en barcos de la Marina Inglesa, incluyendo, unos años más tarde a un joven llamado Charles Darwin. La segunda misión de Cook, la secreta, tenía un carácter más mercenario. Debía buscar el legendario Continente del Sur, que los británicos esperaban que fuera un nuevo mundo para colonizar, ya que una de sus colonias existentes estaba comenzando a mostrar, a mediados del siglo XVIII, señas de una adolescencia rebelde.

Tahití ya era conocida en Europa porque la isla había sido visitada por un barco británico en 1766, y por el explorador francés Louis Antoine de Bougainville (1729–1811). Ambos regresaron con informes que hablaban de indígenas inocentes y despreocupados que vivían en un estado que les parecía a los europeos como si el Paraíso se hubiera efectivamente descubierto. Cuentos de niñas y mujeres indígenas sin vergüenza, dispuestas a tener sexo libre y abiertamente a cambio, a menudo, de una moneda de diez peniques. Estos cuentos se convirtieron pronto en la habladuría de Europa. Una historia de los relatos de Bougainville de su viaje alrededor del mundo era típico de lo que se decía en Europa. Después de llegar a Tahití, el barco de Bougainville fue rodeado por canoas de mujeres desnudas. Los marinos fueron llamados para mantener el orden entre los marineros, pero el cocinero del barco no podía ser controlado. Logró llegar hasta la playa, donde fue arrastrado de inmediato a los arbustos por una banda de mujeres, desnudado, y donde realizó públicamente "el acto para el que había ido hasta la orilla." Después de regresar, el cocinero aparentemente le informó a su capitán que, cualquiera que fuera el castigo por desobedecer órdenes, no podía ser más terrible que esas mujeres en la playa. (Bougainville también regresó con muestras de especies de plantas que había encontrado en su viaje, entre ellas la que recibió su nombre: la bugainvillaea o buganvilla.)

Fue a este extraño nuevo mundo al que llegó la tripulación de Cook después de su largo y difícil recorrido. Después de observar el paso de Venus, Cook pasó a descubrir las Islas Sociedad, después navegó alrededor de Nueva Zelanda, y descubrió que no era parte del misterioso Continente del Sur. Exploró y cartografió más de dos mil millas de la costa este de Nueva Holanda (Australia), deteniéndose y nombrando la Bahía Botánica y descubriendo y casi zozobrando en la Gran Barrera Coralina.

En su segundo viaje de unas 70,000 millas, entre los años de 1772 y 1775, Cook continuó con su búsqueda del Continente del Sur, esta vez provisto del cronómetro Harrison, un implemento que medía de manera precisa la longitud. Llegó cerca de Antártica dos veces, finalmente eliminando las nociones románticas de un Continente del Sur. Exploró Nueva Zelanda y las Islas Hebrides, y mediante la experimentación con la dieta logró eliminar el escorbuto entre sus hombres. La enfermedad causada por la deficiencia de vitaminas había cobrado las vidas de muchos marineros, pero mediante el simple medio de incluir frutas cítricas y col agria en sus dietas, Cook pudo mantener a sus marinos saludables. A pesar de las penurias de navegar en las heladas aguas cercanas al Círculo Polar Antártico, donde los icebergs se alzan ante los barcos como montañas, Cook perdió sólo un hombre.

En su viaje final, a Cook se le ordenó abordar una leyenda más; demostrar la existencia de un Paso del Noroeste que conectaba al Océano Atlántico con el Pacífico a través de la parte de superior de América del Norte, una noción geográfica que había inspirado a las naciones a enviar a sus marineros a partir del descubrimiento europeo de América. En este viaje, Cook llegó a las islas hawaianas, nombrándolas Islas Sándwich en recuerdo del Earl de Sándwich (el hombre que se comía su carne entre dos tajadas de pan), y después continuó hacia la costa oeste de América del Norte. Durante varios meses cartografió la costa desde Oregon hasta Alaska, navegando casi tan cerca del Polo Norte como lo había estado del Polo Sur en su segundo viaje. Aunque no encontró el pasaje, tenía esperanzas de regresar a buscarlo nuevamente y se dirigió hacia el oeste para pasar el invierno en las Islas Sándwich. Pero mientras estaba allí, los barcos de Cook eran constantemente visitados por nativos que se robaban pedazos de metal de los mismos. Cuando uno de los barcos pequeños fue tomado por los habitantes de la isla, Cook fue a tierra a recuperarlo y se peleó con los nativos. Fue apuñaleado, ahogado y desmembrado.

Las Islas Sándwich de Cook son hoy las Islas de Hawai, el estado número cincuenta de Estados Unidos. Localizadas a unas 2,400 millas al oeste—suroeste de San Francisco, California, Hawai es una cadena de unas 130 islas e isletas volcánicas de más de 1,500 millas en el Pacífico norte. El estado está centrado en ocho islas principales (Hawai, Kahoolawe, Maui, Lanai, Molokai, Oahu, Kauai y Niihau). Iniciadamente colonizada por los polinesios que llegaron de otras islas del Pacífico entre el año 300 y el 600 A.C., Hawai no tuvo contacto con los europeos hasta la llegada de Cook en 1788.

Los primeros estadounidenses en llegar allí fueron los misioneros que comenzaron el proceso de occidentalización en 1820. Hawai, un reino indígena ignorado durante el siglo XIX, se volvió más valioso para los intereses estadounidenses cuando el poder naval de los Estados Unidos comenzó a expandirse a finales de ese siglo. Los tratados de 1875 y de 1887 le dieron a los Estados Unidos derecho a tener una base naval establecida en Pearl Harbor, en la isla de Oahu. La explotación comercial siguió enseguida a medida que los intereses estadounidenses entraron en el negocio del azúcar en Hawai y después introdujeron la piña en 1898. Con el tiempo, estas compañías encabezaron una revuelta que destronó a la reina de Hawai en 1893, estableciendo una república liderada por el primer presidente, Sanford B. Dole.

Los Estados Unidos posteriormente anexaron Hawai como parte de su expansión en el Pacífico, que incluyó la adquisición de las Filipinas después de la Guerra Hispano-Estadounidense. El liderazgo de la nación había comenzado un plan agresivo para construir un poder naval estadounidense en el Pacífico, inspirado por el influyente libro *La Influencia del Poder Marítimo en la Historia, 1660–1783*, escrito por el Capitán Alfred Mahan y sus entusiastas discípulos el senador de Massachussets, Henry Cabot Lodge, y Teodoro Roosevelt (primero como subsecretario de la armada y posteriormente como presidente). Pearl Harbor se estableció como base naval de los Estados Unidos en 1908, pero no entró en la conciencia estadounidense hasta que fue atacada por los japoneses el 7 de diciembre de 1941, llevando a los Estados Unidos a la guerra contra Japón y su aliado, Alemania. Después de la guerra, los hawaianos, inconformes con su falta de representación, comenzaron a reclamar condición de estado, que les fue otorgada en agosto 21 de 1959.

VOCES GEOGRÁFICAS
Del diario del CAPITÁN JAMES COOK.

Las jóvenes, en cuanto se pueden reunir en grupos de ocho o diez, bailan un baile muy indecente, al cual llaman *Timorodee,* cantando canciones indecentes y haciendo gestos indecentes, práctica en la cual han sido educadas desde la niñez. Bailan con un exquisito sentido del ritmo. Este ejercicio es abandonado, sin embargo, en

cuanto llegan a la edad madura, pues en cuanto han establecido una relación con un hombre se espera que dejen
de bailar el *Timorodee.* Debo mencionar otra diversión o
costumbre, aunque debo confesar que no espero se me
crea, ya que se basa en una costumbre muy inhumana y
contraria a los principios de la naturaleza humana. Es
esto: que más de la mitad de la mejor parte de los habitantes han tomado la resolución de disfrutar de la libertad
en el amor, sin molestarse o incomodarse por sus consecuencias. Se mezclan y cohabitan con la mayor libertad, y
los niños concebidos en estos encuentros son asfixiados en
el momento del nacimiento. Muchas de estas personas
tienen intimidad y viven juntos como hombre y mujer por
años, en el curso de los cuales los niños que nacen son
destruidos. Están tan lejos de ocultar esta práctica que la
ven más bien como una rama más de la libertad por la
cual se valoran a ellos mismos. Se llaman *Arreoys*, y tienen
reuniones entre ellos en donde los hombres se divierten
con la lucha libre, etc., y las mujeres bailando el baile
indecente mencionado anteriormente, en el curso del
cual dan total libertad a sus deseos . . .

Durante el primer viaje, Cook también encontró a los aborígenes
de Australia y escribió sobre ellos.

De lo que he dicho de los nativos de Nueva Holanda
(Australia) puede parecerle a muchos la gente más mise-
rable de la tierra; pero en realidad son mucho más felices
que nosotros los europeos, no estando familiarizados con
las comodidades superfluas tan valoradas en Europa; son
felices no conociendo sus usos. Viven en una tranquilidad
que no es perturbada por la desigualdad de condiciones.
La Tierra y el mar les brindan todas las cosas necesarias
para la vida.

¿Qué es la Línea Internacional de las Fechas?

El tiempo, como pensamos en él hoy en día, es una invención relativamente reciente. La internacionalmente aceptada "Standard Time" u "Hora Estándar" se estableció hace poco más de cien años. Antes de eso, las personas de los diferentes lugares del mundo ponían sus relojes—otra invención relativamente reciente—por nociones arbitrarias de la hora, que normalmente se basaban en la salida del sol en su área. En una época, por ejemplo, la ciudad de Camden, New Jersey, tenía una hora diferente a la de Filadelfia.

A medida que el mundo entró en la era moderna, la llegada de la navegación oceánica, los itinerarios de un barco de vapor, las comunicaciones telegráficas y los horarios de tren, todos exigían coordinación; el mundo necesitaba tener una hora estándar. En 1883, la crearon y sabiamente la llamaron el Hora Estándar.

Las personas encargadas de establecer la hora se reunieron en Washington, D.C., y dividieron el mundo en veinticuatro zonas de una hora cada una, llamadas husos horarios, que es el tiempo que le toma al sol cruzar cada zona. Estas zonas están localizadas a una distancia de 15° de longitud una de la otra (360° divididos por 24 horas es igual a 15°). Dado que se necesitaba un punto de partida, Greenwich (cerca de Londres)—lugar del observatorio astronómico más destacado de su época—se seleccionó como el punto 0°, que es el Primer Meridiano. Las líneas de longitud se contaban al este o al oeste de Greenwich. Puesto que el sol sale por el este, el día comenzaba ahí. A cualquier hora, según la Hora Estándar es más tarde en lugares hacia el este, y más temprano hacia el oeste.

En términos prácticos, esto quiere decir que cuando son las 5 P.M. en Londres, son las 10 P.M. en Karachi, Pakistán, que está a cinco husos horarios hacia el este. En ese mismo momento en Kuala Lumpur, capital de Malasia, y Manila, en Filipinas, es la 1 A.M. y ya ha comenzado el siguiente día. En Tokio, nueve husos horarios más temprano, son las 2 A.M. y en Melbourne, Australia son las 3 A.M. del día siguiente.

En puntos al oeste de Londres, en América del Sur y América del Norte, es más temprano. A las 5 P.M. hora de Londres, son las 2 P.M. en Río de Janeiro; 12 del día en la ciudad de Nueva York y Québec; 9 A.M. en San Francisco y Vancouver, Canadá. Mucho más allá, en Anchorage, Alaska, son las 7 A.M., y en Nome, Alaska, uno de los puntos más occidentales de los Estados Unidos, son las 6 A.M.

Mientras que esta solución le dio al mundo un reloj uniforme, suscitó otra pregunta: ¿en dónde es que un día se convierte en otro? La lógica detrás de esta pregunta es simple. Doce husos horarios al oeste de Londres, es doce horas más temprano. Doce husos horarios al este, es doce horas más tarde. Un solo sitio no puede tener ambas horas.

Por ejemplo, si son las 5 P.M. del domingo en Londres, es doce horas más tarde hacia el este, o las 5 A.M. del lunes. Al mismo tiempo, es doce horas más temprano hacia el oeste, o las 5 A.M. del domingo. Pero, ¿cómo pueden ser dos días diferentes en un mismo lugar? La solución simple fue establecer otra de las líneas geográficas imaginarias en el meridiano 180°, directamente opuesto al Primer Meridiano en Greenwich. Este es el lugar en donde literalmente el Este se encuentra con el Oeste. En 1883, esta línea se dio a conocer como la Línea Internacional de Cambio de Fecha, el punto en el cual el calendario cambia un día cuando se cruza. Afortunadamente, esta línea está casi toda en medio del Océano Pacífico, en donde causa menos confusión. La línea de fecha va en zigzag alrededor de ciertos puntos para mantener algunos lugares en la misma zona horaria.

Prácticamente hablando, la fecha es un día antes en el lado este de la línea; y un día después en el lado oeste de la línea. Un viajero que cruce la línea hacia el oeste, avanza el calendario, por ejemplo, las 5 A.M. del domingo se vuelven las 5 A.M. del lunes. Un viajero que cruce la línea de la fecha hacia el este tiene que retroceder el calendario de las 5 A.M. del lunes a las 5 A.M. del domingo. Dependiendo del lado de la línea en el que se encuentre el viajero, está ahora a doce horas de Londres, sea más tarde o más temprano.

¿Qué Divide la Divisoria Continental?

Comencemos por explicar lo que no divide. Una *división* continental no corta los continentes en pedazos de igual tamaño. La *división* continental es una de esas demarcaciones o linderos invisibles que a los geógrafos les parece tan útil crear. Es una fila de altos picos de montañas que marcan el punto donde los ríos de un continente comienzan a fluir en direcciones opuestas. Si el agua fluye hacia un lado o el otro de la cadena de montañas, su destino final está establecido. En América del Norte es una cadena alta que corre irregularmente a través de las Montañas Rocosas y la Sierra Madre en México, separando los ríos que fluyen hacia el este de los que fluyen hacia el oeste. Las aguas que fluyen hacia el este desembocan en el Océano Atlántico, básicamente a través del Golfo de México; aquellos que fluyen hacia el oeste desembocan principalmente en el Pacífico, aunque algunos llevan sus aguas a los desiertos del Sudoeste y nunca llegan al océano.

Cada uno de los continentes tiene una cadena montañosa similar o una cordillera alta que dirige el flujo de los ríos en direcciones opuestas. En América del Sur, la *división* continental sigue el curso de los Andes y los ríos fluyen hacia el Pacífico o, como en el caso del Amazonas, al Atlántico. La *división* europea separa esos ríos que desembocan a los océanos Atlántico y Ártico de esos que fluyen al Mediterráneo y el Mar Negro. En Asia, la división separa los ríos que fluyen al Océano Índico, incluyendo el Ganges, de esos que evacuan a los océanos Ártico y Pacífico. La *división* de África separa los ríos que desembocan en el Océano Índico al este y en el Atlántico al oeste. En Australia, la *división* continental separa los ríos que fluyen al Pacífico de las aguas que van al Océano Índico.

Voces Geográficas
Meriwether Lewis,
de *Los Diarios de Lewis y Clark*.

Lunes 11 de febrero, 1805.

    cerca de las cinco de esta tarde una de las esposas de Charbono dio a luz a un hermoso niño. Vale la pena resaltar que este fue el primer hijo que había parido esta mujer, y como es común en estos casos, su trabajo de parto fue tedioso y el dolor violento; el Sr. Jessome me informó de que le había administrado, con cierta frecuencia, una pequeña porción del cascabel de la culebra cascabel, y me aseguró que este remedio nunca fallaba en producir el efecto deseado, de acelerar el nacimiento del niño. Teniendo conmigo un cascabel de una culebra, se lo

di y él administró dos de sus aros a la mujer, partidos en
pedacitos con los dedos y añadidos a una pequeña cantidad de agua. Si esta medicina era verdaderamente la
causa o no de la agilización del parto, no me detendré en
determinarlo, pero me informaron que no hacía más de
diez minutos que lo había tomado cuando ya había
comenzado el mismo. Tal vez este remedio sea digno de
experimentos futuros, pero debo confesar que no tengo fe
en su eficacia.

La expedición de Meriwether Lewis (1774–1809) y de William
Clark (1770–1838) a través de un enorme continente desconocido es
una de las grandes historias de aventuras verdaderas de Estados Unidos.
Aunque el Presidente Thomas Jefferson había estado planeando secre-
tamente tal expedición desde hacía algún tiempo para poder asegurar
los derechos de comercio en su territorio y preparar la defensa contra
los intentos británicos de tomar el área, la compra a Napoleón del
Territorio de Louisiana en 1803 le dio una nueva urgencia y legitimi-
dad. Jefferson le había dado a Lewis y Clark instrucciones ambiguas.
Tenían que intentar encontrar un canal navegable a través del continente hacia el Océano Pacífico para hacer mapas y catalogar las plantas y animales del Oeste desconocido de Estados Unidos, y para
estudiar, de manera pacífica, las costumbres de los indígenas mientras
estaban en la expedición.

Se trataba de mucho más que simple curiosidad. Los británicos
tenían sus propias pretensiones hacia el Noroeste. Por razones de
defensa y de comercio, Jefferson quería saber exactamente qué significaba para Estados Unidos ese nuevo territorio. Con esta compra, Jefferson había doblado el tamaño del país. Jefferson, un gran intelectual
y un político brillante, también tenía su lado práctico: sabía que había
un gran potencial de comercio y negocios en esta nueva tierra, y quería
asegurarse de que los estadounidenses, y no los británicos, los franceses,
los españoles o los rusos, se beneficiarían de la tierra . . .

La nueva madre descrita por Lewis se llamaba Sacagawea, una
indígena shoshona adolescente que había sido capturada cinco años
antes por otra tribu y posteriormente comprada o ganada por Toussaint
Charbonneau, un cazador de pieles francés. Lewis y Clark tomaron a

Vista de Sheep Mountain (Montaña de la Oveja) mirando hacia el suroeste. Páramos de Dakota del Sur FOTOGRAFÍA DE R.B. DAME, CORTESÍA DEL DEPARTAMENTO DE SERVICIOS BIBLIOTECARIOS, MUSEO AMERICANO DE HISTORIA NATURAL

Charbonneau como guía específicamente por el valor que tenía Sacagawea como intérprete entre las tribus indígenas que los exploradores esperaban encontrar más hacia el oeste.

Han surgido varias leyendas alrededor de esta admirable mujer. La mayor parte de ellas son mitos. Su verdadera historia es mucho más extraordinaria que el mito. Sacagawea era un miembro valioso de la expedición, que cargaba permanentemente a su bebé en la espalda. Aunque la leyenda dice que vivió muchos años, murió en 1812 a la edad de veintitrés años. Su hijo, apodado Pomp, fue criado por Clark y posteriormente viajó a Alemania con un príncipe europeo. Pomp regresó posteriormente a Estados Unidos y se convirtió en comerciante de pieles y guía.

Lewis y Clark completaron esta importante jornada con la pérdida de un solo hombre por causa de una apendicitis. Lo lograron estableciendo relaciones pacíficas con los indígenas, a excepción de una breve escaramuza después del robo de unos pocos caballos. Es una pena que las órdenes humanitarias de Jefferson para tratar con los indígenas y el éxito de Lewis y Clark para acatarlas no hubiesen establecido un estándar para las futuras relaciones entre el gobierno de los Estados Unidos y éstos.

Cuando salió a la luz la descripción de Lewis y Clark de las maravillas naturales y las riquezas que habían visto, ésta contribuyó a disparar aspiraciones imperiales que más tarde recibirían el nombre de Destino Manifiesto, y que cambiarían el curso de la historia de Estados Unidos y del mundo.

¿Qué Tienen de Malo las Tierras Yermas?

Los viajes de Lewis y Clark por el Río Missouri los condujeron a través de la extraordinaria zona central de Estados Unidos. Comenzando en San Luis, el punto en el que el Missouri se une con el Mississippi, viajaron por el río más largo de Estados Unidos hacia el Oeste a través de lo que ahora es el estado de Missouri. Remaron río arriba hacia el norte a las Grandes Llanuras de Kansas y Nebraska y a las Dakotas, deteniéndose finalmente a invernar cerca del lugar donde está actualmente la capital de Dakota del Norte, Bismark. En la primavera partieron nuevamente hacia el oeste por el Río Missouri hasta las majestuosas Rocosas. A medida que se fueron acercando a la confluencia del Missouri con el Río Yellowstone, cerca de lo que es hoy la frontera de Montana y Dakota del Norte, pasaron a través de lo que hoy llamamos las tierras yermas de Dakota del Norte.

Eso es darle a un lugar un mal nombre. ¿Has oído de esos lugares que son preciosos para visitar pero en donde jamás vivirías? Las Tierras Yermas pueden ser el lugar que tuvieron en mente cuando acuñaron esa expresión. La idea de llamar un territorio "tierra mala" data por lo menos de la época de los sioux que las llamaban *mako sica* que significa literalmente "tierra mala." Durante miles de años, los indígenas americanos habían descubierto un buen uso para el paisaje traicionero e inhóspito de las tierras yermas. En lugar de tratar de matar a los búfalos con armas burdas, producían estampidas de grandes rebaños de animales a través de sus peñascos. Los comerciantes europeos de pieles, que fueron los primeros en penetrar esta sección norte-central de Estados Unidos, estuvieron de acuerdo con la opinión de los sioux y llamaron la región *"mauvaises terres à traverser"* ("tierras malas para atravesar").

Las tierras yermas, que fueron alguna vez una tierra plana bajo un antiguo mar interior, son regiones lúgubres y áridas, llenas con barrancos profundos que han sido cortados por fuertes lluvias ocasionales a menudo acompañadas por tormentas de truenos violentos. La resistencia desigual de las rocas (las rocas más suaves erosionan más rápidamente que las rocas más duras) deja altas columnas y plataformas de piedra sobresaliendo de la tierra que las rodea. Estas áreas normalmente no reciben suficiente lluvia para poder tener una cubierta de pasto u otro tipo de vegetación. Cuando llegan las lluvias repentinas, tornan el paisaje en una especie de lodo pegajoso. Aunque hay algunos pastos que sobreviven en este inhóspito clima (115° en el verano y −30° en invierno) las tierras yermas son prácticamente inservibles para la agricultura o para tierra de pastar. Los granjeros a los que les dieron una parte de esta tierra, arrebatada a los indígenas a finales del siglo XIX, aprendieron esta lección rápidamente.

En 1876, después de la victoria de los indígenas contra Custer, los sioux fueron llevados a una reservación cerca de la región más grande de este tipo, en el oeste de Dakota del Sur. El actual Parque Nacional de Tierras Yermas mide unos 243,302 acres llenos de barrancos y cerros de pizarra multicolor. Los jóvenes sioux, frustrados y hambrientos—su principal fuente de alimentación, el búfalo, había sido masacrada hasta la extinción—comenzaron un renacimiento religioso llamado Baile del Fantasma en el año 1889. El movimiento, que fue una reacción contra las costumbres de los blancos, pedía un retorno a las tradiciones indígenas pero se tornó belicoso y se añadió un elemento peligroso cuando se les dijo a los bailarines del Baile del Fantasma que sus camisas mágicas los protegerían de las balas de los federales. Pronto fueron reprimidos por el Ejército de los Estados Unidos.

Una banda de sioux liderada por un viejo y enfermo Jefe Pié Grande, salió de las tierras yermas y se rindió ante el Ejército. Pero cuando los indígenas se estaban desarmando, se disparó un tiro y el resultado fue una masacre en la que murieron muchos indígenas, la mayor parte de ellos viejos, mujeres y niños. El lugar de la masacre fue Wounded Knee Creek en las Tierras Yermas.

El otro gran tramo de tierras yermas es el que vieron Lewis y Clark en el oeste de Dakota del Norte, el actual Parque Nacional Roosevelt. Cuando joven, Teodoro Roosevelt llegó a apreciar rápidamente el valor de la preservación de la tierra y de los animales y se considera uno de los fundadores del movimiento de conservación en Estados Unidos. Es una de las razones por las cuales es el único presidente que ha sido honrado con un parque nacional que lleva su nombre.

Tanto el parque de las Badlands o Tierras Yermas, como el de Roosevelt atraen una gran cantidad de turismo, pero en el pasado han tenido un mayor atractivo para los paleontólogos. Se han encontrado fósiles en estas tierras que datan de más de 80 millones de años de antigüedad, cuando el área era un océano. Hay incluso un fósil de una tortuga de doce pies de largo.

Aunque las dos áreas de tierras yermas de las Dakotas son las más famosas, el término *badlands* también se aplica a regiones similares en Asia, tales como partes del Desierto Gobi en Mongolia.

¿Qué es un Mogote?

Es la palabra geográfica para el estilo de peinado que tiene, Bart Simpson. Típico del escenario sombrío de las tierras yermas, un mogote es una loma que se alza agudamente del área que la rodea y que tiene laderas empinadas y una cima plana. Es una formación característica de la región del altiplano del oeste de los Estados Unidos. Estas lomas de cima plana se forman cuando las rocas duras se posan sobre las rocas más débiles como un casco, evitando que la roca más débil de abajo se desgaste con la erosión.

¿Te parece una descripción similar a la de una meseta? Pues sí lo es. El mogote es más pequeño que una meseta. Los mogotes se producen a menudo a partir de mesetas que han sido desgastadas por la erosión. Yendo un paso atrás geológicamente, las mesetas son formas erosionadas de altiplanos, que son grandes regiones montañosas levantadas sobre la tierra que las rodea.

En inglés, a la meseta se la llama *meṣa*, una de las palabras remanentes del dominio español del Nuevo Mundo durante más de cien años antes de que llegaran los ingleses a su primera colonización permanente en Jamestown, Virginia. Hay una colección rica de términos en español que se han convertido en parte del lenguaje geográfico estadounidense. Se encuentran ejemplos obvios en muchos lugares de nombres españoles en América del Sur, México y el Oeste y el Sur de los Estados Unidos. El Río Grande, Los Ángeles, San Diego, Ecuador, Florida ("Fiesta de las Flores"), Colorado, Montana y Sierra Madre son apenas unos pocos. Además de *mesa*, los españoles dejaron tras de sí términos geográficos tales como *cañón*; *arroyo* (un profundo barranco cortado en el desierto por un riachuelo intermitente; los árabes lo llamaban un *wadi*; en India es un *nullah*), el *chaparral*, un área de maleza baja y densa. Estos van de la mano con términos típicos del suroeste tales como *bronco*, *corral*, *lazo*, *rancho* y *rodeo*. Palabras españolas que se trasladaron del dialecto de influencia española del Suroeste al inglés estadounidense moderno.

VOCES GEOGRÁFICAS
Descripción de MARK TWAIN de la Divisoria
Continental sacada de su libro *El Desbaste* (1872).

Subimos alegremente, y en la pura cima, llegamos a un riachuelo que sacaba sus aguas a través de dos canales y las enviaba en direcciones opuestas. El conductor dijo que uno de esos riachuelos que estábamos viendo estaba comenzando un viaje al oeste, hacia el Golfo de California y el Océano Pacífico, a través de cientos e incluso miles de millas de soledades del desierto. Dijo que el otro estaba apenas dejando su hogar entre los picos cubiertos de nieve en un viaje similar hacia el este, y sabíamos que mucho después de que se nos hubiera olvidado de él, el simple arroyo todavía estaría recorriendo su camino por los lados de las montañas y los lechos de los cañones y por entre las riberas del Yellowstone y poco a poco se uniría al ancho Missouri y fluiría entre desconocidos altiplanos y desiertos y selvas no visitadas, añadiéndole un peregrinaje largo y complicado entre obstáculos y ruinas y bancos de arena para luego entrar al Mississippi, tocar los muelles de San Luis y todavía seguir rodando, atravesando canales rocosos, después cadenas interminables de curvas amplias y sin fondo, cercado con bosques intactos, carreteras misteriosas y pasajes secretos entre islas llenas de madera. Y después más curvas, bordeadas con altas cañas de azúcar brillante en lugar de bosques sombríos. Después pasará por Nueva Orleáns y todavía otra serie de curvas y finalmente, después de dos largos meses de acoso, disfrute, aventura y el tremendo peligro de gargantas, estaciones de bombeo y evaporación; pasar el Golfo y entrar en su descanso en el seno del mar tropical para nunca más volver a ver los picos cubiertos de nieve o echarlos de menos.

Fleté una hoja con un mensaje mental para los amigos en casa y la arrojé al riachuelo. Pero no le coloqué estampilla y fue retenida en algún lugar.

Antes de que Samuel Langhorne Clemens (1835–1910) firmara como "Mark Twain" y se volviera famoso por sus cuentos del Río Mississippi, *Tom Sawyer* y *Huckleberry Finn*, pasó varios años en el Oeste. En 1861, después de dos semanas como soldado en la milicia confederada, Clemens se unió a su hermano mayor Orion, que había sido designado secretario del Territorio de Nevada, en una excursión en coche al Oeste. Esperando pasar tres meses en el Oeste, Clemens pasó los siguientes cinco años como minero y periodista. De Nevada partió para San Francisco y después a las Islas Sándwich como corresponsal.

Con el tiempo, bajo el seudónimo de Mark Twain, se convirtió en uno de los humoristas y corresponsales más populares de Estados Unidos. Pero antes de escribir las novelas con las cuales lo asocian la mayoría de las personas, fue un exitoso escritor de "temas de viajes." Uno de sus primeros libros, *Inocentes en el Extranjero* (1869), narraba acerca de su viaje a Europa y la Tierra Santa y fue un gran éxito financiero. En 1872, publicó *El Desbaste*, su igualmente popular libro acerca de sus años en el Oeste. Estos cuentos ligeros de viajes en diligencia, indígenas, la sociedad de la frontera, las peculiaridades de los mormones y las costumbres del Oeste, templadas por el tajante ingenio, la hilarante imaginación y el ojo de Twain, siguen frescos más de cien años más tarde.

HITOS EN GEOGRAFÍA III
1600–1810

aprox. 1600   Comienzo de la revolución científica en Europa: entre las personalidades importantes están el astrónomo alemán Johann Kepler (1571–1630), el filósofo y científico inglés Francis Bacon (1561–1626), el astrónomo y físico italiano Galileo Galilei (1564–1642) y el matemático y filósofo francés René Descartes (1596–1650).

1602   Se funda la Compañía Holandesa de las Indias Orientales, la primera "compañía pública" moderna con el propósito de expandir el comercio en Asia. En 1609, la compañía comenzó a enviar a Europa té proveniente de la China. En 1619 la compañía estableció una colonia en Batavia (actual Yakarta en Indonesia), marcando el comienzo del Imperio Holandés en las Indias Orientales.

1607   Se establece el primer asentamiento permanente inglés en América en Jamestown, Virginia.

1608   Liderados por el explorador Samuel de Champlain (1567–1635) los franceses establecen una colonia en lo que es hoy Québec. Champlain encuentra y explora los Grandes Lagos y abre Canadá para el comercio de pieles, que traerán una generación de exploradores y sacerdotes franceses a América del Norte.

1609   Hans Lippershey inventa el telescopio en Holanda. El físico y astrónomo italiano Galileo Galilei se dispone a mejorarlo y durante los siguientes meses hace algunos de los descubrimientos más importantes en la historia de la astronomía. Descubrió que la luz de la luna es el reflejo de la luz del sol; que la superficie de la Luna está cubierta de cráteres y montañas; que la Vía Láctea está compuesta de estrellas separadas; y la existencia de "manchas solares." Su tratado acerca de las manchas solares de 1613 apoyaba la teoría de Copérnico de que la Tierra gira alrededor del Sol. Pero la Iglesia Católica lo obliga a no enseñar más esta nueva doctrina y, bajo amenaza de tortura, Galileo se retracta. Le fue permitido regresar a Florencia y se quedó ciego unos años antes de su muerte.

1620   Los colonos puritanos conocidos como Peregrinos, navegando en el *Mayflower*, desembarcan en Nueva Inglaterra y establecen la Colonia de la Bahía de Massachussets.

1640–1650   Se publica el *Atlas Mayor* de Jan Blaeu en doce volúmenes. Para esta época, la Compañía Holandesa de las Indias Orientales ha monopolizado el comercio con el Este y ha creado un enorme imperio marino con base en Amsterdam. Aunque los holandeses querían mantener en secreto gran parte de la información obtenida por sus capitanes, pronto floreció un comercio de mapas y atlas. Mucho de lo que estos marinos habían descubierto al navegar al Este fue incorporado en la colección de Blaeu y pronto estuvo disponible en toda Europa.

1645   El navegante holandés Abel Tasman (c. 1603–1659) circunnavega Australia y descubre Nueva Zelanda.

1652   Los holandeses fundan Cape Colony en Sudáfrica.

1665   A la edad de 23 años, Isaac Newton (1642–1727) resuelve los principios de sus leyes universales de la gravedad.

1668   La Compañía Inglesa de las Indias Orientales, fundada en 1600, obtiene el control de Bombay y eventualmente controla todas las áreas de la India y los Himalayas, así como el dominio del comercio con China. La *Inglesa de India del Este*, una empresa que era un gobierno en sí misma, prácticamente reinaba en estos lugares hasta bien entrado el siglo XIX, cuando la Corona Británica tomó posesión y se convirtieron en las colonias imperiales.

1670   El explorador francés Robert Cavalier de La Salle (1643–1687) desciende por el Río Ohio pensando que va a desembocar en el Pacífico. Llega, en su lugar, al Río Mississippi y durante dos duros años sigue su curso hasta el mar, reclamando el vasto territorio de la Cuenca del Mississippi para Francia, al que nombra Louisiana en honor del rey francés. En 1684, trata de encontrar el Mississippi desde el Golfo de México, pero no puede ubicar la desembocadura del río. Después de dos años de buscar en vano, los hombres de La Salle se amotinaron y lo asesinaron.

1675   Se publica *Principia Matemática*, escrita por Sir Isaac Newton. En su obra maestra, Newton buscó explicar todos los fenómenos físicos en unas pocas leyes generales.

1696   Se completa, en el Observatorio de París, el *Planisferio Terrestre*, uno de los primeros mapas del mundo compilados científicamente.

1698–99   El astrónomo inglés Edmund Halley (1656–1742) traza mapas de la variación magnética del Océano Atlántico, importante por el efecto de estas variaciones en las brújulas de los barcos. Halley también predice el regreso regular del cometa que ha sido bautizado con su nombre.

1736–44   La Academia Francesa organiza expediciones ambiciosas a Laponia y Perú en un intento por demostrar que la Tierra está aplanada en los polos, tal y como lo predijo Newton. Ambos grupos sufren adversidades extremas. La expedición a Laponia es la primera en lograr su hazaña; la expedición al Perú toma cerca de diez años y regresa sólo para enterarse de que la otra expedición había logrado su misión, con éxito, muchos años antes.

1762   El Cronómetro Marino No. 4 del relojero inglés John Harrison, logra indicar la hora precisa en el mar, coronando una larga búsqueda científica. Es un reloj que no se ve afectado por la temperatura, el movimiento del barco o los cambios en las fuerzas gravitacionales. Fue el hito en la historia de la navegación, permitiéndoles a los marineros determinar, de forma precisa, su longitud, en lugar de depender del método poco confiable e inseguro del "Cálculo a Ojo."

1764   Los inspectores británicos Charles Mason y Jeremiah Dixon inician una exploración de Pennsylvania y Maryland. Ésta eventualmente produce la Línea Mason-Dixon, que posteriormente divide de manera efectiva los estados del norte y del sur en los Estados Unidos de América.

1768-71   El Capitán Cook hace el primero de tres viajes al Pacífico. El segundo tiene lugar entre 1772 y 1775. El tercero, durante el cual Cook es asesinado en Hawai, dura de 1777 a 1779.

1782   James Rennell, trabajando para la Compañía Británica de las Indias Orientales, produce la primera edición de su *Mapa Indostaní*, el primer mapa científicamente preciso de la India.

1787   La triangulación, a través del Canal Inglés, enlaza las exploraciones de la Gran Bretaña y Francia.

1791   Inicio de la British Ordnance Survey (Instituto Gubernamental Británico para Producción de Mapas Oficiales), el departamento oficial del gobierno para hacer mapas de todo el país.

1792-94   El explorador británico George Vancouver (1758–1798) explora y cartografía la costa noroccidental de América del Norte. Navega cien millas río arriba por el Río Columbia (hasta el lugar en donde se encuentra hoy en día Portland, Oregon). El Columbia había sido bautizado años antes por el Capitán Robert Gray. Estas dos expediciones compiten por establecer reclamaciones británicas y estadounidenses sobre el territorio. Dichas reclamaciones se quedan sin dirimir hasta mediados del siglo XIX.

1792-93   El explorador escocés Alexander Mackenzie completa un recorrido transcontinental a través de Canadá, convirtiéndose en el primer europeo en cruzar las montañas Rocosas hasta el Pacífico.

1793   Se completa la primera exploración nacional conducida científicamente. Es la exploración francesa *Carte de Cassini*.

1802   Se inicia La Gran Exploración Trigonométrica de la India. Un proyecto que durará cerca de cien años, que culminará con los mapas de los Himalayas. En **agosto de 1913**, los grupos británicos y rusos de exploración se encuentran en Cashemira para enlazar sus diferentes investigaciones de Asia Central.

1803   La Compra de Louisiana. Por el precio de $15 millones de dólares, cerca de 2 centavos de dólar por acre, el Presidente Thomas Jefferson dobla el tamaño de los Estados Unidos comprándole a Napoleón los territorios franceses en Norte América. El emperador francés había fracasado al intentar retomar a Haití de los antiguos esclavos que se habían rebelado y habían establecido allí una república. El Ejército de Francia, ineficaz contra los esclavos, fue enviado retomar la isla y sucumbió a la fiebre amarilla, frustrando así los designios de Napoleón sobre América del Norte. Necesitado de dinero para continuar peleando en Europa, Napoleón acordó la venta del inmenso territorio francés.

1804–6 Lewis y Clark realizan una expedición para averiguar si el Río Missouri es navegable hasta el Pacífico y para cartografiar las tierras adquiridas en la Compra de Louisiana.

1810 Se publica el mapa de William Clark del Oeste estadounidense.

CAPÍTULO TRES

SI LAS PERSONAS FUERAN DELFINES, EL PLANETA SE LLAMARÍA OCÉANO

Solo, solo, todo, todo, solo;
Solo en un ancho, ancho mar.

SAMUEL TAYLOR COLERIDGE,
La Rima del Antiguo Marinero

Uno no sabe qué dulce misterio hay acerca de este mar, cuyos lentos y terribles movimientos parecen hablar de algún alma escondida debajo.

HERMAN MELVILLE, *Moby–Dick*

Y entonces, como nunca sucedería en tierra, él sabe la verdad de que este mundo es un mundo de agua, un planeta dominado por el manto del océano, en que los continentes no son sino intrusiones transitorias de tierra sobre la superficie del mar que está a todo el rededor.

RACHEL CARSON, *El Mar A Nuestro Alrededor*

Comemos mariscos, pero tomamos un crucero por el océano. Los científicos estudian oceanografía y no "marografía." Los caballos de mar viven en el océano. En el verano, las personas van a la orilla del mar, donde rentan una casa frente al océano. El azul marino no es nunca azul oceánico. En la canción. "América, the Beautiful," la letra no dice de "océano a brillante océano." Es sólo un pequeño ejemplo de la confusión lingüística que tenemos acerca de la característica más prominente de la Tierra.

El océano tiene una atracción especial. Las personas se sienten atraídas por él y encuentran tranquilidad en el suave golpear de las olas en la playa o algo extraordinario en la explosión majestuosa de las olas rompientes. El interminable ciclo de mareas y olas da una poderosa idea de la eternidad de la Tierra.

El océano es nuestro pasado. La vida comenzó en los océanos. El océano es el hogar del mayor número de especies vivientes en el planeta. El océano incluso parece estar dentro de nuestra sangre. Los científicos nos dicen que la composición química de los fluidos del cuerpo humano es similar a los del agua del océano.

El océano es nuestro futuro. En términos prácticos, tres de cada cuatro estadounidenses vivían a menos de cincuenta millas de una línea costera para mediados de los 90, de acuerdo con los cálculos de la Oficina del Censo. Pero es, cada día más, un futuro sospechoso. Lo que una vez se pensó que era demasiado grande para poderse contaminar está mostrando su desgaste a causa del vertimiento de alcantarillas, basura y desperdicios industriales, derramamiento accidental de petróleo e incluso un acto de guerra que desató millones de barriles de petróleo al sensible medio ambiente del Golfo Pérsico. Igualmente alarmante es la creciente amenaza de que una elevación en las temperaturas globales eleve los niveles del océano en un futuro cercano con consecuencias devastadoras para las áreas costeras.

Las personas que han navegado a través de las aguas del océano, o que lo han sobrevolado, pueden comenzar a captar la vastedad de las grandes masas de aguas de la Tierra. Probablemente no fue sino hasta que las misiones espaciales de los años 60 comenzaron a enviar foto-

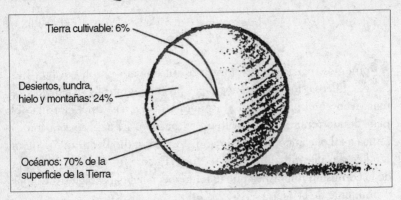

Tierra cultivable: 6%

Desiertos, tundra, hielo y montañas: 24%

Océanos: 70% de la superficie de la Tierra

grafías del planeta Tierra, que la gente se dio cuenta de cuán húmedo y azul es nuestro planeta verdaderamente. Visto desde arriba, no hay gran cantidad de tierra en la Tierra. Esas tarjetas postales del espacio no mostraban grandes extensiones de tierra separando muchos océanos y mares, sino un Gran Océano, partido ocasionalmente por parcelas de tierra. Esas fotos del espacio lo volvieron evidente; los océanos son la característica más prominente de la Tierra. Ellos dictan nuestro clima y han determinado la historia de la humanidad.

El Gran Océano es un cuerpo interconectado de agua salada que cubre casi tres cuartas partes del planeta, más de 142 millones de millas cuadradas. Es el doble de la superficie de Marte y nueve veces la superficie de la luna. Del 30 por ciento restante de la Tierra, el 24 por ciento es de desierto incultivable, tundra, hielo glaciar y cimas montañosas. Esto les deja a los humanos cerca de 6 por ciento de la Tierra para cultivar. Esto te hace sentir como la proverbial gota en un cubo.

¿Cuántos Océanos Hay?

Este es el tipo de pregunta capciosa que hacían las "profesoras difíciles" en la escuela secundaria. En cierto sentido, hay dos respuestas, ambas correctas. En el sentido estricto de la palabra, hay un solo océano, la gran sabana de agua salada que cubre un total de aproximadamente el 72% de la superficie de la Tierra y rodea las grandes masas de tierra del planeta. En términos más familiares, el Gran Océano está dividido en cuatro partes principales, cada una conocida como un océano:

El Pacífico cubre cerca de 70 millones de millas cuadradas (181,300,000 kilómetros cuadrados) y es, por mucho, el océano más grande. Contiene aproximadamente un 46% del agua de la Tierra. Circunscrito por las Américas en el Este y Asia al Occidente, el Pacífico está flanqueado por altas cadenas de montañas y es sorprendente por sus muchas pequeñas islas, varias de ellas volcánicas. El Pacífico es más grande que toda la tierra del mundo junta. Se extiende casi de polo a polo, pero es especialmente un océano tropical y la mitad de la longitud del ecuador 24,000 millas (38,500 kilómetros) está en el Pacífico. El Challenger Deep en la Trinchera Mariana, que se extiende desde el sudeste de Guam hasta el noreste de las Islas Marianas en el Océano Pacífico, es el sitio más profundo en los océanos del mundo, llegando a 36,198 pies (11,040 metros); si el Monte Everest fuera arrojado a la Trinchera Mariana, no llegaría a la superficie del Pacífico.

El Atlántico es el segundo océano más grande y contiene cerca del 23% del agua del mundo. Aunque su extensión de norte a sur es más o menos la misma que la del Pacífico, es mucho más estrecho y sólo de la mitad del tamaño del Pacífico. Cubre cerca de 32 millones de millas cuadradas (82,217,000 kilómetros cuadrados). Tiene forma de S, está circunscrito por las Américas al oeste y Europa y África al este, no es tan profundo como el Pacífico y contiene muchas menos islas. Estando entre continentes altamente industrializados, el Atlántico Norte tiene la mayor parte de la navegación del mundo. Aunque la mitad de los peces del mundo se atrapan en el Atlántico, con mucha de esa pesca proviniendo de los Grandes Bancos, (una meseta subterránea cerca de Terranova), la contaminación y el exceso de pesca de las flotas comerciales amenazan la existencia de un gran número de especies de peces del Atlántico.

El Índico, llamado también el Mar Erythraean en tiempos antiguos, es el tercer océano más grande. Ligeramente más pequeño que el

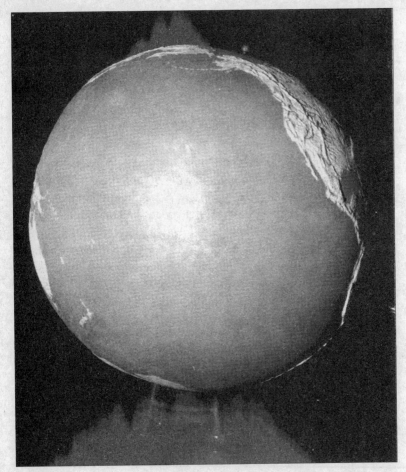

Area del Océano Pacífico en relación con el globo. FOTOGRAFÍA DE THANE L. BIERWERT, CORTESÍA DEL DEPARTAMENTO DE SERVICIOS BIBLIOTECARIOS, MUSEO AMERICANO DE HISTORIA NATURAL

Atlántico, cubre cerca de 28 millones de millas cuadradas (73,426,500 kilómetros cuadrados) y tiene el 20 por ciento del agua del mundo. Circunscrito por Asia al norte, la Antártica al sur, África al oeste y Australia e Indonesia al este, el Océano Índico está dividido en dos por la India, formando el Mar Arábico en un lado y la

Bahía de Bengala en el otro. El noventa por ciento del Océano Índico está al sur del ecuador.

El Ártico, ubicado dentro del Círculo Polar Ártico y rodeando el Polo Norte, es el océano más pequeño, con un área de cerca de 5.5 millones de millas cuadradas (13,986,000 kilómetros cuadrados). Contiene el 4 por ciento del agua del mundo. Conectado con el Pacífico por el Estrecho de Bering (entre Alaska y Rusia) y con el Atlántico por el Mar de Groenlandia, el Ártico está helado todo el año excepto en sus márgenes exteriores, pero investigaciones recientes sugieren que el Ártico está experimentando un período de calentamiento.

El Océano Antártico que circunda la Antártica, no es oficialmente un océano sino una extensión de las porciones del sur de los océanos Pacífico, Atlántico e Índico.

Voces Geográficas
Charles Darwin, de *El Viaje del Beagle* (1839)

El día era caluroso, y la caminar por la superficie agreste y a través de los matorrales era fatigante, pero la ciclópea escena fue recompensa suficiente. Mientras caminaba, me encontré con dos grandes tortugas; cada una de ellas debía pesar al menos doscientas libras. Una se estaba comiendo un pedazo de cactus y, cuando me acerqué, me miró lentamente y con paso majestuoso se alejó. La otra dio un profundo siseo y metió su cabeza dentro del caparazón. Estos enormes reptiles, rodeados de lava negra, arbustos sin hojas y cactus enormes, me parecieron animales antediluvianos. Los pocos pájaros de colores opacos se preocupaban tan poco por mí como por las tortugas.

El 19 de agosto finalmente dejamos las orillas de Brasil. Le doy gracias a Dios, nunca más visitaré un país con esclavos. Hasta este día, si escucho un grito en la distancia, me recuerda con dolorosa vividez mis sentimientos en un momento en que, pasando frente a una casa cerca de

Pernambuco, escuché los gemidos más lastimosos y no podía sino suponer que algún pobre esclavo estaba siendo torturado, y sabía que yo era tan impotente como un niño incluso para protestar. Sospeché que estos gemidos eran de un esclavo torturado porque me dijeron que era algo habitual. Cerca de Río de Janeiro vivía frente a una vieja señora que tenía tornillos para quebrar los dedos de sus esclavas. Me he quedado en una casa donde una joven mulata era denigrada, golpeada y perseguida diariamente y a cada hora como para quebrar el espíritu del más bajo de los animales. He visto un niño pequeño de seis o siete años, golpeado tres veces con un látigo para caballos (antes de que yo pudiese intervenir) sobre su cabeza pelada, por haberme dado un mero vaso de agua que no estaba muy limpio. Vi a su padre temblar ante la sola mirada del ojo de su amo.

El primero de estos extractos explica cómo obtuvieron su nombre las famosas Islas Galápagos (oficialmente conocidas como el Archipié-lago de Colón), que son una provincia del Ecuador. Son un grupo de islas de 3,075 millas cuadradas en total, ubicadas en el Pacífico a 600 millas (970 kilómetros) al oeste de la tierra firme en América del Sur. El grupo incluye seis islas principales, una isla más pequeña con un aeropuerto y once islas deshabitadas.

Para la mayor parte de la gente, la imagen de Charles Darwin (1809–1882) es un retrato Victoriano sombrío y severo ligado permanentemente con el de un mono. Una simplificación excesiva de sus ideas de la evolución. Pero tal y como muestran estos extractos, Darwin tenía un lado humano y humanitario. Su narración de un viaje de cinco años a bordo del barco de exploración HMS *Beagle* fue un éxito popular en Inglaterra y convirtió a Darwin en una celebridad literaria antes de que se volviera más notorio como el padre de la moderna teo-ría de la evolución. La singular fauna de las Islas Galápagos, sin con-tacto con otros animales, fue una inspiración para el pensamiento revolucionario de Charles Darwin. Aunque ya había comenzado a for-mular sus teorías de selección natural durante el viaje, estaba renuente a publicarlas. Solamente cuando recibió un manuscrito escrito por un amigo y colega científico, Alfred Russel Wallace, esbozando una serie de ideas sorprendentemente similares a las suyas propias, decidió Darwin publicar *Sobre el Origen de las Especies por Medio de la Selección Natural* (1859).

Este libro, suficientemente sencillo para el público general, fue un éxito inmediato, habiéndose vendido la primera impresión en un solo día. También marcó el inicio de una gran controversia. La idea de Darwin de que las especies gradualmente evolucionan de especies más primitivas y más simples no solamente cuestionó las ideas científicas existentes. De la noche a la mañana sus teorías llegaron a cuestionar la totalidad de la ortodoxia cristiana y la verdad absoluta de la Biblia en una época en la que tales ideas eran una herejía y causa de ridículo y desgracia social. Darwin provocó una afrenta pública aún mayor en 1871 con *El Origen del Hombre*, que sacó a la luz la idea de que el hombre y los simios antropoides descendían de un ancestro común. Hoy en día es un artículo básico de la "fe" científica.

¿Cuál es la Diferencia Entre un Océano y un Mar? ¿Hay Solo Siete Mares?

Esta es otra pregunta capciosa. Si estás de acuerdo con que sólo hay un océano, entonces los mares son parte de éste. Pero para hacer más fácil encontrar el camino alrededor del mundo, el Gran Océano ha sido dividido. Cuatro océanos y muchos más mares. Básicamente un mar es una sección de uno de los océanos o una gran masa de agua salada parcialmente rodeada de tierra.

Sólo en caso de que los océanos y los mares no te hayan confundido lo suficiente, también hay *bahías y golfos* para complicar aún más las cosas. Una bahía es sencillamente una gran indentación en la tierra formada por el mar. Los golfos son mucho más grandes que las bahías; son ensenadas grandes y profundas del océano o del mar, rodeadas por tierra o una ensenada extensa que penetra bien adentro en la tierra. Hay algunas bahías y golfos que son más grandes que los mares.

A pesar de los proverbiales Siete Mares, hay muchos más mares en el mundo. "Siete Mares" es una expresión coloquial que se relaciona no con los mares sino con los océanos: el Ártico, Índico, Pacífico

Norte, Pacífico Sur, Atlántico Norte, Atlántico Sur y Antártico, que ni siquiera es un océano. Entonces, aunque la expresión puede sonar familiar, está lejos de ser geográficamente precisa.

PRINCIPALES MARES DEL MUNDO

Los cálculos del tamaño de los mares varían mucho porque los mares no tienen fronteras claramente definidas. La siguiente lista de los principales mares del mundo es en orden de su tamaño aproximado.

Mar del Sur de China   Un brazo del Pacífico que cubre más de 1 millón de millas cuadradas. Es un mar tropical, sujeto a frecuentes tifones.

Mar Caribe   Nombrado por los indígenas caribes, una tribu que descubrió Colón cuando llegó en 1492, el Caribe es un brazo del Atlántico. Desde Cuba, que queda a unas 90 millas de la Florida, hasta la isla de Trinidad, cerca de la costa de Venezuela, las islas del Mar Caribe están esparcidas como un collar cuyas joyas han sido causa de guerra, conquista y explotación desde que Colón llegó a estas aguas hace quinientos años. Los vestigios del pasado colonial del Caribe sobreviven en la posesión de varias de estas islas por otros países. La Corriente del Golfo, la corriente del océano cálida que influye en el clima en ambos lados del Atlántico, se origina acá.

Mar Mediterráneo   El mar interior más grande del mundo, ubicado entre África, Europa y Asia, está conectado con el Atlántico por el angosto Estrecho de Gibraltar y con el Océano Índico por el Mar Rojo vía el Canal de Suez. Su nombre, que significa "el medio de la tierra," refleja su importancia central en la historia y en el desarrollo de civilizaciones en sus orillas, desde Egipto y los fenicios hasta los griegos, romanos y árabes.

Mar de Bering   El Bering, que es una extensión del Pacífico, está entre Siberia y Alaska. También está conectado con el Océano Ártico por el Estrecho de Bering, el angosto pasaje (53 millas) entre Alaska y Siberia del que se dice que en algún momento estuvo totalmente congelado, permitiéndole a las primeras tribus nómadas asiáticas encontrar su camino hacia las Américas. Bautizado por el explorador danés Vitus Bering (1681–1741), que navegó estas aguas en 1725 por primera vez, el Mar de Bering está bloqueado por el hielo desde noviembre hasta mayo.

No se debe confundir con el mucho más pequeño **Mar Barents,** que es una parte poco profunda del Océano Ártico al norte de Rusia bautizado por un navegante holandés que navegó allí en el siglo XVI. Calentado por corrientes del sur, el Barrents permanece libre de hielo en el invierno, históricamente dándole un enorme valor estratégico a los rusos.

Golfo de México   Aunque no es llamado mar, su vasta cuenca circunscrita por México y los estados sureños de Estados Unidos, desde Texas hasta Florida, tiene un área de más de 600,000 millas cuadradas (c. 1,560,000 kilómetros cuadrados). Es más grande que muchos de los mares. Las ricas reservas de petróleo y gas bajo su superficie han producido grandes fortunas, pero los contaminantes relacionados con estas industrias también han amenazado las áreas de pesca del Golfo, tan importantes como industria y destino turístico.

Mar de Okhotsk   Otro gran mar helado cerca de la costa Siberiana y al norte de Japón. Este brazo del Pacífico está separado del Bering por la Península de Kamchatka, que sobresale de Siberia.

Mar de China Oriental   Otro brazo del Pacífico que está entre China Continental y el sur de Japón. En esta área se descubrieron vastos depósitos de petróleo en 1980.

Bahía de Hudson   Aunque se llama bahía, es un gran mar interior en el norte de Canadá, conectado tanto al Océano Atlántico como al Ártico. Su nombre viene del explorador holandés Henry Hudson, quien la visitó en 1610 mientras buscaba el Paso del Noroeste y murió allí cuando sus hombres se amotinaron y lo enviaron a la deriva en un barco. La Bahía de Hudson se congela en el invierno.

Mar de Japón   Ubicado entre las islas japonesas y la Península Core- ana, este brazo del Pacífico contiene una corriente de agua cálida que mantiene al puerto ruso de Vladivostok, al norte, libre de hielo en el invierno. Es el único puerto ruso en el Pacífico Norte que está abierto todo el año.

Mar del Norte   Un brazo del Atlántico que está entre Gran Bretaña y Escandinavia. Sus aguas siempre han sido ricas en pesca. El descu- brimiento de gas y petróleo también han hecho del área un pro- ductor principal de energía. Con un área de 222,000 millas cuadradas (575,000 kilómetros cuadrados) también se conoce como el **Océano Alemán.**

Mar Báltico (Ostee en alemán)   El Báltico, un brazo del Atlántico, está limitado por los países escandinavos y por el centro-norte de Europa. Poco profundo y con baja salinidad, se congela durante los meses de invierno. El Báltico saltó a la fama durante la ruptura de la Unión Soviética porque le da nombre a los tres estados bálticos de Lituania, Estonia y Latvia, que eran parte de la Unión Soviética hasta que declararon su independencia en 1991, ayudando en gran parte a la desintegración de la URSS.

NOMBRES:

Mar Amarillo, Mar Rojo, Mar Negro: ¿Son Verdaderamente Amarillo, Rojo y Negro?

Esta es la coalición náutica del arco iris. ¿Pero todos reciben su nombre por razones específicas de color? Bueno, dos de tres no está nada mal.

El **Mar Amarillo,** o **Hwang Hai,** está entre China continental y Corea, y obtiene su color característico del rico limo amarillo llamado loes, depositado por el Río Amarillo (Hwang Ho) y por otros ríos.

La angosta masa de agua que separa el noreste de África de la Península Arábica es el **Mar Rojo.** Obtiene su nombre de las masas de algas marinas rojizas que se encuentran en sus aguas. El Mar Rojo fue creado cuando la Gran Falla que corría a lo largo de África se abrió y entraron las aguas del Océano Índico. A medida que la Gran Falla continúa su lento ensanchamiento geográfico, el Mar Rojo crecerá. Pero es mejor no quedarnos esperando a que pase.

Antes de que los europeos descifraran cómo navegar alrededor de África para llegar al Este, el Mar Rojo era una importante conexión comercial entre el Mediterráneo oriental y el Oriente. Su importancia se restauró cuando el Canal de Suez fue abierto en 1869, dando acceso directo al Mediterráneo. Los barcos que usaban la ruta Suez—Mar Rojo evitaban miles de millas de complicada navegación alrededor de África. Sin embargo, la importancia del Mar Rojo ha disminuido nuevamente ya que los más modernos superpetroleros son demasiado grandes para navegar por el Canal de Suez.

El **Mar Negro,** muy disputado a través de la historia, es un mar continental sin mareas ubicado entre Europa y Asia. En una época llamado *Pontos Axeinos* o "mar inhóspito" por los griegos y *Marea Negra* por los rumanos. En la mitología griega, fue el mar en el que navegó Jason en su búsqueda del legendario Vellocino de Oro. Junto con el Mar Caspio y el Mar Aral, fue parte de un mar continental mucho más grande hace millones de años.

Aunque sus aguas son bastante oscuras, se cree que su nombre se deriva de su carácter tormentoso más que de cualquier esquema de color.

El Mar Negro es alimentado por algunos de los principales ríos de Europa Oriental, como el Dniester, el Dnieper y el Danubio. El gran influjo de agua crea dos niveles dentro del lago. Existe poca vida a partir de cierta profundidad del agua.

El compositor Johann Strauss, quien escribió el famoso vals "Danubio Azul" tendría serios problemas para reconocer el motivo de su inspiración hoy en día. El Río Danubio de las fábulas se origina en Alemania del sur y luego corre sin rumbo, perezosamente, tocando ocho países a su paso, antes de vaciarse en el Mar Negro. Pero a medida que se mueve por entre el corazón del territorio industrial de Europa Central, el Danubio se alimenta continuamente por subafluentes contaminados y a su vez es uno de los más grandes contaminadores del Mar Negro.

VOCES GEOGRÁFICAS

Relato de MARK TWAIN sobre su encuentro con
el Zar Alejandro II en Yalta en las orillas del Mar Negro,
tomado del libro *Inocentes en el Extranjero* (1869).

Una nueva sensación extraña es algo escaso en esta vida
monótona y yo la tuve aquí. Parecía extraño, más extraño
de lo que puedo decir, pensar que la figura central en el
grupo de hombres y mujeres, hablando bajo los árboles
como el individuo más común de la tierra, fuera un hombre que podía abrir sus labios y los barcos volarían a través
de las olas, los mensajeros se apresurarían de aldea en
aldea, cien telégrafos enviarían la palabra a las cuatro
esquinas del Imperio que se extiende sobre una séptima
parte del globo habitable y una innumerable multitud de
hombres saltarían a hacer su voluntad. Tuve una especie
de vago deseo de examinar sus manos y ver si eran de
carne y hueso, como las de los otros hombres. He aquí un
hombre que podía hacer esta cosa tan maravillosa y sin
embargo si yo lo deseaba podía derribarlo. Si hubiese
podido robar su abrigo, lo habría hecho. Cuando conozco
un hombre como ese, quiero algo con lo que lo pueda
recordar.

En general, algún lacayo de piernas felpudas nos ha
paseado por entre palacios, y nos ha cobrado un franco.
Pero después de hablar con la compañía durante media
hora, el Emperador de Rusia y su familia nos condujeron
a través de su mansión ellos mismos. No nos cobraron.

Pasamos media hora holgazaneando por el palacio,
admirando los acogedores apartamentos y los aposentos
ricos pero eminentemente hogareños del palacio, y después la familia imperial nos despidió amablemente y se
dispuso a contar las cucharas.

¿Quién Mató al Mar Muerto?

Antes que nada, no es un mar sino un lago. El Mar Muerto, que forma parte de la frontera entre Israel y Jordania, es un lago rodeado por tierra, salado y sin salida. Con el Río Jordán como su fuente, el Mar Muerto está ubicado a 1,289 pies bajo el nivel del cercano Mar Mediterráneo, convirtiéndolo en el punto más bajo sobre la superficie de la Tierra. En tiempos bíblicos se conocía como el Mar de Sal porque su contenido de sal lo convierte en el "mar" más salado sobre la Tierra. El alto contenido de sal es el resultado de una evaporación rápida del agua debido a las temperaturas extremadamente altas de la región.

Este alto nivel salino hace que sea difícil que haya seres vivos allí y esa es la razón por la cual se comenzó a llamar Mar Muerto. En la Edad Media los visitantes creían que el aire sobre el Mar Muerto era venenoso, puesto que ningún pájaro volaba sobre sus aguas. Pero no hay pájaros porque no hay nada que puedan comer; no hay plantas, y cualquier pescado que entre procedente del Río Jordán se muere inmediatamente por el alto contenido de sal.

El Mar Muerto ha atraído turistas desde hace muchos años por su significado religioso y por los efectos curativos de sus boyantes aguas. Hoy su mayor fama proviene de los rollos asociados con el área. Los Rollos del Mar Muerto fueron descubiertos primero en una cueva cerca de Jericó por un niño pastor beduino en 1947. Estos rollos son versiones de algunos de los libros de la Biblia, muchos de los cuales datan de antes de Cristo. Escritos en hebreo antiguo, los pergaminos han ofrecido enorme comprensión a la autenticidad y el contenido histórico de la Biblia, pues narran eventos contemporáneos. Se han ido revelando porciones seleccionadas de los rollos a través de los años, muchos de los cuales estaban en pequeños fragmentos que han sido cuidadosamente reensamblados. Pero la mayor parte de la información ha permanecido bajo el control exclusivo de un pequeño grupo de eruditos autorizados para estudiar su contenido. En 1991 se filtró una copia del material de los rollos jamás vistos y será publicado por un investigador quien criticó la renuencia de los eruditos oficiales de revelar los Rollos del Mar Muerto al público.

Hay otros recordatorios del gran significado religioso del área. El nombre árabe del Mar Muerto es Bahr Lut, o Mar de Lot, y cerca del extremo sur occidental del lago hay una montaña de sal que se supone es el pilar bíblico de sal en el que se convirtió la esposa de Lot después de la destrucción de Sodoma y Gomorra. Se cree que estas pecaminosas ciudades gemelas fueron sumergidas en el Mar Muerto como resultado de una erupción volcánica. En una de las orillas del Mar Muerto está la legendaria fortaleza de Masada, donde los judíos ofrecieron una resistencia determinada y suicida contra los romanos en el año 472 A.C.

Aunque el Río Jordán, fuente del Mar Muerto, es relativamente corto y pequeño, es muy importante para musulmanes, judíos y cristianos. Teniendo su origen cerca del Monte Hermon en la frontera siriolibanesa, pasa a través del Lago Huleh (las Aguas de Merom en la Biblia) y luego al Lago Tiberíades, que es un lago en el norte de Israel conocido como el Mar de Galilea, el área más asociada con el ministerio de Jesús.

¿Dónde Está el Lago Más Grande del Mundo?

Al igual que el Mar Muerto, el Mar Caspio, ubicado entre Rusia e Irán, es un lago. Aunque los lagos se asocian generalmente con agua dulce, en términos estrictamente geográficos un lago es cualquier gran cuerpo de agua continental. El Mar Caspio, totalmente rodeado de tierra, es el *lago* más grande en el mundo. El Caspio, que está a cerca de noventa y dos pies por debajo del nivel del mar, es también el punto más bajo en Europa.

El cercano Mar Aral también es un lago. Junto con el Caspio y el Mar Muerto, el Aral una vez formó un mar continental inmenso y prehistórico. En algún momento el Aral fue el cuarto mar más grande del mundo, casi del tamaño de Irlanda. Pero en años recientes tantas de sus aguas se han desviado para irrigar los campos de arroz y algodón que ha habido una rápida caída en el nivel del agua. Algunos expertos sugieren que el clima de Asia central se está calentando a medida que se reduce el Mar Aral.

LOS LAGOS MÁS GRANDES DEL MUNDO

Mar Caspio está en la frontera entre Irán y la antigua Unión Soviética. (Rusia, Azerbaiján, Kazajstán y Turkmenistán, todas tocan el Caspio). Fue nombrado probablemente por una antigua tribu llamada Caspii. Este mar es famoso especialmente por la producción de caviar de Beluga.

Lago Superior, rodeado por Ontario (Canadá), Michigan, Wisconsin y Minnesota. Es el lago de agua dulce más grande del mundo y uno de los Cinco Grandes Lagos.

Lago Victoria (Victoria Nyanza), en el Valle de la Gran Grieta de la montañosa África oriental, es la principal fuente del Río Nilo y está rodeado por Uganda, Tanzania y Kenya.

Mar Aral (Aral'skoye More), ubicado en Asia central, al este del Caspio, está rodeado por las repúblicas de la antigua Unión Soviética de Kazajstán y Uzbekistán.

Lago Hurón, rodeado por Ontario y Michigan es el segundo más grande de los Grandes Lagos.

Lago Michigan, es el tercer lago más grande de los Grandes Lagos y el único que está completamente dentro de los Estados Unidos. Está rodeado por los estados de Michigan, Illinois, Wisconsin e Indiana. (Si por algún motivo te quieres acordar de los nombres de todos los Grandes Lagos en orden de tamaño, recuerda, piensa en la palabra SHMEO (Superior, Hurón, Michigan, Erie y Ontario).

El Lago Tanganyika es un lago profundo en el centro-este de África, rodeado predominantemente por Tanzania y Zaire. Los primeros europeos en llegar allí fueron los exploradores Sir Richard Burton y John Speke en 1858 cuando estaban buscando la fuente del Nilo. Stanley y Livingstone tuvieron su famosa reunión cerca de sus orillas en 1871.

Lago Baikal (Ozero Baykal), ubicado en Siberia, es el lago más profundo, del mundo, y contiene más agua que los cinco Grandes Lagos de América del Norte juntos. La tradición sostiene que el

Genghis Kan, el famoso emperador mongol, nació cerca de las orillas del Baikal.

Gran Lago del Oso,   ubicado en el Círculo Polar Ártico en los Territorios del Noroeste de Canadá, está congelado ocho meses del año.

Lago Malawi (Lago Nyasa),   situado en la sección del sur del Valle
de la Gran Grieta de África, en Malawi y Mozambique, también
se conoce como el Lago Calendario porque tiene una longitud de
365 millas y 52 millas en su punto más ancho.

Gran Lago del Esclavo,   al igual que el Gran Lago del Oso, está en
los *Territorios* Nor-occidentales de Canadá y la capital de la provincia, Yellowknife, está localizada en la orilla norte del lago.

¿Adónde Va Toda el Agua en la Marea Baja?

Esta es una de esas preguntas infantiles tales como "¿Por qué es azul el
cielo?", cuya respuesta no es tan simple como parece. La respuesta
obvia no necesariamente es la correcta. Muchas personas probablemente piensan que si hay marea alta en un lado del océano, digamos
en el lado oeste del Atlántico, entonces debe haber marea baja en el
lado este del Atlántico. Pues no es así de simple. El mar no se mueve
hacia atrás y hacia adelante entre los dos lados del océano como el
agua en un barril que se mece de esa misma manera.

Las mareas son el ascenso y la caída habitual de los niveles de las
aguas costeras, causadas por la gravedad, estimuladas por la atracción
de la Luna y, en menor grado, por el Sol. La luna, a 250,000 millas de
la Tierra, es la principal influencia del flujo y reflujo de las mareas
de la Tierra. Aunque el Sol es mucho más grande que la Luna, (el Sol
tiene 27 *millones de veces* más masa que la Luna), el hecho de estar a
mucha más distancia de la Tierra debilita su impacto en las mareas de
la misma.

En términos más simples, los océanos en el lado de la Tierra que
esté mirando a la Luna son "halados" hacia la Luna, causando una
hinchazón o marea alta. Al mismo tiempo, los océanos del lado
opuesto de la Tierra, que no miran a la Luna, también se abultan en la

dirección opuesta, como resultado de una fuerza centrífuga. Estas dos protuberancias producen las mareas altas en lados opuestos de la Tierra. A su vez, hay mareas bajas compensatorias a mitad de camino entre las dos protuberancias. Cuando la Luna orbita la Tierra (en la misma dirección en que rota la Tierra), estas protuberancias literalmente "viajan" alrededor de la Tierra. Una forma de imaginárselo es como una banda de caucho. Mientras se tira de las dos puntas de un caucho, las puntas se alejan una de la otra, eso sería la marea alta. En el medio, el caucho se adelgaza y alarga; esa es la marea baja.

Como la Luna demora un poco más de un día en orbitar la Tierra, hay dos ciclos de mareas aproximadamente cada 25 horas. Desde el punto bajo en el ciclo de las mareas, las aguas costeras se elevan gradualmente en la *marea creciente*, que dura un poco más de seis horas. El nivel máximo del agua, o marea alta, se alcanza y el agua comienza a alejarse de la costa en la *marea menguante*. Después de aproximadamente seis horas, se alcanza el nivel mínimo de agua o *marea baja*, y el proceso comienza nuevamente. También hay fluctuaciones regulares en estos ciclos. Las mareas más altas, llamadas *mareas vivas*, ocurren dos veces al mes cuando el Sol y la Luna están en línea recta con la Tierra. Las mareas más bajas, llamadas *mareas muertas*, ocurren cuando la Luna está en un ángulo recto con el Sol.

La diferencia entre marea baja y marea alta (llamada *gama de marea*), es diferente en diferentes lugares en todo el mundo. En mar abierto, la *gama de marea* es insignificante, usualmente de no más de tres pies. Pero en los bajos costeros, el rango es mucho mayor. En lugares como bahías y canales, donde el agua del océano es vertida en forma de embudo a una ensenada estrecha, la gama de marea es mucho mayor. La mayor gama de marea ocurre en la Bahía de Fundy, Canadá, que está entre Nueva Brunswick y Nueva Escocia. Allí, las mareas del Océano Atlántico son vertidas a un canal estrecho produciendo una diferencia entre marea baja y alta de más de cincuenta pies (15 metros) dos veces al día. Esta dramática acción de las mareas ahora se ve como una fuente potencial de energía limpia, inexhaustible. Una estación de energía que aprovecha el flujo y reflujo del agua de las mareas para poner en marcha turbinas que generen electricidad ha estado en operación durante más de treinta años en la boca del Río Rance en el Golfo de St.-Malo en Francia.

Otro fenómeno de mareas es el *alesaje de marea* que, a diferencia del alesaje colosal, se acaba o se va. Por otra parte, como muchos alesajes, regresa de manera regular. Un Alesaje de Marea es una ola alta que viaja hacia arriba por un *estuario* (un acceso al mar donde un río de agua dulce se encuentra con la marea salada entrante). El alesaje de marea más asombroso está en el Río Qiantang de China, que fluye de la Bahía de Hanzhou.

Durante las mareas vivas, el alesaje es de más de veinticuatro pies de alto y viaja a casi quince millas por hora. El ruido precipitado de las aguas a medida que se mueven corriente arriba, en una especie de cascada invertida, se puede escuchar a quince millas de distancia.

¿Qué Tienen que Ver las Mareas con el Aguaje?

En una sola palabra, nada. *Aguaje* es un nombre inapropiado, un término obsoleto usado de manera inexacta para describir un *tsunami*. (Palabra japonesa que significa "ola desbordada"). Es una ola marina que se mueve rápidamente y que es causada por un terremoto o una erupción volcánica bajo el agua. También puede ser ocasionada por una *marejada*, que es una crecida anormal en el nivel del agua generada por vientos fuertes como aquellos de un huracán tropical. Sea cual sea su nombre, pueden ser terriblemente destructivos en las áreas bajas costeras donde golpean. Cuando un ciclón salió de la Bahía de Bengala y afectó Bangladesh en 1991, la mareja y las subsiguientes inundaciones mataron a cientos de miles de personas.

Los tsunamis, o maremotos, que acompañan con frecuencia un terremoto o un volcán en erupción son menos frecuentes y normalmente menos catastróficos. Para decirlo de manera sencilla, un volcán es una apertura o respiradero en la corteza de la Tierra, ya sea bajo el mar o en la tierra, a través de la cual hacen erupción fragmentos de roca, gases, cenizas y lava, o piedra derretida, y son expulsados del interior de la Tierra. Hay tres tipos básicos de volcanes: extintos, durmientes y activos. Los últimos dos pueden ser increíblemente dramáticos y destructivos cuando entran en acción como agentes del proceso continuo de reciclaje de la Tierra.

¿Qué es el Cinturón de Fuego?

Hay alrededor de seiscientos volcanes activos sobre la faz de la Tierra. Cerca de la mitad de ellos están a lo largo de un cinturón de volcanes activos desde el extremo sur de América del Sur hasta el norte hasta Alaska, luego al oeste hasta Asia y al sur a través de Japón, Filipinas, Indonesia y Nueva Zelanda. Este es el "Cinturón de Fuego," que marca la frontera en la que las placas que acunan el Océano Pacífico se encuentran con las placas que sostienen los continentes que rodean el océano.

PRINCIPALES ERUPCIONES VOLCÁNICAS EN LA HISTORIA

c. 1480 A.C.—Thera (o Santorini)   Ubicada cerca de la isla de Creta, en el Mediterráneo. Esta erupción fue una de las más antiguas de que se tiene noticia. Thera era una isla avanzada de la civilización de Minos (ver en el capítulo 1, "Lugares Imaginarios: Existió la Atlántida?," página 43). La erupción derrumbó la isla de Thera y provocó un tsunami que probablemente destruyó gran parte de la economía de Creta, conduciendo a la desaparición de la gran civilización cretense.

79 A.C. agosto 24—Italia   Uno de los desastres más notorios de la historia fue la erupción del Monte Vesubio, que enterró las ciudades romanas de Pompeya y Herculano, matando a más de 16,000 residentes que no tuvieron la oportunidad de escapar y murieron de asfixia. Durante ocho días la nube negra se esparció sobre Italia, bloqueando la luz del sol mientras piedras calientes y la lava derretida caían al suelo. Localizado cerca de Nápoles, el Monte Vesubio es el único volcán activo del continente europeo, y ha hecho erupción en **1631**, matando a 18,000 personas, **1906, 1929** y más recientemente en **1944**, durante la Segunda Guerra Mundial.

1169—Sicilia   El Monte Etna, la isla con el volcán más alto de Europa, que había hecho erupción muchas veces antes, mató a cerca de 15,000 personas. Otra erupción en el Monte Etna nueva-

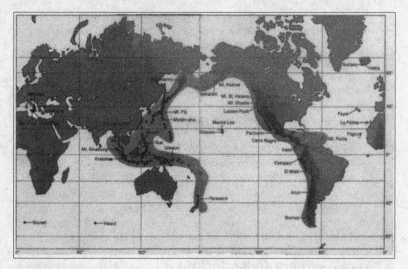

Fuente: Departamento del Interior de los Estados Unidos, Encuesta Geológica de los Estados Unidos. CORTESÍA DEL DEPARTAMENTO DE SERVICIOS BIBLIOTECARIOS, MUSEO AMERICANO DE HISTORIA NATURAL

mente mató a cerca de 15,000 personas en 1669. Otras erupciones importantes sucedieron en 1853 y 1928.

1815, abril a julio—Indonesia El Monte Tambora, ubicado en la isla de Sumbawa, hizo erupción en una de las explosiones volcánicas más grandes registradas hasta ahora. Oscureció el cielo al medio día con las cenizas de enormes y numerosas explosiones. Se estimó que la energía de la explosión fue equivalente a todas las reservas nucleares que había en el mundo en los años ochenta. Murieron cerca de 50,000 personas que vivían en islas aledañas y más de 90,000 en total murieron de los efectos del volcán. La nube de cenizas que se produjo fue responsable del caos en las condiciones del estado del tiempo durante el siguiente año. Se le conoció como el "año sin verano." Creó una escasez severa de cosechas en Nueva Inglaterra y Europa.

1883, 26–28 de agosto—Indias Orientales Holandesas En mayo, un volcán durmiente en la isla de Krakatoa comenzó la erupción más violenta y destructiva de la historia moderna. El clímax llegó el 27 de agosto con una explosión calculada por los investigadores modernos como equivalente a 3,000 explosiones de la bomba atómica lanzada sobre Hiroshima. Creó el ruido más fuerte conocido por el hombre. Explosiones violentas destruyeron tres cuartas partes de la isla de Krakatoa, haciendo volar la mayor parte de la isla al aire en forma de polvo y cenizas. La mayor parte de las 36,000 personas que se calculó que murieron, se ahogaron con los enormes tsunamis producidos, algunos de los cuales alcanzaron una altura de 100 pies y elevaron las aguas incluso hasta Inglaterra. El polvo, las cenizas y el humo se elevaron a una altura de cerca de 50 millas, rodeando la Tierra y creando unos atardeceres inusualmente rojos durante los siguientes años. La nube también bloqueó la luz del sol causando una caída de las temperaturas a nivel mundial. Las cenizas de esa explosión ayudaron a crear una nueva isla volcán, llamada Anak Krakatoa, que hizo erupción por primera vez en 1927.

1902, abril a mayo—Martinica   El Monte Pelée, que está ubicado cerca de la ciudad de Pierre, en esta isla del Caribe, hizo erupción por última vez en 1856. Cuando mostró señas de volver a hacer erupción, los funcionarios de la isla no se preocuparon. Pero la explosión incendió gran parte de la isla, matando a casi toda la población de Pierre, de 28,000 personas. Muchas de ellas murieron sofocadas por un gas mortal emitido por el volcán.

1912, junio—Alaska   El Valle de los Diez Mil Humos en la Península de Alaska se llama así por sus muchas *fumarolas*, o desfogues volcánicos de vapor. Fue creado por uno de los volcanes más explosivos del siglo veinte cuando hizo explosión el Monte Katmai. A pesar de su violencia, el volcán no causó muertes debido a su remota ubicación.

1943, febrero—México   Un terremoto sucedido en un campo de maíz a 200 millas al oeste de la Ciudad de México marcó el nacimiento de un volcán conocido como el Parícutin. El cono del volcán creció de una manera sorprendente, atrayendo a investigadores y curiosos de todo el mundo que veían como la nueva montaña volcánica crecía literalmente por las noches. Tras un día, el cono había alcanzado los 120 pies de altura; después de una semana, ya tenía 400 pies (125 metros) de altura. La lava que fluía finalmente enterró un pueblo que fue el que le dio su nombre al volcán, dejando a la vista tan solo las espiras de la iglesia. Sorprendentemente, no hubo muertes. En 1950, cuando se detuvo su actividad, el cono había crecido hasta los 7,450 pies (2,270 metros).

1963—Islandia   Un volcán submarino cerca de la costa de Islandia—que de hecho es una isla volcán donde la energía geotérmica es la que suministra la mayor parte del calor—hizo erupción y creó la pequeña isla de Surtsey, que hoy en día es una reserva natural.

1980, mayo—Washington   El Monte Santa Helena, ubicado en la parte suroeste del estado de Washington, se convirtió en el primer volcán en hacer erupción en los Estados Unidos continentales en más de sesenta años. La explosión, equivalente a una bomba de hidrógeno de 400 megatones, destrozó la cima de la montaña y la hizo volar en una nube de polvo que fue hacia el noreste esparciendo cenizas a 600 millas de distancia. Aunque fue una explosión enorme, el área estaba poco poblada y el número de muertes fue relativamente bajo: 70 personas. Sin embargo, millones de peces, pájaros y otros animales fueron destruidos.

1982, marzo—México   El *Chinchón*, un volcán dormido en Chiapas, México, despertó repentinamente en una serie de erupciones explosivas.

1985, 13 a 16 de noviembre—Colombia   En una de las más mortíferas erupciones de todos los tiempos, el Nevado del Ruiz causó deslizamientos de tierra que enterraron la mayor parte del pueblo de Armero y devastaron el valle del Río Chinchiná, dejando un saldo de 25,000 muertes.

1991, 10 de junio—Filipinas   Silencioso desde el año 1380, el Monte Pinatubo en la isla de Luzon hizo erupción cubriendo miles de millas de terreno con cenizas, polvo y deslizamientos de tierra. Hubo ramificaciones políticas involucradas, ya que los Estados Unidos tuvieron que evacuar y cerrar la Base Clark de la Fuerza Aérea.

¿Cuál es la Diferencia Entre una Isla, una Isleta y un Islote?

A algunas personas les gusta decir que el tamaño no importa. Bueno, pues sí importa cuando se trata de islas. Esta pequeña confusión geográfica es relativamente simple de solucionar. Las *islas* son masas de tierra completamente rodeadas por agua. Las *isletas* y los *islotes* son básicamente pequeñas islas sin ningún criterio objetivo real que las distinga.

Pero espera un minuto. Si el océano realmente rodea toda la tierra, ¿no hace eso que toda la tierra sean islas? Nuevamente, la geografía no es una ciencia exacta. Así que podemos llamar isla cualquier terreno más pequeño que un continente que esté rodeado por agua. Eso todavía deja a Australia con una crisis de identidad, pero Australia puede ir para ambos lados. Ahora hemos visto lagos a los que llaman mares, mares a los que llaman golfos e islas a las que llaman continentes. Con razón muchas personas se confunden con la geografía.

Las islas vienen en dos variedades principales. Hay islas continentales, que son básicamente pedazos de continentes que han sido separados de alguna manera del continente. Gran Bretaña es un ejemplo, así como lo son la isla de Manhattan y la cercana Long Island. (Cuatro de los cinco distritos de Nueva York están en islas desconectadas del continente de los Estados Unidos; siendo el Bronx la excepción. Esto confirma la noción popularmente aceptada de que la ciudad de Nueva York no es realmente parte de Estados Unidos.)

Luego están las islas oceánicas, o islas formadas en el océano, independientes del continente. Muchas de las islas del Pacífico, como la cadena de Hawai, son volcánicas, salidas del fondo del océano. El Cinturón de Fuego del Pacífico es un ejemplo de cómo una fuerza natural aparentemente destructiva como un volcán es parte del ciclo creativo de la Tierra. El proceso puede tomar siglos en el caso de un flujo constante y permanente de lava, o puede ser repentino y dramático como en el caso de Surtsey, una pequeña isla formada cerca de la costa de Islandia en un estallido de lava en el fondo del Atlántico.

Además de las islas volcánicas, el segundo tipo de isla oceánica es la isla de coral, formada de . . . ya lo adivinaste, coral.

NOMBRES:

¿Si Groenlandia es Todo Glaciar, ¿Por Qué No se Llama Islandia?

Los vikingos eran malísimos para nombrar cosas. Por todos los cuentos, desembarcaron en algún lugar de Canadá, o tal vez fue al norte de Nueva Inglaterra, y establecieron una colonia allí alrededor del año 1000. Se quedaron durante dos años hasta que levantaron sus estacas. Llamaron Vinland a esta colonia. No es un gran lugar muy apropiado para cultivar uvas.

Pero la seleccion del nombre de Groenlandia, o "tierra verde," para la isla más grande del mundo, fue menos un error que un intento de propaganda. El notable Eric el Rojo era un vikingo con una larga historia criminal. Fue desterrado de su natal Noruega por homicidio y desterrado al menos dos veces por otros asesinatos en Islandia. Cuando navegaban desde la colonia Norse en Islandia, Eric y su tripulación se encontraron con Groenlandia, rica en caza, pesca y pájaros, y similar en su línea costera a su Noruega natal. Aunque era, sin duda, una época más cálida cerca del año 982, y ya algunos de los glaciares de Groenlandia habían retrocedido, el nombre que escogió Eric para la isla era todavía una exageración. Esperando atraer más colonos, nombró el nuevo país Groenlandia. Unos doscientos años más tarde, el clima de Groenlandia se enfrió y los glaciales se esparcieron. Además, la isla fue visitada por la peste negra proveniente de Europa y para finales del siglo XIV la colonia de vikingos de Groenlandia ya era historia.

Hoy en día, el hielo cubre una décima parte de la superficie de la tierra del planeta, pero cubre cuatro quintos de Groenlandia, algunas veces con un espesor de hasta una milla. Sólo el cinco por ciento de la isla es habitable, básicamente junto a las dos franjas costeras donde la población autóctona, que es de origen inuit con un tanto de sangre danesa, vive de la industria de la pesca costera y de la pesca de aguas profundas. Tras la desaparición los vikingos, los daneses llegaron en la década de 1720–1730 y Groenlandia se convirtió en colonia danesa en 1815. La isla fue parte de Dinamarca hasta el año 1953. En 1979 logró tener leyes locales como provincia autogobernada, pero oficialmente sigue siendo una dependencia de Dinamarca.

LAS ISLAS MÁS GRANDES DEL MUNDO

Nueva Guinea   Ubicada en el Pacífico suroccidental, justo debajo del ecuador y al norte de Australia, la segunda isla más grande del mundo está dividida políticamente en dos partes: Papua Nueva Guinea, que es independiente desde 1973, e Irian Jaya, una provincia de Indonesia. No se debe confundir con *Guinea*, que es un país en la costa occidental de África; su vecino africano, *Guinea-Bissau*; o el país sudamericano de *Guyana*.

Borneo   La tercera isla más grande del mundo es la más grande del Archipiélago Malayo (*Archipiélago* es una palabra que ha cambiado de significado. Originalmente quería decir un mar adornado con muchas islas pequeñas, y se refería específicamente al mar Egeo. Es una palabra derivada del griego *archi*, que significa "la más importante," y *pelayos*, que significa "mar." La palabra se usa más comúnmente ahora para referirse a un gran conglomerado de islas.)

Madagascar   Localizada en el Océano Índico, cerca de la costa de África suroriental, es una isla de volcanes extintos, altas y agrestes montañas y bajas planicies costeras muy fértiles.

Baffin   Situada entre Groenlandia y Canadá, la isla lleva el nombre de William Baffin, un explorador Inglés que llegó a la isla y a su bahía en 1616.

Sumatra   Localizada en el Océano Índico, en el ecuador, Sumatra forma parte de Indonesia. Está poblada de selvas tropicales y es rica en petróleo y otros minerales.

Honshu   La más grande de cuatro principales islas japonesas. Es el centro industrial y agrícola de Japón y contiene las seis importantes ciudades del país así como el Monte Fuji, el volcán que es la montaña más alta de Japón. (12,388 pies; 3,776 metros).

Gran Bretaña   Cerca de la costa de Europa, es la isla principal del Reino Unido, en la cual se encuentran Inglaterra, Escocia y Gales.

Ellesmere   Una isla canadiense, árida y montañosa, que se encuentra en el Océano Ártico, cerca de la costa de Groenlandia. Es conocida por Cabo Columbia, el extremo norte de América del Norte.

Victoria   Otra isla canadiense ubicada en el Océano Ártico.

Bikini: ¿Qué Vino Primero, el Traje de Baño o el Atolón?

El segundo tipo de isla oceánica es la isla de coral. El pólipo de coral es una pequeña criatura marina que vive en una concha en aguas relativamente bajas que son cálidas y claras. Cuando se muere el pólipo, las partes más blandas del cuerpo se desprenden con el agua, pero queda el esqueleto. Nuevos pólipos crecen en las conchas de los muertos, formando eventualmente una gran masa de coral. Un atolón es un arrecife de coral que forma un círculo casi completo alrededor de una laguna. Los arrecifes coralinos circulares de la mayor parte de los atolones llegan hasta una profundidad donde no pueden crecer los corales. Pueden haber sido arrecifes en aguas poco profundas alrededor de un volcán. A medida que la isla se hunde, o que cambia el nivel del mar, el coral sigue creciendo. La isla volcánica original desaparece muy por debajo de la laguna, y el arrecife forma un atolón.

Tal vez el atolón más famoso es el Atolón Bikini, que está en las Islas Marshall, en el centro del Océano Pacífico. Desde 1946 hasta 1958 fue el lugar de la detonación de la primera bomba nuclear y de 22 pruebas subsecuentes de bombas nucleares de los Estados Unidos. Los isleños de las Bikini que habían sido evacuados en febrero de 1946 comenzaron a regresar en 1972, pero la isla fue declarada inhabitable porque se detectaron altos niveles de radiación en 1978. Sus habitantes fueron evacuados nuevamente después de haber sido sometidos a las más altas dosis de plutonio que jamás se hayan monitoreado en una población.

Un año después de las primeras pruebas, en el verano de 1947, otro tipo de explosión sacudió el mundo. En la Riviera Francesa, las mujeres comenzaron a usar un diminuto traje de baño de dos piezas que algún genio no identificado decidió llamar bikini en honor a la isla. Por qué se escogió ese nombre, es un misterio geográfico y de moda. Tal vez el efecto del bikini en los espectadores se consideró tan explosivo como una bomba atómica. Otra sugerencia es que la persona que lleve puesto un bikini está casi tan desnuda como las islas después de las detonaciones de las bombas. Cualquiera sea la razón, sólo podemos estar agradecidos de que las pruebas no se hicieron en alguna otra isla. De alguna manera, la noción de bajar a la playa a observar el último estilo de "guadalcanales" o de "eniwetoks" no tiene la misma resonancia.

NOMBRES:

¿Hay Canarios en las Islas Canarias?

Tal como con el "bikini," esta es otra pregunta del tipo del huevo o la gallina. Las Canarias son un grupo de islas volcánicas a unas sesenta y cinco millas de la costa noroeste de África. Todavía controladas por España, las islas principales del grupo son Tenerife, Palma, Gomera, Hierro, Gran Canaria, Fuerteventura y Lanzarote. Los griegos fueron los primeros europeos en llegar a ellas, pero fue el historiador romano Plinio (el Viejo) el que más tarde las llamó *Insulae Canariae*, o "Islas de los Perros," debido a la gran cantidad de perros que vivían allí. El nombre *canario* luego pasó a los pinzones salvajes nativos de las islas, que los debe convertir en "pájaros perro." Sería la respuesta del mundo de las plumas a los perros pájaro.

¿Cuál es la Diferencia Entre Península y Cabo?

La palabra *península* viene del Latín *paene* que significa "casi" e *insulae* que significa "isla." Una península es literalmente "casi una isla," o un pedazo de tierra que está casi completamente rodeado por agua. Una manera de visualizar una península es imaginársela como un dedo de tierra estirado para tocar el agua. Un cabo (derivado de la palabra latina *caput*, que significa "cabeza") es una cabeza o extensión puntiaguda de tierra que también sobresale hacia el agua. (Los cabos pequeños se pueden llamar puntas.) Un cabo mal nombrado es el Cabo Cod en Massachussets, que es verdaderamente una península.

Pero el capitán marino británico Bartholomew Gosnold, que navegara esas aguas en 1602, lo bautizó Cabo Cod.

Otros ejemplos de verdaderas penínsulas en América del Norte son el estado de la Florida, Baja California—la angosta franja de tierra separada del resto de México por el Golfo de California—y la Península de Alaska que sale al Mar de Bering.

Algunos geógrafos llaman a toda Europa una Península de Asia, lo que muestra que las descripciones geográficas no son muy exactas. Dentro de la misma Europa, hay varias penínsulas notables. Italia, en forma de bota, es un ejemplo clásico de una península, tal como lo es la Península Escandinava, dividida en Noruega y Suecia. Menos típica que las verdaderas penínsulas es la Península Ibérica, ocupada por España y Portugal, y la Península de los Balcanes, que está dividida entre los estados de Grecia, Yugoslavia, Rumania, Albania y Bulgaria. Aunque tanto la Península Ibérica como la de los Balcanes son masas de tierra que penetran en agua, ninguna de las dos tiene la forma alargada y estrecha características de una verdadera península.

Los Ríos Corren, Pero, ¿Se Pueden Ahogar?

Hablando en términos geográficos, la respuesta es sí. Las *rías* son "ríos ahogados." ¿Cómo puede ahogarse algo hecho de agua?

Una de las mayores influencias en las costas es el cambio en los niveles del mar. Cuando el mar se eleva, el terreno existente literalmente se ahoga, o se cubre de agua. Después de la última edad de hielo, en muchos lugares alrededor del mundo los mares subieron considerablemente, a menudo sumergiendo, o "ahogando," lo que antes eran los valles de los ríos. En lugar de desembocar al océano, la desembocadura del río estaba sumergida bajo las aguas del océano. La Bahía de Chesapeake, en la costa atlántica de los Estados Unidos, es una de las rías más grandes del mundo, es la desembocadura "ahogada" del Río Susquehanna.

Estadísticamente hablando, los ríos del mundo son bastante insignificantes. Los océanos tienen más del 97 por ciento del agua del mundo. Los glaciares contienen cerca del 2 por ciento. La poca agua superficial que hay en la Tierra—que suma el restante 0.2 por ciento del suministro total de agua del mundo—está básicamente atrapada en los lagos. Los ríos y los riachuelos contienen una pequeña fracción de toda el agua de la Tierra.

Pero algunas veces las estadísticas son absurdas. Es fácil darse cuenta de que los ríos han sido un factor clave en el desarrollo de las primeras civilizaciones. En particular, las sociedades mesopotámicas se centraron en el Tigris—Eufrates. La egipcia se centró en el Nilo, y los primeros chinos se concentraron cerca del Huang Ho. Inicialmente, estos ríos brindaban agua dulce para el consumo humano y de los animales, para la irrigación a medida que se desarrollaba la agricultura, comida en la forma de pescado, y transporte fácil y rápido.

LOS RÍOS MÁS LARGOS DEL MUNDO

Nilo   Se origina en las montañas del este de África. El río más largo del mundo comienza en dos riachuelos separados: El Nilo Blanco, con un importante manantial en Burundi, sobre el Victoria Nyanza (Lago Victoria); y el Nilo Azul, que se eleva sobre el Lago Tana, en Etiopía. Los dos riachuelos se encuentran en Jartum, Sudán. Al norte de El Cairo, en Egipto, el Nilo desemboca en el Mediterráneo, desplegándose a un delta de 115 millas de ancho.

Amazonas   Con sus orígenes en lo alto de los Andes peruanos, el Amazonas fluye a través de la selva tropical ecuatorial más grande del mundo, drenando el 40 por ciento de América del Sur.

Missouri—Mississippi   Estos dos ríos se juntan al norte de San Luis, Missouri, para formar uno de los ríos más largos del mundo. El Missouri, que fluye desde las montañas de Montana, es realmente el más largo de los dos. Pero el Mississippi ha sido más importante como arteria de transporte en el desarrollo del continente americano.

Yangtze—Kiang (Chang Jiang)   El río más largo de China emerge de las montañas Kunlun del Tibet, y corre a través del corazón del territorio agrícola de China, suministrando el 40 por ciento de su electricidad a través de estaciones hidroeléctricas antes de que llegue al Mar de China Oriental en Shanghai.

Ob–Irtyish   Situado en Siberia, el Ob y su principal subafluente, el Irtyish, están congelados casi la mitad del año.

Huang Ho (Amarillo)   Brota en las Montañas Kunlun, como el Yangtze. El Amarillo lleva su nombre por sus tierra *loes,* o limo fértil amarillo. También se conoce como el "Tristeza de China" porque sus terribles inundaciones en el pasado han sido extremadamente destructivas.

Paraná   Superado por la fama del Amazonas, este río brasilero es una arteria comercial importante y el sitio de la planta hidroeléctrica más grande del mundo.

Zaire (Congo)   El Dr. David Livingstone fue el primer europeo en explorar este río africano, tal vez el más famoso de los ríos africanos subsaharianos. Emerge como el Río Lualaba en el centro de África y fluye al norte a través de Zaire (antes el Congo Belga) hasta que gira en un arco hacia el oeste y desemboca en el Atlántico.

Heilong Jiang (Amur)   Este río nace en Mongolia y forma la frontera entre el noreste de China (Mongolia) y el este de Rusia.

HITOS EN GEOGRAFÍA IV

Siglo XIX

1807   El inventor estadounidense Robert Fulton (1765–1815) prueba su *Barco de Vapor North River* en el East River de Nueva York. Más tarde llamado *Clermont,* el barco comienza viajes regulares por el Río Hudson entre Nueva York y Albany. Aunque no fue el primer barco de vapor, sí fue el primero práctica y económicamente viable. En 1819, el *Savannah* se convirtió en el primer barco de vapor en cruzar el Atlántico. Aunque hacía bastante uso de las velas, su éxito demostró la viabilidad del vapor, por lo que dio paso a la era de la navegación a vapor.

1824   El estadounidense Jim Bridger (1804–81), uno de los más celebres "hombres de montaña," que comerciaban, colocaban trampas y exploraban el Oeste, descubre El Gran Lago Salado en la actual

Utah y piensa que su agua salada proviene de un brazo del Océano Pacífico. También fue Bridger el que abrió el Camino de Oregon, la ruta principal hacia el Oeste para los colonizadores que venían del Este.

1824   Se abre el Canal del Erie. Comenzado en 1817, esta vía acuática de 365 millas de largo conecta Albany y el Río Hudson con Buffalo y los Grandes Lagos. Hizo posible el transporte económico por barco entre la ciudad de Nueva York y el Medio Oeste, estimulando ampliamente el crecimiento y el desarrollo tanto de Nueva York como de las ciudades del Medio Oeste sobre los Grandes Lagos.

1825   Comienza en Londres el primer servicio de ferrocarril práctico cuando la *Locomotion Number 1*, del ingeniero británico George Stephenson, hace su primer viaje.

1830   Se publican los *Principios de Geología* escritos por el geólogo escocés Charles Lyell (1797–1875), un enfoque revolucionario sobre los conceptos de la formación de la Tierra. Lyell plasmó la noción de que los accidentes naturales eran el resultado de un proceso largo y continuo. Esta fue una idea anteriormente desarrollada por James Hutton (1726–97) llamada uniformitarianismo. Estas ideas alteraron la noción prevalente de que los grandes cambios en la estructura geológica de la Tierra eran el resultado de cambios abruptos y violentos (o catástrofes), una idea que se conoció como catastrofismo.

1831–36   Viaje del HMS *Beagle*, un barco explorador británico en el que Charles Darwin (1809–82) sirvió como naturalista. Durante este viaje de cinco años, Darwin comienza a formular su teoría revolucionaria de la selección natural y su rol en la evolución.

1837   Los científicos británicos Charles Wheatstone y W.F. Cooke patentan el primer telégrafo eléctrico y pronto es usado en los ferrocarriles y en la cartografía para determinar longitudes. En 1838, el científico y pintor estadounidense Samuel F.B. Morse (1791–1872) saca la patente de Estados Unidos para su versión del telégrafo eléctrico y la Clave Morse, ambas desarrolladas con la ayuda del físico Joseph Henry (a quien luego Morse se rehusó a reconocer), quien también fue el inventor del primer motor eléctrico (en 1831).

1842–48   John Charles Frémont (1813–90) hace expediciones al Oeste con el legendario montañista Kit Carson (1809–68) como guía. Frémont, que era un soldado, aventurero y explorador estadounidense conocido como "el Explorador," estableció rutas terrestres confiables hacia el Oeste y fue el profeta del expansionismo estadounidense. Provocó abiertamente la guerra con México y luchó en ella. Fue juzgado en una corte marcial por traición, pero fue perdonado por el Presidente Polk.

1848   El mapa realizado por Frémont y el cartógrafo Charles Preuss, (*Mapa de Oregon y la parte superior de California*), ofrece una imagen detallada y científicamente precisa del Oeste de Estados Unidos, provocando un precipitado desplazamiento de colonos a las tierras occidentales.

1848–49   La Fiebre del Oro de California trae miles de nuevos colonos al Oeste, tanto por tierra, usando los mapas Frémont—Preuss, como por mar. Después de que California fuera arrebatada a México y obtuviera su admisión a la Unión en 1850, Frémont se convirtió en senador por ese estado. Posteriormente se postuló como primer candidato republicano a la presidencia (perdiendo contra el demócrata James Buchanan). Luchó por la Unión en la Guerra Civil, pero fue despedido por Lincoln y brevemente se postuló contra éste en 1864. Frémont, que fue un gran héroe popular, terminó en la bancarrota después del fracaso de su fraudulento plan de ferrocarriles.

1848   Se abre el Canal Illinois—Michigan, uniendo a los Grandes Lagos con el Río Mississippi.

1853   El explorador y escritor británico Sir Richard Francis Burton (1821–90) hace su famoso peregrinaje a la Meca, la ciudad sagrada del Islam, disfrazado de musulmán. Si se hubiera revelado su identidad, le habrían matado. Sus hazañas lo convirtieron en uno de los hombres más famosos en Inglaterra en la época en que sus subsecuentes traducciones del *Kama Sutra* y *Las Mil y Una Noches* le convirtieron en uno de los personajes más notables del momento.

Voces Geográficas
De *Narrativa Personal de un Peregrinaje a El–Madinah y La Meca,* por Sir Richard Burton.

El pavimento oval alrededor de Ka'abah estaba abarrotado de hombres, mujeres y niños, la mayor parte de ellos divididos en bandos . . . algunos caminaban seriamente, otros corrían, mientras que muchos estaban de pie en grupos para la oración. ¡Qué escena de contrastes! Aquí acechaba la mujer badawi, con su larga túnica negra como un hábito de monja y un velo para la cara color amapola, perforado para mostrar órbitas ferozmente centelleantes. Ahí una mujer india, con sus rasgos semitártaros, desnudamente horrenda con sus delgadas piernas, encajadas en sus arrugados muslos . . . Cada cierto tiempo, un cadáver, sostenido en su concha de madera, daba la vuelta al santuario llevado por cuatro portadores a quienes otros musulmanes, como es costumbre, ocasionalmente relevaban. Unos cuantos turcos de piel clara se arrellanaban, fríos y repulsivos, como suelen ser. En un rincón estaba un *khitmugar* de Calcuta, con turbante ladeado y brazos en jarras, contemplando la escena con garbo, como lo haría el más refinado caballero. En otro, un pobre desgraciado, con los brazos en alto, para que cada parte de su persona pudiera tocar el Ka'abah, se colgaba de la cortina y gemía como si su corazón se fuera a romper.

1854   Después de un intento fallido, el comodoro estadounidense Matthew C. Perry (1794–1858) entra a la Bahía de Tokio y completa el tratado de comercio que le abre Japón a los occidentales, terminando con 250 años de aislamiento Japonés.

1855   El misionero y explorador escocés David Livingstone (1813–73), que fue a África en **1841** como misionero, llega a las cataratas que denominará Cataratas de Victoria, ubicadas en el Río Zambezi, en África Central, en la frontera de Zambia con Zimbabwe. Enemigo acérrimo de la esclavitud, Livingstone se convirtió en el más grande explorador de África. Descubrió el Río Zambezi en el año 1851 y exploró su curso en tres expediciones diferentes. A su muerte en 1873, dos leales seguidores africanos cargaron su cuerpo durante 1,500 millas para enviarlo de regreso a Inglaterra para ser enterrado allí.

1856   El Pico XV en los Himalayas es declarado la montaña más alta del mundo, y más tarde es bautizado como Monte Everest.

1858   El explorador británico Sir Richard Francis Burton (ver arriba, 1853), ya reconocido internacionalmente, trata de resolver uno de los más antiguos misterios geográficos, la fuente del Nilo. En un viaje con su colega explorador John Speke (1827–64), Burton llega al Lago Tanganyika, pero resulta demasiado bajo para ser la fuente del Nilo. Les cuentan que hay un lago más alto en las montañas y Burton, que estaba demasiado enfermo para seguir viajando, envía a Speke solo. Speke descubre el Lago Victoria y, sin una exploración adecuada ni pruebas científicas, asume que es la fuente del Nilo. Los dos hombres se vuelven rivales y Speke regresa en el año 1862 y encuentra el Salto Ripon, pero sigue sin verificar si el lago es la fuente del río. El día en el que los dos hombres deben debatir esta cuestión en Londres, Speke se suicida.

1869   Se martilla el "Clavo Dorado" en Promontory Point, en Utah, completando el primer ferrocarril transcontinental en América entre el Atlántico y el Pacífico. (En Canadá, se hizo un enlace similar en 1885.)

1869   Se abre el Canal de Suez, un viaducto de 101 millas que conecta el Mediterráneo oriental con el Mar Rojo. Completado diez años después de que iniciaron los trabajos, bajo la dirección del ingeniero Francés Ferdinand de Lesseps (1805–94), el canal acorta en más de 4,000 millas la ruta marítima de Gran Bretaña a su colonia en la India. Un intento de Lesseps de construir un canal a través de Panamá termina en un escándalo financiero y Lesseps, que llegó a ser un héroe internacional, termina arruinado.

1869   El geólogo estadounidense John Wesley Powell dirige la primera expedición por el Río Colorado a través del Gran Cañón. Una segunda expedición en 1871, financiada por el Congreso y mejor equipada que la primera, realiza cuidadosos mapas y estudios del área.

1870   Se completa el Túnel de Mont Cenis en los Alpes. Es el primer gran túnel de ferrocarril

Voces Geográficas

"El Dr. Livingstone, supongo?"

"Sí," dijo él, con una amable sonrisa, levantando ligeramente su gorra.

Coloco nuevamente el gorro en mi cabeza y él se coloca el de él y ambos nos damos la mano y luego digo en voz alta:

"Le doy gracias a Dios, Doctor, de que se me haya permitido verle."

Él respondió, "Me siento agradecido de que esté yo acá para darle la bienvenida."

Estas fueron las palabras supuestamente pronunciadas por el soldado, periodista y aventurero galés Henry M. Stanley cuando conoció al Dr. David Livingstone cerca del Lago Tanganyika en 1871. Livingstone, de cuya supuesta muerte habían informado algunos de sus seguidores, se había convertido en el objeto de una búsqueda internacional y fue Stanley, un aventurero impetuoso que trabajaba para un periódico de Nueva York, el que finalmente lo encontró. Posteriormente, Stanley siguió los pasos de Livingstone como uno de los más grandes exploradores de África.

Stanley, que era conocido entre los nativos como Bula Matari, o el "Quebrador de Piedras," realizaría tres viajes épicos a África. Primero cruzó el continente de este a oeste, demostrando que el Río Congo y el Río Nilo no estaban conectados y verificando luego la afirmación de Speke de que el Lago Victoria era la fuente del Nilo. Mientras trabajaba para el rey belga Leopoldo II, Stanley también exploró la región del Congo en un intento por establecer allí una colonia. Finalmente, en su expedición más penosa, salió con un gran equipo de rescate para relevar a Emin Pasha, gobernador del Sudán egipcio. Pasha, que supuestamente estaba aislado y amenazado por los ejércitos musulmanes del Mahdi que habían demolido a los británicos en el famoso desastre en Jartum, le dio la bienvenida al diezmado grupo de Stanley y le informó al explorador que ni quería ni necesitaba que lo rescataran.

1872–76 El barco de vapor británico HMS *Challenger* hace un viaje alrededor del mundo. Es el primer sondeo oceanográfico de este tipo.

1872 El Sondeo Geológico de los Estados Unidos se funda a petición de John Wesley Powell. Una agencia civil encargada de exploraciones geológicas y Geográficas, la USGS (por las siglas en inglés de *United States Geological Survey*) también se encargará de toda la cartografía de los Estados Unidos.

1883 El *Expreso de Oriente*, que conecta a París con Constantinopla (Estambul) hace su primer viaje.

1883 El Puente de Brooklyn es abierto al tráfico.

1887 El inventor alemán Gottlieb Daimler (1834–1900) instala el motor de combustión interna que había inventado cuatro años antes en un vehículo de cuatro ruedas; uno de los primeros automóviles.

CAPÍTULO CUATRO

ELEFANTES EN LOS ALPES

Aunque somos meros residentes temporales en la superficie del planeta, encadenados a un mero punto en el espacio, perdurando apenas por un momento en el tiempo, la mente humana no solamente está capacitada para enumerar mundos más allá del alcance visual del ojo mortal, pero para trazar los sucesos de edades indefinidas antes de la creación de nuestra raza ...

Sir Charles Lyell, *Principios de Geología*

Y si hubiésemos estado presentes donde el bosque da paso a la sabana una mañana hace cinco millones de años, habríamos logrado echar un vistazo a nuestros antepasados. Todavía en la sombra, miraban ansiosamente a través del brillante panorama. Habría sido fácil confundirlos en la distancia con una familia de chimpancés. Excepto que cuando comenzaron a caminar a través del pasto, se mantuvieron erguidos. Cada uno de los adultos sostenía un palo puntiagudo en una mano. Toda la historia estaba allí esa mañana—todos lo que íbamos a llegar a ser y lo que aún podemos llegar a ser.

Marvin Harris, *Nuestra Especie*

La geografía es historia. Desde los factores geográficos que determinaron el curso de la evolución, o el hecho de que la gente construyera sus ciudades cerca de ríos, hasta todas las guerras que han peleado los hombres para obtener lo que estaba del otro lado de la montaña, los factores geográficos han moldeado los sucesos que han moldeado nuestro mundo.

Hasta ahora este libro ha mirado el mundo como es sin mucha interferencia de las personas. Ahora cambia el énfasis. Este capítulo busca condensar cerca de 5 millones de años de historia de la humanidad en una visión general de factores geográficos que han llevado nuestros mapas hasta su estado actual.

¿Somos Todos de África?

Las estanterías de las bibliotecas están gimiendo con paleontólogos rivales que ensayan una versión evolucionaria de la famosa rutina de Abott y Costello de "¿Quién está en primero'" que se podría llamar "¿Quién vino primero?" El quid del debate es en dónde encajan en el árbol genealógico humano ciertos fósiles descubiertos durante las últimas dos décadas. Las disputas entre los campos rivales no han sido agradable.

Pero hay varios puntos básicos de acuerdo. Redondeando las cosas un poco, es seguro decir que los antecesores humanos entraron en escena desde hace 4 a 5 millones de años. Parece mucho tiempo, pero ese período representa cerca de un milésimo del lapso de vida de la Tierra. Algo que nos hace sentir bastante humildes.

Ninguno de los campos rivales que buscan huesos disputan la noción de que esos antecesores vinieron de África. Para simplificar las cosas, la historia de los fósiles de primates y de humanos es algo así: Los antecesores humanos llamados *australopithecines* ("monos del sur") parecen haber surgido en África hace 4 ó 5 millones de años. Hace 2.5 millones de años, estos bípedos erectos se sentían en casa tanto en los árboles como en el suelo y probablemente usaban herramientas toscas hechas de hueso y piedra. Tal vez el más famoso de ellos es la superestrella de la paleontología "Lucy," un esqueleto sorprendentemente completo encontrado en 1974 por un equipo conducido por Donald Johanson. Lucy, que data de hace más de 3 millones de años, también se conocía por el nombre de *Australopithecus afarensis*, porque el esqueleto se encontró en la región de Afar en Etiopía. En 1984, otro equipo que estaba trabajando en Kenya encontró una mandíbula de un *afarensis* que databa de hace 5 millones de años, el más viejo de los representates conocidos de la línea de los homínido.

¿Por qué África? La geografía tiene mucho que ver con esta pregunta. Para parafrasear al ladrón de bancos Willie Sutton, quien dijo que robaba bancos porque ahí era que "estaba el dinero," África es el lugar donde estaban los primates. La evolución del comportamiento y la fisiología de los primates que finalmente produjo la especie humana fue fomentada por los factores geográficos de clima y topografía. Durante este tiempo mucho más fresco en la historia de la Tierra, el Sahara era una región fértil con grandes animales y muchas de las selvas tropicales africanas fueron reemplazadas por pastizales, donde la capacidad para caminar erguidos era una ventaja para poder ver a través de la sabana abierta. El paisaje de pastizales abiertos del África del Pleistoceno es un contraste lúgubre con otros lugares donde se encuentran primates, como en la región de las selvas tropicales de América del Sur.

Antes los niños aprendían que la fabricación de herramientas era uno de los atributos que diferenciaban a los humanos de los animales. Pero los científicos que trabajan en el campo y en los zoológicos han observado que una gran cantidad de animales fabrican y usan herramientas rudimentarias, desde los elefantes que se rascan sus lomos en los árboles hasta los chimpancés que cazan hormigas y termitas usando palos puntiagudos. Pero la habilidad para fabricar y transportar herramientas a cualquier distancia comienza a diferenciar el comportamiento humano del de otros animales. Combina esta ventaja de ser capaz de cargar herramientas o armas rudimentarias con la habilidad de caminar erguido y tienes la receta básica de "hacer" hombres.

Hace cerca de 2.5 millones de años, una rama del "mono del sur" evolucionó para producir una criatura más avanzada, un animal carroñero llamado *Homo habilis* (hombre hábil) que poseía un equipo de herramientas mejoradas, aunque todavía faltaba mucho tiempo para poder llegar a las de la marca Black and Decker.

Todavía más avanzado era el *Homo erectus* ("Hombre erguido o erecto"), que se desarrolló hace 1.6 millones de años y dejó de existir hace apenas 300,000 años. A diferencia de la imagen popular de una criatura doblada parecida a un simio, el *Homo erectus* puede haber medido seis pies de estatura, a juzgar por un descubrimiento reciente de un fósil de un macho *erectus* joven. Es lógico que fuera delgado y alto en el clima cálido de la sabana africana, porque tal cuerpo se refrigera más eficientemente. Es un buen cuerpo tanto para correr como para perseguir presas durante largos períodos. El *erectus* podía refrescar su cuerpo más fácilmente que su presa o que los animales que habrían disfrutado haciendo de él su comida. Un ejemplo perfecto de la selección natural en acción: contrasta este tipo de cuerpo con el de un nativo en las regiones Árticas más frías, donde la evolución ha favorecido el desarrollo de tipos de cuerpos cortos y gordos que retengan el calor.

El *Homo erectus* se dispersó por África hasta Europa y Asia, llegando incluso hasta China, donde se encontró el "Hombre de Peking," de 500,000 años de edad. Desafortunadamente, estos restos se perdieron durante la Segunda Guerra Mundial. La antropología asume que el *erectus* fue el responsable del origen del uso del fuego y el hacha. Sólo dale a un "hombre erecto" un uniforme y un casco y lo puedes llamar "bombero."

En algún momento, hace entre 200,000 y 400,000 años, es difícil decir exactamente cuándo; pues los datos que ofrecen los fósiles son imprecisos en este punto, los erectos evolucionaron y se convirtieron en *Homo sapiens* ("hombre sabio"). Ahora ya estamos cerca del hombre moderno, pero aún no hemos llegado allí.

Hagamos una pausa para considerar el fascinante y no resuelto misterio de un primo cercano de la Edad de Hielo que los humanos modernos llamamos Neandertal, que entró en escena en Europa y el Medio Oriente hace unos 100,000 años, posiblemente descendiente del *erectus*. Uno de los primeros esqueletos de Neandertal se encontró en 1856 en el Valle Neander cerca de Dusseldorf, Alemania, razón por la cual este invitado misterioso obtuvo su nombre. El Neandertal, que alguna vez se pensó que era encorvado y estúpido, ha mejorado su prestigio en este mundo, al menos a los ojos de los antropólogos. En primer lugar, ese esqueleto de Neandertal sobre el cual se han basado tantas teorías, no era encorvado porque tuviera forma de simio, sino porque había sufrido una artritis deformadora.

De hecho, los Neandertales pueden haber vivido en una sociedad relativamente compleja que empleaba rituales sofisticados, como el entierro ceremonial de los muertos. En un lugar de Siberia donde se hallaron sus fósiles, se descubrieron los restos de un niño pequeño bajo una colección de cuernos que parecían estar dispuestos como cubierta protectora para el cuerpo. Un amuleto Neandertal hecho del colmillo de un mamut encontrado en la actual Hungría ha sido llamado el artefacto decorativo más antiguo conocido. Pero otros antropólogos, tales como Marvin Harris, son más escépticos acerca de los avances de nuestros primos Neandertales. En su fascinante libro *Nuestra Especie*, Harris plantea la posibilidad de que el azar y la conveniencia estaban detrás de estos aparentes rituales y artefactos culturales de los Neandertales, más que las acciones deliberadas de estos primeros humanos. Harris también duda de que el Neandertal haya desarrollado un lenguaje, una adaptación evolutiva que nos diferencia claramente de nuestros predecesores. Lo que sí sabemos es que el Neandertal desapareció de la faz de la tierra justo después de que aparecieron los humanos modernos.

La otra gran controversia surge sobre exactamente en qué lugar se desarrolló el hombre moderno. Las raíces del humano moderno, *Homo sapiens sapiens*—u hombre muy sabio, aunque no muy humilde—parece haber sido rastreadas hasta África, donde hay fósiles de humanos casi modernos que datan de hace 125,000 años. En las cuevas en la costa de Sudáfrica hay restos de humanos modernos que vivían de crustáceos y animales pequeños que se remontan al menos a esa época. Los hallazgos de fósiles para la conclusión de una "génesis Africana" han sido respaldados recientemente por una investigación más controvertida hecha por microbiólogos que han trazado un rastro de ADN humano hasta África. La creencia prevaleciente es que los humanos modernos comenzaron a dispersarse desde África durante miles de años, suplantando gradualmente formas más arcaicas, como el Neandertal. Estos fósiles eliminan la posibilidad de que nosotros, los humanos del presente, descendamos de los Neandertales, dado que los humanos modernos estaban en la escena en muchas áreas mucho antes de que los Neandertales aparecieran en esas regiones.

No todo el mundo está satisfecho con la aseveración de que todos "venimos de África." Se ha demostrado que las pruebas de ADN que dan base a la teoría de la "Eva Africana" eran deficiente. Hay otro punto de vista. Los paleontólogos que estudian cráneos encontrados en diversos lugares del mundo argumentan que los humanos modernos pueden perfectamente haberse desarrollado independientemente en varios sitios a través de todo el mundo. Este debate central es una línea en la paleontología actual.

Mientras que este misterio esencial puede aclararse en el futuro con nuevos descubrimientos de fósiles o avances en la microbiología que permitan análisis mucho más sofisticados de la genética de la evolución humana, algunas de las respuestas son más sencillas. A partir de la antiguedad de fragmentos de hueso de Australia central, se puede afirmar con certeza que los primeros humanos llegaron al continente isla alrededor del año 60,000 A.C. En Europa, los primeros humanos modernos, llamados Cromagnon, vivieron hace unos 40,000 años en un período conocido como el Paleolítico Superior. Había llegado otra Edad de Hielo y se adaptaron bien a ella. En olas sucesivas, algunos de ellos aparentemente cruzaron a América del Norte y del Sur por medio del puente terrestre de la Edad de Hielo que conectaba Siberia con Alaska, o tal vez incluso por barco. Aunque por mucho tiempo se aceptó la fecha de 12,000 años como la época del arribo de los humanos en las Américas, las pruebas de carbono de fragmentos encontrados en cuevas en Chile ha hecho retroceder esa fecha hasta hace 33,000 años. Teorías más radicales, pero muy poco documentadas, aseveran que los humanos estuvieron en América mucho antes. Este es otro misterio en espera de pruebas que llenen algunos de los vacíos existentes.

Pero regresemos al Neandertal. Durante un período, los Neandertales y los Cromagnones convivieron en Europa y el Medio Oriente. Después el rastro del Neandertal se enfría. Ya sea que los Cromagnones u otros modernos *homos apiens* hayan matado a sus vecinos Neandertales, los hayan obligado a huir a lugares menos hospitalarios donde desaparecieron de la existencia o se mezclaron con los Neandertales hasta que fueron absorbidos en la piscina de genes Cromagnones, eso es todavía un misterio de la evolución humana. Pero sí sabemos que los Cromagnones y otros hombres modernos continuaron su existencia. En algún momento hace 30,000 años, en varios lugares alrededor del mundo, estos ancestros prehistóricos hicieron un salto en la civilización. Inventaron el arte. Aparecieron en escena dibujos complejos en cuevas de animales y figuras talladas sorprendentemente sofisticadas, tanto figuras representantes de la fertilidad como animales cuidadosamente tallados. Hace 10,000 años, estos ancestros habían comenzado a vivir en aldeas, criar animales y realizar labores de comercio y agricultura.

VOCES GEOGRÁFICAS
De *África Mía* (1937) por ISAK DINESEN (Baronesa
Karen Blixen, 1885–1962)

Tuve una granja en África, al pie de las montañas Ngong. El ecuador corre a través de estas regiones montañosas a cien millas al Norte, y la granja estaba a una altura de más de seis mil pies. En el día se sentía como si uno se hubiera levantado muy en alto, cerca del sol, pero temprano las mañanas, así como las tardes, eran límpidas y descansadas, y las noches frías.

La posición geográfica y la altura se combinaban para crear un paisaje que no tenía igual en el mundo. No tenía grasa ni lujos en ninguna parte. Era África, destilada a través de seis mil pies, como la fuerte y refinada esencia de un continente. Los colores eran secos y quemados, como los de la cerámica. Los árboles tenían un follaje delicado. Su estructura era diferente a la de los árboles de Europa. No crecían en arcos o cúpulas sino en capas horizontales, y la formación le daba a los altos y solitarios árboles la apariencia de palmas o un heroico y romántico aire como el de barcos totalmente equipados con sus velas desplegadas, y al borde de la madera una extraña apariencia como si toda la madera estuviese vibrando débilmente. En el pasto de las grandes planicies, los torcidos y pelados árboles espinos estaban esparcidos y el pasto estaba sazonado con tomillo y mirto. En algunos lugares el olor era demasiado fuerte e irritaba las fosas nasales . . . Las vistas eran inmensamente anchas. Todo lo que uno veía estaba hecho de grandeza y libertad, y de una nobleza inigualada.

¿Dónde Estaba la Primera Ciudad del Mundo?

Con los recientes descubrimientos de restos de esqueletos en cuevas en el Medio Oriente realizados por un equipo arqueológico israelí—francés, las fechas de los primeros humanos "modernos" se han retrasado hasta hace aproximadamente 100,000 años. Estas gentes, que eran cazadores y recolectores nómadas, se tomaron algún tiempo para establecerse en un solo lugar: cerca de 90,000 años, siglos más, siglos menos.

Los primeros asentamientos humanos permanentes se produjeron en el Medio Oriente, con el establecimiento de bases sedentarias con casas, lugares de almacenamiento y herramientas que han sido encontradas en el Israel actual. Los restos de esta era humana muy antigua se encontraron primero en el área de Wadi en–Natuf, en el Israel actual, cerca de las orillas del Mediterráneo, y este período se ha llamado el Natufiano. Los siguientes asentamientos permanentes surgieron en lo que ahora es Siria, el área del Eufrates (Irak moderno), Persia (Irán moderno) y Anatolia (Turquía moderna) a medida que los cazadores y recolectores cambiaron sus lanzas de pedernal por arados y aprendieron a cultivar hace unos 10,000 años. Catal Hüyük, ubicada en el sur de Turquía, era una ciudad de unas 6,000 personas habitada desde aproximadamente el año 7000 A.C., donde se han descubierto cerámicas, textiles y muros rebocados de los más antiguos que se conocen.

Aunque estos asentamientos agrícolas representaban un gran salto hacia la civilización, las primeras ciudades verdaderas fueron las antiguas capitales de las primeras civilizaciones, como Ur de los Caldeos en Mesopotamia, que fue fundada entre los años 4000 a 3500 A.C. Capital del reino sumerio, cuna de la escritura y presunto hogar del patriárca bíblico Abraham, Ur fue en algún momento una gran ciudad que poseía uno de los templos—pirámide de ladrillo construidos en la región de Mesopotamia a partir del año 3000 A.C. aproximadamente.

(Se cree que una de estas antiguas pirámides es la base de la bíblica Torre de Babel.) La ciudad fue un centro de comercio que luego fue abandonada cuando el Eufrates cambió su curso. En ese momento, alrededor del año 2000 A.C., Babilonia se volvió la capital del antiguo imperio babilónico, y rápidamente se convirtió en la más grandiosa ciudad de ese período, exhibiendo los famosos Jardines Colgantes (ver "¿Cuáles Eran las Siete Maravillas de la Antigüedad?" página 185).

Tebas y Memfis, en varias ocasiones ciudades capitales del antiguo Egipto, fueron fundadas probablemente cerca de la misma época que la ciudad de Ur. Harappa y Mohenjo-Daro (que significa "montículo de los muertos") en el Valle del Indo (actual Pakistán) eran ciudades sofisticadas de unas 40,000 personas. Datan de cerca del año 2500 A.C. y comerciaban con Ur. En contraste, los primeros montículos de tierra circulares excavados en Stonehenge en Gran Bretaña datan de cerca del 2750 A.C. con los megalitos de piedra aparentemente colocadas en el lugar en el año 1700 A.C. Grandes ciudades como El Cairo (fundada como El Fustat en el 642 D.C.) y Bagdad (fundada cerca del año 762 D.C.) son relativamente nuevas.

El título de la ciudad más antigua, continuamente habitada, pertenece a la capital Siria de Damasco, la ciudad capital más antigua del mundo. Construida en un oasis alrededor del 2000 A.C., Damasco fue un antiquísimo centro comercial y de descanso para las caravanas del desierto que pasaban comerciando. Es mencionada en el libro del Génesis en relación con Abraham, el patriarca respetado por Jesús y también en el mundo islámico. A través de su larga historia, Damasco ha sido controlada por asirios, macedonios, romanos, árabes, mongoles, turcos, británicos y franceses. Se volvió la capital de Siria independiente en 1946.

Más antigua que cualquiera de estos asentamientos es Jericó, una aldea ubicada a catorce millas de Jerusalén en territorio Jordano, ahora ocupado por Israel. Construida a 825 pies bajo el nivel del mar, se ha demostrado en excavaciones recientes que Jericó constaba de al menos veinte capas sucesivas, cada una indicando un período diferente de asentamiento. El más antiguo de estos data de hace aproximadamente 12,000 años. El lugar original de Jericó es un montículo cerca del moderno Jericó llamado Tell es-Sultán, construido en un oasis en el borde de un desierto. Las casas de ladrillo de barro del lugar estaban rodeadas por un muro de piedra, partes del cual han sido excavadas recientemente.

Claro está, que la mayor parte de las personas se acuerdan de Jericó por otra razón; la famosa leyenda bíblica de Josué, el sucesor de Moisés como líder de las tribus nómadas de Israel. En ese momento de la historia, que se estima que esté alrededor de los años 1100 a 1200 A.C., Jericó era una ciudad de los cananeos, el pueblo que vivía en las tierras prometidas a Moisés y a los israelitas por su Dios. En la versión bíblica, Josué ordena a sus sacerdotes que toquen sus trompetas, los hijos de Israel emiten "un gran grito" y las murallas de Jericó "se desmoronaron" permitiéndole a los israelitas entrar victoriosos y matar a todo el mundo en Jericó, "tanto hombres como mujeres, jóvenes y viejos, bueyes, ovejas y burros, al filo de la espada," excepto una ramera con un corazón de oro llamada Rahab que había dado refugio a dos espías israelitas en su casa.

Es una gran historia, pero es más probable que un terremoto haya ocasionado la caída de las murallas. Al menos eso es lo que ha determinado un geofísico de la Universidad de Stanford, Amos Nur. Nur, que ha estado estudiando los datos históricos de un período de 10,000 años sobre terremotos en Tierra Santa, dice que los temblores han destruido repetidamente la ciudad de Jericó, siendo el más reciente el de 1927. El pueblo está ubicado sobre la Falla de Jordán, que divide la Placa Árabe de la del Sinaí. La teoría de Nur está sustentada por arqueólogos que han determinado que las murallas de Jericó a menudo se derrumbaban cayendo en una sola dirección, como lo harían en un terremoto, y no en todas direcciones como si un ejército las hubiera destruido. El Libro de Josué también dice que el Río Jordán dejó de fluir, permitiéndoles a los israelitas cruzar al otro lado. Esto sucede típicamente como resultado de los terremotos en la zona de la Falla del Mar Muerto, ya que las riberas del Jordán se derrumban y lo tapan brevemente.

¿Moisés Partió el Mar Rojo?

Claro que abordar los sucesos bíblicos con un criterio objetivo científico o histórico es caminar sobre cáscaras de huevo. Todavía se corre el riesgo de ser catalogado como hereje. Sin embargo, las consecuencias son mucho menos serias que lo que podrían haber sido, digamos, en el año 1492, cuando un señor de nombre Tomás de Torquemada estaba expulsando a los judíos de España, quemando gente en la hoguera y estirándolos en una percha por mucha menos herejía que esta.

A pesar de los riesgos, la ciencia continúa. Un ejemplo de esto último fue un informe de un equipo de oceanógrafos que encontraron una forma de explicar la bíblica separación de las aguas por Moisés, descrita en el Éxodo e inmortalizado por Cecil B. De Mille en la película *Los Diez Mandamientos* con Charlton Heston levantando su báculo para partir el Mar Rojo. Una teoría propuesta en 1992 por el Dr. Doron Nof, oceanógrafo, y el Dr. Nathan Paldor, experto en ciencias atmosféricas, plantea la posibilidad de que los fuertes vientos que soplaban por el estrecho y poco profundo Golfo de Suez pudieran ser los causantes del fenómeno.

El interesante pasaje es del Éxodo y cuenta cómo Moisés condujo a los hijos de Israel fuera del cautiverio en Egipto, el suceso más importante de la historia judía. De acuerdo con la versión bíblica, "el Señor hizo que el mar se retirara por un fuerte viento del este que sopló toda esa noche, e hizo del mar tierra seca, y las aguas se dividieron. Y los hijos de Israel salieron al medio del mar sobre el suelo seco; y las aguas formaban un muro a la derecha y a la izquierda de ellos"

Cuando los israelitas habían pasado sin peligro, el agua se cerró sobre los carros del faraón que los perseguían. Los judíos siguieron su camino, vagando en el desierto durante cuarenta años, período durante el cual Moisés recibió los Diez Mandamientos. (Lo que trae a la mente un chiste geográfico: Pregunta: "¿Cómo se sabe que Moisés era hombre?" Respuesta: "Cuarenta años perdido en el desierto y nunca se detuvo a pedir orientación.")

Parte del problema para los historiadores y eruditos interesados en esta cuestión ha sido poder identificar exactamente dónde y cuándo fue que Moisés partió esas aguas. Establecer una fecha exacta es difícil, pero la mayor parte de los eruditos coinciden en que fue entre los años 1250 y 1350 A.C. Durante mucho tiempo, el pasaje presumiblemente se refería al Mar Rojo, o más precisamente al Golfo de Suez, un brazo del Mar Rojo que separa Egipto de la Península de Sinaí. Pero en los últimos treinta años, los estudiosos de la Biblia han analizado textos en hebreo del Libro del Éxodo y consideran que lo que dice es que los israelitas cruzaron el "Mar de Cañas," un área pantanosa en el extremo norte del Golfo de Suez, y no el Mar Rojo en sí mismo. Otros historiadores del Antiguo Testamento han sugerido un punto aún más al norte en el Lago Manzala, en la costa Mediterránea.

Pero Nof y Paldor señalan al Golfo de Suez, que es estrecho y poco profundo, con montañas a cada lado del mismo, capaces de canalizar los vientos. Los dos científicos mostraron que un viento fuerte y continuo que sople durante diez o doce horas podría empujar el agua de la costa y exponer un camellón bajo el agua. Ellos se refieren al relato bíblico, que describe un fuerte viento que sopló durante toda una noche antes de que los israelitas cruzaran y consideran este fenómeno absolutamente coherente con su teoría.

Otra explicación propuesta para la partida de las aguas fue la gran ola marina causada por la erupción volcánica del Monte Thera. (Ver en el Capítulo 1, "Lugares Imaginarios: ¿Existió la Atlántida?," página 18.) Pero la fecha de esa catástrofe parece ser demasiado remota para tener cualquier conexión con el Éxodo. Si quieres apostar a seguro, siempre puedes decir que Dios produjo la erupción del volcán, o el terremoto que tumbó los muros en Jericó, o los vientos que partieron los mares. Eso es esencialmente lo que el Dr. Paldor le dijo al *New York Times*. "Los creyentes pueden encontrar la presencia y la pura existencia de Dios en la misma creación del viento con sus propiedades particulares, tal y como lo encuentran en la determinación de un milagro."

Nadie puede probar que estés equivocado, ¡y estarás a salvo si llegare el día en que tengas que encontrarte con tu Creador!

LUGARES IMAGINARIOS

¿Existió Troya?

Ciertamente menos controversiales que cuestionar la veracidad de los libros del Éxodo y Josué, son las preguntas acerca de las fuentes de la mitología griega y la literatura. Irónicamente, sabemos más acerca de los sucesos descritos en la épica de Homero, la Ilíada y su compañera la Odisea, punto de partida de la literatura Occidental, de lo que sabemos acerca de la histórica caída de Jericó o del Éxodo real, aunque estos sucesos puedan haber estado separados entre ellos por sólo unos cientos de años. De hecho, ahora sabemos más acerca de Troya de lo que sabemos acerca del "autor" de estos poemas, un poeta ciego que recitaba estas historias alrededor del año 800 A.C., o sea, unos cuatrocientos años después de que los sucesos que describe hubieran sucedido.

La Troya de Homero (también conocida como la ciudad griega y romana de Ilión, que es de donde viene el nombre de la Ilíada) era una ciudad costera de la antigua Asia Menor. Cerca del año 1250 A.C., se libró una guerra entre los troyanos y una alianza de griegos. De acuerdo con la historia de Homero, los griegos buscaban vengar el rapto de Helena, la esposa del Rey Menelao de Esparta, por parte de Paris, hijo del Rey de Troya, Príamo. Recitada durante generaciones hasta que finalmente fue escrita, la épica de Homero narra, en las palabras de la historiadora Bárbara W. Tuchman, "diez años de una batalla inútil, indecisiva, noble, mezquina, engañosa, amarga y sólo ocasionalmente heroica." Es una historia universal y humana de los dos bandos, sus respectivos héroes y la frecuente intervención banal de los dioses griegos del Monte Olimpo que tomaron parte activa en el estallido, la contienda y el desenlace de la guerra.

Troya cae cuando los griegos dejan el caballo de madera en el que se han escondido sus soldados. El caballo es llevado al interior de las murallas de Troya, los griegos escondidos en su interior dejan entrar el resto de su ejército y Troya es saqueada y quemada. (Entre los sobrevivientes de Troya está el guerrero Eneas, que pasó a conquistar Italia, una historia contada en la Eneida, la épica romana escrita por Virgilio.) La táctica del caballo de madera fue un ardid de Odiseo (llamado Ulises por los romanos), cuyas aventuras durante el viaje de regreso que duró diez años, fueron contadas en la Odisea de Homero.

Para generaciones de griegos, estos poemas fueron una herencia cultural casi tan sagrada como la Biblia misma. Pero la ciudad de Troya siguió siendo un lugar mítico hasta que fue redescubierta entre el año 1870 y el 1890 por Heinrich Schliemann (1822–90), hijo autodidacta de un pobre ministro protestante de un pueblo del norte de Alemania. Él estaba convencido de que Troya estaba enterrada cerca de Hisarlik, ubicada al sur de los Dardanelos (Canakkale Bogazi en turco), un estrecho que conecta el Mar Egeo con el Mar de Marmara.

Mientras que las excavaciones de Schliemann en Hisarlik efectivamente descubren el sitio de Troya, se equivocó al cavar a través de varias capas de Troyas, pasando la que buscaba. Finalmente, ocho capas, construidas una encima de la otra, fueron excavadas. El sitio más antiguo, Troya I, data de alrededor del año 3000 A.C. El siguiente nivel, Troya II, contiene una fortaleza imponente y sus habitantes aparentemente tenían contactos comerciales. Su famoso tesoro de oro, cobre y bronce indica una comunidad rica. Troya VI, que data de alrededor del 2000−1300 A.C. tenía una ciudadela rodeada por enormes muros de piedra caliza y grandes casas construidas sobre terrazas. Aparentemente fue destruida por un terremoto.

La Troya de Homero probablemente fue la reconstruida Troya VII. Mostraba que había sido saqueada y destruida por el fuego.

¿Cuáles Eran las Siete Maravillas de la Antigüedad?

Algunas pueden haber existido sólo en mitos y leyendas, o tal vez fueran objetos reales embellecidos por generaciones de cuentos fabulosos. Algunas todavía están de pie. Hay algunos fragmentos de otras preservados como reliquias en los museos. Estos siete lugares fueron mencionados por los escritores griegos como las más importantes estructuras del mundo antiguo. Las siete debieron ser tan conocidas en el mundo antes de Cristo como lo son hoy en día el Empire State, la Torre Eiffel, el Taj Mahal o la Capilla Sextina. Hitos instantáneamente reconocibles para las personas educadas.

Las Pirámides de Giza   La única de las maravillas que todavía está en pie. Las tres grandes pirámides de Egipto, ubicadas fuera de la moderna ciudad de El Cairo, fueron construidas hace cerca de cuatro mil seiscientos años. La pirámide más grande, construida por Khufu (o Keops) tenía una altura inicial estimada en 482 pies (se ha erosionado hasta llegar a aproximadamente 450 pies). La Gran Pirámide fue construida con más de 2 millones de bloques, cada uno con un peso de dos toneladas y media. Sus constructores fueron capaces de alinearla como un cuadrado casi perfecto con los lados casi exactamente enfrentados a los cuatro puntos cardinales de la brújula. La segunda pirámide, sólo ligeramente más pequeña, fue construida para Kephren. La tercera y la más pequeña es la Pirámide de Micerino. Además las pirámides de Giza, la cercana Esfinge, tallada en roca sólida, es otra de las características extraordinarias de Giza. Alberga la cabeza del Faraón Kephren sobre el cuerpo de un león.

Los Jardines Colgantes de Babilonia   La gloria que alguna vez tuvo Babilonia ha sido reducida a unas pocas ruinas cerca del Río Eufrates en Irak. Pero hace cuatro mil años, Babilonia era la capital de uno de los grandes imperios del antiguo mundo. Con la derrota de los asirios cerca del año 626 A.C., Babilonia se convirtió en la capital bajo dos emperadores, Nabopolassar y su hijo Nabuconodosor II (c. 630–562 A.C.. La esposa de Nabuconodosor, Anuhia, era la hija del rey de Persia y, de acuerdo con la leyenda, le hacían falta las colinas de su Persia natal. Para apaciguar a su reina, Nabuconodosor II hizo construir los Jardines Colgantes alrededor del año 600 A.C.

Si se pueden creer los informes acerca de su altura y belleza, esta serie de jardines escalonados, que se elevan a una altura de 328 pies (100 metros)—tres cuartas partes de la altura de las Grandes Pirámides—fueron un extraordinario logro arquitectónico y de ingeniería. Pozos y bombas hidráulicas operadas por los esclavos subían el agua necesaria para mantener el esplendor de los jardines.

Aparte de haber construido los jardines, Nabuconodosor II es reconocido como soberano babilónico que capturó parcialmente Jerusalén en el año 597 A.C. y después destruyó la ciudad, capturando a muchos judíos y llevándolos a Babilonia en el año 586 A.C. Pero en el 539 A.C., veintidós años después de la muerte de Nabuconodosor, el rey persa Ciro conquistó Babilonia.

La estatua de Zeus en Olimpia   Nada sobrevive de esta famosa estatua del más poderoso de los dioses griegos (adoptado por los romanos con el nombre de Júpiter). Completada cerca del año 435 A.C., supuestamente medía cuarenta pies de alto y estaba tallada en marfil y oro, con Zeus sentado sobre un gran trono de cedro. La estatua no estaba ubicada en el Monte Olimpo, la montaña en el noreste de Grecia que era el hogar mítico de los dioses, sino en el Gran

Templo en las Planicies de Olimpia en el sur de Grecia, donde se llevaban a cabo los antiguos Juegos Olímpicos cada cuatro años.

El emperador romano Calígula, que estaba loco, quería cargar la estatua hasta Roma y remplazar la cabeza de Zeus con una talla de su propia cabeza. Ese plan fue frustrado cuando los trabajadores que habían llegado para llevarse la estatua fueron espantados por una fuerte risa en el templo. Otro emperador romano, Teodosio, sí hizo llevar la estatua hasta Constantinopla, donde fue destruida por el fuego en el 475 D.C. El lugar del Gran Templo todavía existe, pero sólo quedan bloques de roca dispersos. Aunque nada queda del *Zeus*, otras piezas de la escultura original del templo están en exhibición en el Museo de Olimpia.

El Templo de Artemisa (Diana) en Éfeso   Terminado alrededor del año 323 A.C., se suponía que era la más bella de las antiguas maravillas. Fue construido para honrar a la hija de Zeus y hermana del dios—sol Apolo. Éfeso era una antigua ciudad griega en la costa del Egeo, en lo que es ahora Turquía. También fue una capital provincial romana. Es la ciudad en la que vivió el Apóstol Pablo, prácticamente ocasionando un motín cuando habló contra la adoración licenciosa de Artemisa, una antigua diosa de la fertilidad.

Con 127 columnas de mármol, cada una de 60 pies (18 metros) de alto, el templo era grande y arquitectónicamente asombroso. De acuerdo con un antiguo escritor, el templo "sobrepasa toda estructura levantada por manos humanas." Destruido en el año 262 D.C. por invasores godos, el sitio del templo fue posteriormente enterrado bajo un río cuyo curso había cambiado. Algunos restos de sus famosas columnas se conservan en el Museo Británico.

La Tumba del Rey Mausolo en Halicarnaso   Localizado cerca de la moderna ciudad Turca costera de Bodrum, este monumento fue erigido por la Reina Artemisia en honor a su hermano, el Rey Mausolo de Caria—una provincia del Imperio Persa en Asia Menor—que murió en el año 353 A.C. Artemisia también murió antes de que el trabajo se completara. El santuario terminado en honor de Mausolo fue una pirámide que descansaba en una base cuadrada.

Encima de la pirámide había una escultura de un carruaje tirado por caballos en el que estaba el rey de pie.

Algunos restos de la estructura, entre ellos una gran estatua de Mausolo, también están en el Museo Británico. El santuario es la fuente de donde proviene la palabra *mausoleo*.

El Coloso de Rodas   Ubicado a 12 millas (19 km) de la costa de Turquía, la isla de Rodas es hoy parte de Grecia. En el año 312 A.C., se peleó una guerra entre Rodas y el estado griego de Macedonia. Después de que Rodas sobrevivió a un ataque, se encargó una estatua en honor del dios Apolo, que debía ser fundida de metal tomado de las armas capturadas a los macedonios. Construida por el escultor Cares, la colosal estatua tomó doce años para ser completada. Cuando se terminó en el 280 A.C., el Coloso, que representaba a Apolo, se alzaba sobre el puerto de Rodas a 105 pies (32 metros) de altura. Se dijo erróneamente que era lo suficientemente alta como para que los barcos pudieran navegar por entre sus piernas.

De acuerdo con la leyenda, Cares pensó que había cometido un error en las proporciones de la figura y se suicidó. Aunque fue bien conocido en todo el mundo antiguo, el Coloso vivió poco. Cerca de cincuenta años después de su terminación, la estatua fue destruida por un terremoto. Los pedazos todavía estaban allí en el primer siglo de la era cristiana, de acuerdo con el historiador romano Plinio, quien describió su gran tamaño.

El Faro de Alejandría   Construido en el 270 A.C. en la pequeña isla de Pharos, cerca de la costa de Egipto, el faro estaba a la entrada del puerto de Alejandría, la capital cultural del mundo desde su fundación en el 332 A.C. por Alejandro Magno. Diseñado por el arquitecto griego Sostrato, el faro de mármol blanco tenía 440 pies de altura (132 metros) con una base cuadrada, una sección media octogonal y una sección superior circular. Una llama ardía permanentemente en un brasero en la parte superior del faro para guiar a los barcos en el Mediterráneo. Dentro de la parte superior había un espejo que supuestamente se usaba como arma, capaz de enfocar los rayos del sol para prender fuego a los barcos hostiles. El Faro de Alejandría continuó prestando su servicio durante casi noverecientos años, hasta que los árabes conquistaron Alejandría y la desmantelaron. Un gran terremoto en el año 1375 despedazó lo que quedaba, arrojando los grandes cascos de mármol al puerto, donde permanecieron.

Claro que los escritores e historiadores griegos que hablaban de estas maravillas sólo podían considerar las cosas del mundo conocido por ellos. En otros lugares del mundo habitado antes del tiempo de Cristo había otras grandes maravillas. La ausente más obvia en la lista de Maravillas de la Antigüedad es la Gran Muralla China, la más larga muralla fortificada del mundo y tal vez el proyecto de construcción más grande que jamás se haya emprendido. Aunque gran parte de la Gran Muralla actual data del 1420 D.C. cuando se amplió durante la Dinastía Ming, el muro originalmente data de cerca del año 221 A.C. Fue cuando el poderoso emperador Shih Huang Ti unificó el imperio bajo la dinastía Ch'in. Para proteger su frontera norte de los ataques de los hsiungu (hunos), Shih Huang Ti ordenó que las paredes existentes en los pueblos de la frontera norte se unieran para crear la Gran Muralla. Anécdotas de ese tiempo afirman que 300,000 hombres trabajaron durante años y que la muralla de mil cuatrocientas millas estuvo lista en el año 215 A.C.

Otra ciudad entera que también fue ignorada y que debió haber estado entre las maravillas, fue la capital persa de Persépolis. Dada la opinión que tenían los griegos acerca de los persas, no es ninguna sorpresa que los escritores griegos dejaran por fuera los logros persas. Ellos eran las superpotencias de su época y no había mucho amor entre ellos. El Imperio Persa, sucesor de los imperios de Babilonia, Egipto y Asiria, ubicado en lo que hoy en día es Irán, era más grande y estaba más poblado que cualquiera de sus predecesores de los tiempos antiguos. Comenzada por Darío I, quien reinó desde el 522 hasta el 486 A.C., Persépolis fue construida de la nada, una nueva ciudad capital, anticipándose a capitales planeadas de manera similar como Washington, D.C. y Brasilia.

El lugar donde se construyó Persépolis era una terraza de roca natural respaldada por un escarpado barranco. A diferencia de otros proyectos antiguos de construcción de edificios como las pirámides, fue construida por obreros remunerados y no por esclavos. Las tablillas de arcilla de ese período de construcción revelan la paga que se les daba a los obreros que construyeron la ciudad. Persépolis, una impresionante obra de arquitectura, contenía enormes palacios, escaleras ceremoniales e imponentes esculturas como el portón tallado de Jerjes I, el hijo de Darío. El Imperio Persa llegó a su máximo esplendor cuando los griegos comenzaron su auge y los dos imperios pelearon una serie de guerras encarnizadas. Darío fue derrotado en la famosa batalla de Maratón (490 A.C.). Su hijo, Jerjes I, continuó la guerra contra los griegos. Fue frenada en Termópilas (480 A.C.) pero logró destruir Atenas. Pero los atenienses derrotaron su flota en una gran batalla naval en Salamina. Si estas Guerras Médicas, narradas entre otros por Herodoto, el "Padre de la Historia," hubieran tenido un desenlace diferente, pudiese haber sido un mundo antiguo diferente. Con la victoria griega comienza la dominación helénica y por lo tanto la civilización "Occidental," que desde este temprano inicio expresó un sentido de superioridad moral y cultural sobre el Este. (Ver "Campos de Batalla que Cambiaron la Historia," página 200.)

El Imperio Persa, obsesionado con las intrigas cortesanas, fue doblegado finalmente por Alejandro Magno en el año 330 A.C. cuando saqueó y destruyó Persépolis en venganza por la anterior destrucción de Atenas a manos de Jerjes.

En 1971, el Shah de Irán, que luego fue depuesto por la Revolución Iraní, organizó una enorme celebración en las ruinas de Persépolis para conmemorar el 2,500 aniversario de su monarquía.

¿Era Negra Cleopatra?

En el video de música egipcia de Michael Jackson *Remember the Time*, el papel del faraón es interpretado por Eddie Murphy, y su reina, Nefertiti, por la modelo Iman. Aunque podemos asegurar que los faraones egipcios no se parecían a Yul Brenner, es arriesgado pensar que se parecieran a la estrella de la película *48 Horas*. Pero es posible apostar que Moisés tenía muy poco en común con Charlton Heston, y Jesús no se parecía a Max Von Sydow, el actor sueco que interpretó a Cristo en *La Mejor Historia Jamás Contada*. Desde *Nacimiento de Una Nación* hasta *JFK*, Hollywood siempre ha tenido sus versiones de la realidad y no tienen mucho que ver con la veracidad histórica. Pero si Cleopatra no se parecía a Elizabeth Taylor, ¿a quién se parecía?

Esta no es una pregunta capciosa. El tema de a quién se parecían los antiguos, quiénes eran, de dónde venían y qué lograron es el centro de un debate intenso en la educación estadounidense que está sacudiendo las copas de jerez en las blancas torres de marfil de la academia. En el fondo, el tema es sobre el afrocentrismo, una rama muy específica del movimiento multicultural que quiere que los libros de texto contemporáneos reflejen la historia, los logros y las contribuciones de los grupos minoritarios olvidados paralelamente con aquellos de los hombres blancos europeos que tradicionalmente fueron identificados como la Civilización Occidental."

Los afrocentristas señalan el impacto específico que tuvieron los africanos en la ascensión y el desarrollo de las primeras culturas. Esto llega al corazón de la pregunta de Cleopatra. Algunos estudiosos han llegado a creer que Egipto, considerado durante tanto tiempo la primera gran civilización, era, de hecho, una sociedad africana negra. Las influencias egipcias sobre Grecia —y hubo muchas, como la mitología griega, el desarrollo de las matemáticas y las observaciones astronómicas— tuvieron influencia africana. Los campeones del afrocentrismo levantan un dedo acusatorio a los siglos de investigaciones y libros de texto que se concentraban en los logros europeos y que, reclaman ellos, han pasado por alto deliberadamente el legado africano. Los proponentes de la educación multicultural y afrocentrista en particular, también señalan la existencia de culturas poderosas en África mientras que Europa estaba en medio de la Edad Oscura. Sociedades completamente olvidadas en los estudios tradicionales del mundo medieval.

El trabajo seminal e intelectual más serio sobre este tema proviene del profesor de la Universidad de Cornell Martin Bernal, cuyo libro, escrito en dos volúmenes *Atenea Negra*, abrió este debate. En sus premiados libros, Bernal utiliza documentos antiguos, pruebas arqueológicas y una considerable experiencia como lingüista para trazar la influencia de Egipto en la antigua Grecia y de ahí al resto de la civilización Occidental.

Históricamente hablando, Egipto se puede haber originado en las sociedades negras africanas del Nilo Superior, en lo que es ahora Etiopía. Pero durante miles de años, a medida que los africanos subsaharianos entraron en contacto con pueblos asiáticos y mediterráneos, la población se mezcló enteramente. De modo que, anque el *Remeber the Time* de Michael Jackson sea una tonada fabulosa para bailar, tiene muy poca base histórica.

En cuanto a Cleopatra, hubo en realidad varias Cleopatras durante el período ptolemeico en Egipto. La más famosa de ellas vivió aproximadamente entre el 69 y el 30 A.C., y gobernó como reina desde el 51 A.C. Siendo miembro de la familia ptolemeica, era descendiente de la dinastía griega instalada por los generales de Alejandro Magno después de que conquistaron Egipto. Dado sus ancestros, seguramente no era negra.

Ciertamente no era aburrida. Primero se casó con su hermano y fue obligada a vivir en el exilio. Luego atrajo la atención de Julio César que, cuando conquistó Egipto en el año 48 A.C., la reinstaló en el poder. Como amante, Cleopatra le dio a Julio César un hijo y vivió con él en Roma. Regresó a Egipto y se casó con otro hermano a quien hizo envenenar. Llega entonces el general romano Marco Antonio, con quien vivió durante doce años. Éste fue un mal paso en la carrera de Marco Antonio, puesto que le costó el apoyo en Roma y terminó suicidándose después de perder la Batalla de Actium. Cuando Cleopatra fracasó en su intento de enamorar al rival de Antonio, Augusto, se dice que se suicidó poniendo un áspid venenoso en su seno.

HITOS EN GEOGRAFÍA V
1900–1949

1903 Los hermanos Wright, Wilbur (1876–1912) y Orville (1871–1948), lanzan el primer avión exitoso en Kitty Hawk en Carolina del Norte. El viaje más largo del día dura 59 segundos y alcanza una distancia de 852 pies; una velocidad de 30 MPH. Cinco años más tarde, Orville hace el primer vuelo que dura una hora.

1904 Termina la Guerra Ruso-Japonesa con el Tratado de Portsmouth (Nuevo Hampshire), negociado por el presidente estadounidense Theodore Roosevelt. En él se le otorgan a Japón mayores concesiones territoriales que expanden enormemente el poder japonés en el área.

1905   El científico estadounidense Daniel Barringer propone que un gran cráter en Arizona fue ocasionado por el impacto de un meteorito y no por un volcán. Se conoce como el Gran Cráter de Meteorito Barringer.

1908   Una misteriosa explosión en la región Tunguska de Siberia aplana una enorme región y derriba un millón de árboles. La energía descargada fue igual a la de veinte grandes bombas de hidrógeno. No se encontraron fragmentos de meteorito y nunca se determinó exactamente la causa. Ahora se cree que un vagabundo celeste—un trozo helado de un cometa ó un asteroide rocoso de aproximadamente 150 pies de diámetro—explotó en la atmósfera a cinco millas sobre Siberia. (Ver en el Capítulo 6, "Mató un Asteroide los Dinosaurios," página 299.)

1909   El aviador e ingeniero francés Louis Blériot (1872–1936) realiza el primer vuelo a través del Canal de Inglaterra, completando su hazaña en treinta y siete minutos.

1909   El explorador estadounidense Robert Edwin Peary (1856–1920) llega al Polo Norte. Está acompañado de un equipo de inuits y de su asistente personal Matthew Henson, un explorador de raza negra que es indispensable para tratar con los inuits y para supervisar los trineos y los equipos de perros que permitirán completar la riesgosa travesía. La hazaña de Peary fue inmediatamente disputada por Frederick Cook, un rival que dijo que había llegado antes al Polo Norte. Este hecho provocó una guerra de relaciones públicas entre los dos exploradores. Las autoridades modernas, como la Sociedad de la National Geographic, aceptan las pruebas de Peary y descartan las de Cook. El libro de Peary sobre su aventura, titulado *Hacia el Norte Sobre el Gran Hielo*, estaba salpicado de fotografías de su amante inuit de catorce años y de otras niñas inuit, completamente desnudas, que Peary pasó como "estudios etnográficos."

1911   El explorador noruego Roald Amundsen (1872–1928) llega al Polo Sur, ganándole a la desgraciada expedición de Scott por un mes. Amundsen murió cuando su avión se perdió sobre el Mar Barents durante la búsqueda de otro explorador.

VOCES GEOGRÁFICAS
Del diario del Capitán ROBERT SCOTT, encontrado
por exploradores en noviembre de 1912.

Domingo 18 de marzo. Hoy, hora del almuerzo, estamos a 21 millas del depósito. Nos persigue la mala fortuna, pero llegarán tiempos mejores. Hemos tenido más viento y corriente de frente ayer; tuvimos que detener la marcha: Vientos NO, fuerza 4, temp. –35°. Ningún humano lo resistiría y estamos exhaustos *casi* . . .

Jueves 29 de marzo. Desde el 21 hemos tenido un continuo temporal del Oeste Suroeste y Suroeste. Tuvimos combustible para hacer dos tazas de té cada uno y comida escasa por dos días el día 20. Cada día hemos estado listos para ir hacia nuestro depósito *a 11 millas de distancia*, pero afuera de la puerta de la carpa siguen las arremolinadas corrientes. No creo que podamos esperar cosas mejores en este momento. Aguantaremos hasta el final, pero nos estamos debilitando, claro, y el final no debe estar lejos. Es una lástima, pero no creo que pueda escribir más.

R. Scott

Por Dios, cuiden a nuestra gente.

1912   El geólogo alemán Alfred Wegener (1880–1930) publica su teoría de una corriente continental. Se desecha hasta que las pruebas obtenidas a partir de los años sesenta demuestra que tenía razón.

1912   El *Titanic*, un trasatlántico inglés de pasajeros que se supone es insumergible, choca contra un iceberg y se hunde, ocasionando la muerte de unas 1,500 personas. (Los restos del *Titanic* se encontraron en 1985 cerca de Terranova.)

1913 El Meridiano de Greenwich se acepta internacionalmente como Primer Meridiano.

1913 Henry Ford introduce la cadena de ensamblaje de autos. Se construyen carros a medida que pasan por una banda transportadora, reduciendo el tiempo de ensamblaje de doce horas y media a una hora y media, reduciendo radicalmente el costo de un automóvil.

1913 Guerra de los Balcanes. En dos guerras, el Imperio Otomano pierde casi todo su territorio Europeo.

1914 Se inaugura el Canal de Panamá, uniendo al Pacífico con el Atlántico por el Mar Caribe. El canal, de cuarenta millas de largo, fue comenzado en 1903 después de que los barcos de guerra estadounidenses ayudaran en una rebelión que creó la nación de Panamá en una región que era de Colombia.

1914 Se introducen los semáforos rojos y verdes en Cleveland, Ohio.

1914 Comienza la Primera Guerra Mundial. Durará hasta 1918 y dará como resultado una redefinición del mapa de Europa y de las diversas posesiones coloniales europeas alrededor del mundo.

1915 El alemán Hugo Junkers construye el primer avión de guerra.

1917 La Revolución Rusa derroca al Zar e instala un régimen comunista encabezado por Vladimir Ilich Lenin (1870–1924). Lenin fue fundador del Partido Bolchevique y del estado soviético.

1917 Se completa el Ferrocarril Transiberiano. Es el más largo del mundo. Iniciado en 1891, tiene 5,787 millas desde Moscú hasta Vladivostok en el Mar de Japón y abre la Siberia para su desarrollo.

1917 La Declaración de Balfour promete una tierra judía en Palestina.

1919 El Tratado de Versalles es impuesto a Alemania y sus aliados. Éste termina con la Primera Guerra Mundial. Por este tratado, a Alemania se le quitan sus colonias africanas y la región de Alsacia-Lorena se le entrega a Francia. Al mismo tiempo, grandes porciones del Medio Oriente, anteriormente parte del Imperio Otomano, que había estado aliado con Alemania, se dividen entre los aliados victoriosos. Los británicos tomaron control de Palestina, Transjordania y Mesopotamia. Los franceses ganaron el control del Líbano y Siria. El antiguo imperio de Austria-Hungría y los estados de Montenegro y Serbia desaparecen del mapa. Fueron redefinidos y más tarde se convertirían en Polonia, Checoslovaquia y Yugoslavia. Para la nueva Polonia, se sacó de Alemania un corredor al Mar Báltico y el antiguo puerto alemán de Danzig se convirtió en la ciudad polaca de Gdansk.

1920   Irlanda se divide entre la predominantemente protestante Irlanda del Norte, y el Estado Libre de Irlanda, mayoritariamente católico. (Irlanda se convirtió en República en 1949, cortando todos los nexos con Inglaterra, pero Irlanda del Norte siguió siendo parte del Reino Unido.)

1922   Se proclama la Unión de Repúblicas Socialistas Soviéticas (URSS). Lenin muere en 1924 y es reemplazado por José Stalin (1879–1953).

1922   Se forma la moderna República de Turquía del antiguo Imperio Otomano. En 1930 se cambia el nombre de Constantinopla por el de Estambul.

1922   Irak, antiguamente llamado Mesopotamia, es reconocido como reino.

1925   Al cirujano y antropólogo aficionado Raymond Dart se le entrega, en Sudáfrica, el cráneo del "niño Taung." Dart, que concluye que no es ni humano ni de simio, nombra la especie *Australopithecus africanus* que significa "mono sureño del África." Pero la comunidad científica no acepta la noción de Dart hasta 1950. Técnicas recientes para establecer fechas han indicado que los A. *Africanus* podían tener 2.5 millones de años de edad, mucho más antiguos de lo que Dart había pensado.

1925   El barco oceanográfico alemán *Meteor*, descubre la Cordillera Central del Atlántico, usando un sonar recientemente inventado. Es la cadena de montañas que está bajo el Océano Atlántico.

1925 Se abre el primer motel del mundo, el Motel Milestone, en Monterrey, California.

1926 El aviador y explorador estadounidense Richard E. Byrd (1888–1957) se convierte en la primera persona en volar sobre el Polo Norte. Byrd se convertiría posteriormente en vicealmirante.

1927 El aviador estadounidense Charles Lindbergh (1902–1974) hace su primer vuelo trasatlántico solo, sin paradas. En el *Spirit of St. Louis* completa un viaje desde Nueva York hasta París en treinta y tres horas y media.

1929 El reino de los serbios, croatas y eslovenos, compuesto de territorios de los antiguos Imperios Otomano y Austro—Húngaro, se transforma en el estado de Yugoslavia.

1931 Se declara una República Española después de derrocar a la monarquía.

1933 En los Estados Unidos, Franklin D. Roosevelt (1882–1945) asume la presidencia en el primero de sus cuatro términos en el cargo. Mientras que en Alemania, a Adolfo Hitler (1889–1945) se le otorgan poderes dictatoriales.

1935 Los nazis repudian el Tratado de Versalles.

1935 Se cambia el nombre de Persia por el de Irán.

1936 Los alemanes ocupan Rhineland (o región del Rin).

1937 La aviadora estadounidense Amelia Earhart y su navegante se pierden sobre el Pacífico cuando intentan completar un vuelo alrededor del mundo.

1939 Pan Am instituye los primeros vuelos comerciales a través del Atlántico.

1939 Comienza la Segunda Guerra Mundial que dura hasta 1945.

1940 De acuerdo con las cláusulas secretos del pacto de no-agresión entre Stalin y Hitler, las tres naciones bálticas de Latvia, Lituania y Estonia son anexadas a la Unión Soviética.

1940   Se descubren en Lascaux, cerca de Montignac, en Francia, unos dibujos en las paredes de una cueva que datan de diecisiete mil años atrás.

1943   Jacques Cousteau coinventa el Aqua-Lung (pulmón del agua), mejor conocido por su acrónimo SCUBA (Aparato de Respiración Bajo el Agua Autocontenido).

1945   Se fundan las Naciones Unidas en una conferencia en San Francisco.

1947   Se descubren los Rollos del Mar Muerto.

1947   India se proclama república independiente. Luego es dividida en la India, predominantemente hindú, y Pakistán, que es predominantemente Islámico.

1948   El estado de Israel obtiene su independencia.

1948   Se les otorga la libertad a Burma y Ceilán. (En 1972, se cambia el nombre de Ceilán por el de Sri Lanka, que significa "isla resplandeciente.")

1949   Se proclama la República Popular China, comunista, bajo el liderazgo de Mao Zedong (1893–1976).

1949   Se forma la Organización del Tratado del Atlántico Norte (OTAN) para proteger a las naciones de Europa Occidental de la amenaza de un ataque comunista por parte de Europa Oriental. Sus miembros son Bélgica, Canadá, Dinamarca, Francia, Gran Bretaña, Islandia, Italia, Luxemburgo, los Países Bajos, Noruega, Portugal y los Estados Unidos. Luego se unen a la OTAN Grecia y Turquía (1951), Alemania Occidental (1955) y España (1982). En 1966, Francia expulsa a las fuerzas de la OTAN y se retira de la organización.)

1949   Se establecen la República Democrática Alemana (Alemania del Este) y la República Federal Alemana (Alemania Occidental) dividiendo a Alemania en Oriental y Occidental.

¿Por Qué Aníbal Llevó Elefantes a Través de los Alpes? ¿Sabía Napoleón lo Lejos que Quedaba Moscú?

"La guerra," dijo el Duque de Wellington (1769–1852), general británico, "consiste en obtener lo que está al otro lado de la montaña."

Esta es una manera sencilla de decir que las guerras se luchan por razones de geografía. Un puerto clave como Port Arthur, controla la navegación que entra y sale de un país o continente. Si uno controla el puerto, controla el océano. Un pasadizo estrecho a través de una cadena de montañas se convierte en un embudo por el cual todos los hombres y materiales deben pasar. El Paso de Khyber, de veinticinco millas de longitud, en las escarpadas montañas entre Afganistán y Pakistán fue, históricamente, el acceso clave a la India. Se ha peleado por él durante siglos desde el Imperio Persa y Alejandro Magno. Un pueblo como Hastings en Inglaterra podría ser la clave para la solitaria carretera que conduce al corazón de una nación. Otro pueblo pequeño y aparentemente sin importancia como Gettysburg o Ypres, se convierte en encrucijada crítica por las carreteras que pasan por él. Los generales de los grandes ejércitos tienen que alimentar a miles de hombres. El asunto de los víveres y los pertrechos se complica cuando las fuerzas invasoras, lejos de sus hogares y de una fuente confiable de apoyo, comienzan a buscar un depósito de provisiones o un área rica en cultivos, tema que se convierte en un objetivo de gran importancia.

Algunas veces la geografía es simplemente simbólica. Una ciudad capital como Jerusalén, Washington D.C. o París se convierte en un premio de gran valor. Tal vez pueda ser una ciudad fortificada como Verdun o un puesto avanzado como Dien Bien Phu—un punto en el mapa que de pronto se convierte en el crisol que determinará el resultado de una guerra.

Estos temas de geografía sí determinan a menudo el resultado de las guerras, o al menos de las batallas que determinan el resultado de las guerras. Un ejemplo vívido de esto ocurrió en una de las batallas más importantes de la historia estadounidense, los tres días de lucha sangrienta en esa encrucijada rural de Pennsylvania llamada Gettysburg. Tal como lo cuenta John Noble Wilford en su libro *Los Cartógrafos*, "Fue en Gettysburg que (el Gobernador Warren) Kemble, ingeniero jefe del Ejército del Potomac, fijó sus ojos de topógrafo a través del campo de batalla y reconoció la importancia de Little Round Top. Condujo las tropas para tomar la colina antes de que lo pudieran hacer los confederados. Esta acción demostró ser decisiva para la victoria de la Unión."

Aunque las heroicas hazañas de este soldado—cartógrafo, inmortalizado en una placa en el campo de batalla de Gettysburg, puede ser un caso único de un cartógrafo que tuvo tan obvio impacto en el curso de la batalla, no hay ninguna duda de que la geografía ha tenido mucho que ver en la determinación del lugar donde se han librado las batallas y de igual modo, su resultado. A través de la historia militar, los generales y almirantes más capaces siempre han escogido bien sus puntos, utilizando el terreno para determinar sus tácticas. La siguiente es una lista de algunos de los campos de batalla más importantes del mundo. Las batallas que se lucharon en ellos fueron todas sucesos clave en los que los factores geográficos influyeron en el curso de la historia.

CAMPOS DE BATALLA DEL MUNDO QUE CAMBIARON LA HISTORIA

Maratón, Termópilas y Salamina   Quinientos años antes de Cristo, Persia era el mayor imperio del mundo, abarcando desde su base en el Irán actual hasta Mesopotamia, Asia Menor, Egipto y Afganistán. Grecia era una colección de ciudades—estado, con Atenas emergiendo gradualmente como poder central. Cuando los jónicos, (griegos que vivían en lo que ahora es Turquía), se sublevaron contra sus gobernantes persas, los otros estados griegos entraron en lo que se llegó a conocer como las Guerras Persas que duraron cerca de quince años.

Maratón era una llanura abierta en Grecia, al nordeste de Atenas. Allí en el año 490 A.C. un ejército ateniense, bajo el mando de Milcíades (un general griego que había servido bajo el mando del rey persa Darío) derrotó a una fuerza invasora persa que era del doble de su tamaño. Temeroso de que Atenas se pudiera rendir ante una flota persa, Milcíades despachó a un corredor, Filípides, hasta la ciudad para informar acerca de la victoria. Al llegar a Atenas entregó el mensaje y luego cayó muerto. Los Juegos Olímpicos de la antigua Grecia posteriormente conmemoraron a este corredor con la maratón, una carrera igual en distancia a la que había cubierto Filípides.

Diez años después de Maratón, los persas, ahora conducidos por Jerjes, nuevamente entraron en Grecia con unos 180,000 hombres. Su ejército, tal vez el más grande que en ese tiempo se haya visto en Europa, fue recibido por una pequeña fuerza de 300 espartanos bajo Leonidas en las Termópilas, un estrecho pasaje en el centro—este de Grecia, en la ruta principal hacia norte. A pesar de su enorme superioridad numérica, los persas no eran capaces de romper el cerco espartano sobre este pasaje estratégico, que duró tres días. Cuando los espartanos finalmente sucumbieron, los persas capturaron y quemaron Atenas.

Pero la batalla decisiva de la guerra se llevó a cabo en la mar. Atenas había construido una enrome flota que se concentró en el estrecho canal entre Grecia y la pequeña isla de Salamina, diez millas al este de Atenas. Una vez más, a pesar de su ventaja numérica, los persas sufrieron una gran derrota. Los atenienses habían ganado una enorme victoria que propulsó a Atenas a la posición de poder central de las ciudades—estado griegas. Aunque continuarían las luchas entre Grecia y Persia, ésta última ya no era realmente una amenaza para Europa, permitiendo el florecimiento del período griego. En un sentido mucho más amplio, marcó el comienzo de una tradición europea distinta de Asia que constituiría los comienzos de la "civilización occidental."

Cannas, Zama   Después de que los griegos y los persas se asentaron, la siguiente confrontación antigua de superpotencias ocurrió entre los romanos y sus rivales los cartagineses, por el control del Mediterráneo. Cartago, una ciudad costera cerca de Tunis en lo que hoy en día es Túnez, había sido colonizada durante cientos de años por los fenicios, el gran imperio naval basado en lo que hoy es Líbano. Se lucharon tres Guerras Púnicas (palabra en latín que significa "fenicio") entre Roma y Cartago que duraron cien años entre el 264 y el 146 A.C. En la primera de estas, Roma pudo expulsar a Cartago de la isla de Sicilia.

Desde una base en España, entonces parte de Cartago, el general cartaginense Aníbal (247–152 A.C.) tomó una fuerza mixta de norafricanos, españoles y galos y realizó una marcha dramática, viajando con elefantes norafricanos (una raza ya extinta), a través del sur de Francia y sobre los Alpes en el invierno del 218 A.C. Esta marca audaz, seguida por una serie de victorias rápidas al norte de Italia, dejó a Roma sorprendida y expuesta a los ataques.

Necesitado de víveres, Aníbal movió sus tropas hasta Cannas, un gran depósito de alimentos en la costa sudeste de Italia, centro de la provincia romana abundante en cultivos de maíz. Allí, en el año 216 A.C., el ejército de Aníbal se enfrentó con el más grande ejército romano que jamás salió al campo. Pero su táctica de atraer al enemigo y después rodearlo (luego llamado el doble envolvimiento) dio como resultado una pérdida humillante para Roma. Esta táctica ha sido estudiada y utilizada por generaciones de soldados. A pesar de su triunfo militar, Aníbal no pudo completar la victoria sobre Roma. Atrapado en el "dedo gordo" de la "bota" de Italia, posteriormente fue llamado de regreso a Cartago cuando las fuerzas romanas atacaron la ciudad en el 203 A.C. Derrotado por el general romano Escipión en la batalla de la cercana Zama, Aníbal se fue al exilio y finalmente se suicidó.

En la Tercera Guerra Púnica (146 A.C.) Roma finalmente derrotó a Cartago, reduciendo la ciudad a una pila de escombros y tomando a los sobrevivientes como esclavos. África del Norte se volvió parte de la provincia de África del Imperio Romano en expansión.

Hastings   Si, al igual que la mayor parte de los estadounidense, recibiste una educación inspirada en lo británico, el año 1066 es una de esas fechas que debías guardar en tu memoria. Este es el año en que Guillermo el Conquistador (1027–87) de Normandía (Francia) invadió Inglaterra. Guillermo era pariente lejano del rey inglés Eduardo el Confesor. Reclamó el trono inglés que le había sido usurpado por Harold Godwin, el noble anglosajón más poderoso del país, que ya había respondido a una amenaza al trono matando al rey de Noruega en una batalla.

Guillermo desembarcó su tropa de caballeros y hombres de armas y marchó hasta **Hastings,** en la costa sureste de Inglaterra, donde rápidamente construyó un castillo de madera como base. El 14 de octubre, la furiosa batalla que duró el día entero, que se aprecia en el famoso tapiz Bayeux, llegó a su fin cuando los arqueros normandos hicieron llover sus flechas directamente sobre los anglosajones. En el siguiente combate, el Rey Harold fue muerto y las fuerzas anglosajonas, ya sin líder, se desintegraron. El día de Navidad de 1066, Guillermo fue coronado rey de Inglaterra en la Abadía de Westminster y dio comienzo a un siglo de dominio normando en Inglaterra que se extendería hasta gran parte de Europa y jugaría un papel importante en las Cruzadas para recuperar Tierra Santa.

Acre, Arsuf   Las Cruzadas comenzaron en 1095 después de que la toma de Jerusalén por parte de los turcos Seljuk produjo un llamamiento del papa para recuperar las Tierras Santas de Palestina de los musulmanes. Los europeos tuvieron éxito inicialmente y retomaron Jerusalén, pero les fue arrebada nuevamente en 1187 por Saladino (1138–93), el general kurdo que controló gran parte de África del Norte y el Medio Oriente. Conocido como patrón de las artes y célebre por su hidalguía, Saladino era, sin embargo, un musulmán y un infiel para los europeos, quienes querían tomar posesión de la ciudad santa de Jerusalén y la Verra Cruz, la reliquia más sagrada de la Cristiandad.

En 1189 comenzó la Tercera Cruzada y, después de un falso comienzo, fue conducida por el Rey Ricardo I de Inglaterra (el famoso Corazón de León de la leyenda de Robin Hood; 1157–99) y Felipe II de Francia, ¡que además estaban en guerra entre ellos en esa época! Dejaron a un lado sus diferencias el tiempo suficiente como para tomar la ciudad de Acre (Akko), un puerto en lo que ahora es la costa noroccidental de Israel. Teniendo como rehenes a más de 2,500 civiles, Ricardo I los hizo pasar por la espada, una matanza espantosa de mujeres y niños, que no se corresponde con la piadosa visión de Hollywood del "Buen Rey Ricardo."

Ricardo comenzó entonces una marcha hacia el sur por la costa hacia el puerto de Jaffa (Yafo), seguido por las tropas de Saladino, hasta que los dos ejércitos llegaron a **Arsuf**, un lugar de la costa a unas pocas millas al norte de donde está hoy Tel Aviv. En un calor intenso, los dos ejércitos se enfrentaron, los cruzados de Ricardo con el mar a sus espaldas. Manteniendo defensa disciplinada hasta que ordenó un contraataque, Ricardo pudo tomar control de la batalla rápidamente haciendo huir al ejército de Saladino.

Incapaz de volver a capturar Jerusalén, Ricardo se tranzó por un tratado con Saladino que les permitía a los peregrinos cristianos libre acceso a los santuarios de la ciudad. Al rey inglés le fue menos bien en su regreso a casa. Fue capturado por el rey de Austria, que exigió el pago de un rescate. Éste fue finalmente provisto por sus súbditos ingleses.

Saratoga   Las primeras batallas de la Guerra de la Independencia de Estados Unidos en el estado de Massachussets, en Lexington y Concord—con la del famoso "disparo que se escuchó alrededor del mundo"—o la de Bunker Hill (realmente Breed Hill) en Boston, quizás sean más famosas. Pero las batallas libradas entre el rebelde Ejército Continental y las tropas británicas en **Saratoga** (Nueva York) en el otoño de 1777 fueron mucho más importantes para el resultados final de la guerra.

Desplazándose hacia el sur desde Canadá, las tropas británicas debían encontrarse con otra fuerza que venía por el Río Hudson desde Nueva York. El plan era cortar a Nueva Inglaterra, el centro de la rebelión colonial, del resto de las colonias americanas. Pero la inadecuada planificación y comunicación arruinaron el plan británico. La primera de dos entonadas batallas tuvo lugar el 19 de septiembre de 1777 en Saratoga, unas 25 millas (40 kilómetros) al norte de Albany, Nueva York. En ella participaron cerca de 7,000 patriotas. Entre ellos había 500 francotiradores de Pennsylvania, de excelente puntería, bajo el comando de Daniel Morgan, a quien no le costó trabajo disparar desde posiciones encubiertas contra soldados británicos, que estaban formados en el tradicional cuadro de batalla europeo. Los oficiales británicos en sus distintivos uniformes de trenzas doradas también eran blancos fáciles para los francotiradores rebeldes. La primera batalla terminó sin un claro vencedor, con los británicos habiendo sufrido numerosas bajas, pero estableciendo defensas terrestres.

El 7 de octubre comenzó la segunda batalla de Saratoga. Conducida por el extravagante Benedict Arnold—que posteriormente traicionaría a la causa de la colonia—los rebeldes doblegaron a los británicos. Diez días más tarde, el general británico Burgoyne se rindió, descarrilando una gran ofensiva británica contra los rebeldes y retirando del lugar una fuerza Británica de 8,000 hombres. El impacto estratégico inmediato de la victoria dejó a los rebeldes en control del Río Hudson. Más importante todavía, poco después de Saratoga, los colonos y los ingleses comenzaron a sentir por primera vez que la victoria de los rebeldes era posible. Ese sentimiento también fue expresado en Francia, el principal rival de Gran Bretaña, que se alió con la causa de los rebeldes y finalmente volteó la situación de la guerra a favor de los colonos rebeldes.

Trafalgar, Austerlitz, Borodino y Waterloo Después de la victoria rebelde sobre los británicos, la Europa continental se vio envuelta en un complejo conflicto, comenzando con la Revolución Francesa de 1789, que estableció la República Francesa solo para ser reemplazada rápidamente con la subida al trono de Napoleón Bonaparte (1769–1821). Después de una serie de victorias sobre los ejércitos de Austria, Rusia y Prusia (que luego se convertiría en parte esencial de una Alemania unificada) que estaban comprometidas a restaurar la monarquía en Francia, Napoleón regresó a París e ideó un golpe que lo convirtió en el soberano virtual en 1799. En 1804 fue proclamado emperador de Francia con la bendición del papa. Pero sus ambiciones iban más allá de la misma Francia: ambicionaba dominar toda la Europa continental. Había planeado una invasión a Inglaterra, pero su arriesgado plan condujo a años de luchas, conocidas como las Guerras Napoleónicas, que encendieron el continente desde 1804 hasta 1815.

La batalla naval librada en octubre 21 de 1805 cerca de **Cabo Trafalgar,** en la costa sudeste de España, cerca del Estrecho de Gibraltar, fue el enfrentamiento naval decisivo de esas guerras. Tras la victoria del Almirante Nelson de Inglaterra, quien murió en la batalla, sobre la Armada Francesa de Napoleón, se estableció una supremacía británica en el mar que duraría todo el siguiente siglo.

Napoleón, frustrado por el fracaso de su plan de atacar Inglaterra, su enemigo más implacable, dirigió su vista y su ejército hacia el continente. Marchando desde Francia hacia Europa Central, Napoleón confrontó los ejércitos aliados del Zar Alejandro I de Rusia y el Emperador Francisco I de Austria. La mayor batalla se libró cerca del pueblo de **Austerlitz,** en la actual ciudad de Brno al sur de Checoslovaquia.

Aquella refriega de diciembre de 1805 se considera, tácticamente hablando, la batalla más perfecta de Napoleón. Aunque el ejército aliado al que se enfrentaba era muy superior, tenía problemas de comunicación—sus líderes y tropas hablaban diferentes idiomas. Para empeorar las cosas, el joven zar Alejandro I tomó el comando de las tropas de su experimentado Mariscal de Campo Kutuzov. Napoleón atrajo al enemigo para que abandonara su posición en una altura estratégica, se posesionó de esas alturas y aniquiló gran parte del ejército aliado que había sido enviado para masacrarlo. Un día después de la batalla, los austriacos y los rusos negociaron con Napoleón. Durante los dos años siguientes, Napoleón dominó la mayor parte de Europa continental instalando a miembros de su familia en la mayor parte de los tronos.

Pero Napoleón sufrió su primer revés en tierra en las Guerras Peninsulares libradas por el control de España y Portugal. La lucha allí comenzó en 1808 y se prolongó durante seis años. En 1812, ante la derrota sufrida en España y Portugal, Napoleón tomó la decisión desastrosa de invadir Rusia. Con medio millón de hombres, salió de Francia en dirección a Moscú. A lo largo de la ruta, tuvo que dejar atrás tropas para asegurar sus conquistas. Cuando llegó a Rusia, su ejército estaba disminuido y a mucha distancia de su país y de provisiones seguras.

En **Borodino,** un pueblo ubicado a 70 millas (110 km) al oeste de Moscú, Napoleón fue recibido por el Ejército ruso bajo el comando del Mariscal de Campo Kutuzov, cuyos sabios consejos habían sido ignorados por el zar siete años antes en Austerlitz. En una batalla inmortalizada en la novela de Tolstoy *La Guerra y la Paz,* Napoleón rompió el cerco y preparó la entrada a Moscú. Aunque ocupó la capital rusa, lo logró a un gran costo. El comienzo del severo invierno ruso produjo un gran número de bajas en su ejército. La gran distancia a que estaba de París obligó a Napoleón a salir de Moscú y regresar a Francia seguido por Kutuzov en una persecución implacable y demoledora. Cuando regresó a París, el ejército de Napoleón de medio millón de hombres había sido reducido a 30,000 hombres por el frío y la brutal contienda en Rusia. En 1814 Francia fue atacada por una nueva alianza de Rusia, Austria, Prusia y Gran Bretaña. Incapaz de repeler esta invasión, Napoleón se vio obligado a abdicar y fue enviado a la isla de Elba, cerca de la costa de Italia, en el primero de sus dos exilios.

Sin embargo, mientras los aliados se disponían a restaurar la monarquía francesa, Napoleón se escapó y regresó a Francia. Recibido como si fuera un Mesías que regresa, marchó hasta París, reuniendo seguidores por el camino. Aunque Napoleón prometía paz, sus enemigos en el extranjero inmediatamente declaron la guerra. Envejecido y en mal estado de salud, Napoleón formó un ejército de 125,000 veteranos probados en la guerra y se dirigió a Bélgica y a un encuentro con el general británico Lord Wellington.

El 18 de junio de 1815, los ejércitos se encontraron cerca de **Waterloo,** un pueblo belga al sur de Bruselas. Luchando a través de acres de campos de cultivo bajo una lluvia torrencial que convirtió la tierra en un barrial ensangrentado y fangoso, el último ejército de Napoleón fue convincentemente derrotado. Cuatro dís más tarde, abdicó nuevamente. Exiliado por segunda vez, fue enviado a Santa Helena, una isla volcánica desierta en el Atlántico Sur, donde el antiguo emperador de Francia y amo de Europa murió en la soledad.

Gettysburg　Librada durante los primeros tres días en julio de 1863, la Batalla en Gettysburg (Pennsylvania) fue el momento crucial en la larga y sangrienta Guerra de Secesión o Guerra Civil. Sabiendo que sus tropas, menos numerosas que las del enemigo, no podían ganar una guerra larga contra los estados del Norte, que eran más ricos, más poblados e industrializados, el General Robert E. Lee (1807–70), de la Confederación, trató de llevar la guerra al Norte. Después de una serie de victorias contra inexpertos comandantes de la Unión, Lee llevó sus tropas a través del fértil Valle Shenandoah de Virginia hasta Pennsylvania. Intentaría rebasar el flanco del Ejército de la Unión, luego virar hacia el sur y tomar Washington D.C., desmoralizando al enemigo y terminando rápidamente la guerra con el reconocimiento europeo de los Estados Confederados.

Más por accidente que por designio, una partida de exploradores confederados, que según se dice andaban buscando zapatos, se encontraron con una patrulla del Ejército de la Unión del Potomac. Se encontraron en el pequeño pueblo de **Gettysburg,** cruce de la línea del ferrocarril y una docena de carreteras que conducían a todos los puntos del compás. Después de este primer encuentro accidental, los comandantes de ambos bandos enviaron tropas al pueblo, llegando primero los soldados de la Unión con suficiente fuerza para tomar la mejor posición, situación que demostraría ser decisiva en esta larga y dura batalla. Lee, un comandante brillante, que había dejado de mala gana el Ejército de los Estados Unidos cuando su estado natal de Virginia se separó de la Unión, sabía que la victoria despejaría el camino para asestar un golpe demoledor en la capital de la nación. Tenía la confianza de un general cuyas tropas habían vencido a las de la Unión casi en cada ocasión.

Durante tres días la lucha fue feroz, a menudo mano a mano. Las fuerzas de la Unión sostuvieron su terreno contra las arremetidas de infantería de los confederados, hasta que Lee se vio obligado a retirarse. Cientos de miles de hombres murieron de ambos lados y el ejército de Lee, que recibió un golpe casi mortal, regresó a Virginia en mal estado. La orden del comandante de la Unión de no perseguir a los vapuleados sureños y terminar con ellos fue una decisión controvertida que quizás prolongo la guerra varios años más, reduciendo finalmente al Sur a ruinas.

Con la victoria de la Unión, las esperanzas de los confederados de obtener reconocimiento y ayuda de Europa se agotaron de la noche a la mañana. El mejor ejército de Lee, habiendo perdido su aura de invencibilidad, nunca más sería capaz de resistir las inmensas ventajas de la Unión en tropas, provisiones y producción en tiempos de guerra.

Little Big Horn   Una de las personas presentes en Gettysburg fue un "joven general" ambicioso, de veintitrés años, cuya caballería enfrentó exitosamente los refuerzos de los confederados conducidos por uno de los generales más capaces de Lee, Jeb Stuart. Ese general de caballería de la Unión se llamaba George Armstrong Custer (1839–76). Aclamado por su desempeño en Gettysburg, Custer lograría una especie de inmortalidad por su parte en otro sangriento desastre, "Custer's Last Stand." (La Última Defensa de Custer). Custer, un excéntrico vanidoso, usaba uniformes de terciopelo negro diseñados por él mismo y su pelo rubio hasta los hombros. Los indígenas lo llamaban "Pelo Largo."

Después de ver la masacre de grandes manadas de búfalos a medida que el ferrocarril avanzaba hacia el oeste, los indígenas de las Praderas intentaron un gesto de desafío para defender las tierras que les habían sido garantizadas por los tratados de paz por el gobierno de los Estados Unidos. Cuando Custer condujo a una banda de exploradores a las Colinas Negras de Dakota del Sur y encontró oro, desató una fiebre del oro en las tierras indígenas, preparando la escena para una confrontación entre los indígenas de las Praderas y los "soldados pony."

Ignorando las advertencias de los exploradores que reportaban de un gran número de indígenas agrupados contra ellos cerca del valle del Río Little Big Horn en Montana, Custer dividió su comando y ordenó un ataque. Aunque no había hecho el debido reconocimiento, Custer estaba totalmente seguro de que sus tropas podían vencer a los mil indígenas que esperaba encontrar. En junio 25 de 1876, superados en número por más de 3,000 guerreros sioux, todos sus hombres fueron masacrados en la primera media hora de combate.

Las noticias de la batalla, que llegaron al Este cuando la nación estaba celebrando su centenario, ocasionaron pedidos de represalias masivas contra los indígenas. Esta batalla, una de las pocas victorias indígenas en su lucha de más de trescientos años contra la insuperable invasión europea, hizo que Custer fuera un reverenciado héroe estadounidense durante años. Sólo recientemente se han reconocido su temeridad, vanidad y excesiva ambición como la verdadera razón para el brutal fin que tuvo.

Puerto Arturo Cerrado a Occidente hasta la llegada a la Bahía de Tokio de Matthew C. Perry en 1853, Japón había permanecido alejado de los asuntos europeo-americanos. Pero la apertura al Occi-

dente en la segunda mitad del siglo XIX trajo una rápida moderni-
zación al Japón y planes ambiciosos para ganar una tajada de la
gran expansión colonial euro-americana en Asia. Para fines de siglo,
los antes tímidos japoneses estaban listos para participar como acto-
res en el escenario del mundo. Con el Imperio Chino, que una vez
había sido formidable, en plena decadencia, los países europeos
desmembraban China y reclamaban diversas áreas como "esferas de
influencia." Japón fijó sus ojos primero en controlar Corea y Manchuria, un objetivo que produjo una colisión frontal con Rusia y la
Guerra Ruso-Japonesa de 1904–1905.

El primer objetivo militar japonés fue la posesión rusa de Puerto
Arturo, un puerto estratégico, de aguas profundas, en el extremo de
la Península de Liaodong en lo que es hoy China. Era en ese
entonces el único puerto ruso sobre el Pacífico, libre de hielo. Controlar el puerto significaba comandar los mares locales. El ataque
japonés sobre la ciudad fortificada, con toda la furia de un estado
industrializado militar del siglo XX, duró desde mediados de agosto
de 1904 hasta enero de 1905. Cuando el comandante ruso finalmente se rindió, los japoneses habían tenido 60,000 bajas y los rusos
contaban 30,000 entre muertos y heridos.

La caída de Puerto Arturo forzó a los rusos a entablar un juicio
por la paz, que fue negociada por el Presidente Theodore Roosevelt
en Portsmouth, Nuevo Hampshire. Rusia cedió Puerto Arturo y
parte de la Isla Sakhalin y fue forzada a entregar Manchuria. Japón
quedó como la mayor potencia en el Este de Asia y buscaría expandir su poder militar e influencia en el Pacífico durante las siguientes
tres décadas. Esta política produciría más tarde una colisión con los
Estados Unidos en la Segunda Guerra Mundial.

Marne, Tannenberg, Ypres, Gallipoli, Verdun, la Somme   Cuando
estalló la Primera Guerra Mundial en el verano de 1914, el plan de
Alemania era simple. Conducir sus tropas velozmente a través de
Bélgica y darle un golpe mortal a Francia. Entonces Alemania vol-
tearía su atención al Este y se batiría con Rusia. La primera parte de
esa barrida trajo la guerra a los bajos llanos de Bélgica y la parte
central de Francia, escena de una lucha un siglo antes en las Guerras Napoleónicas.

La estrategia alemana, conocida como el Plan Schlieffen, fue exitosa inicialmente pues los ejércitos del Kaiser cortaban una amplia trocha a través de Bélgica y se abrían paso hacia París hasta que se encontraron con un ejército Aliado en las riberas del **Marne,** un río en el centro de Francia al norte de París. La primera de las dos batallas se libró allí en septiembre de 1914. Después de sufrir esta gran derrota, los alemanes se retiraron, comenzando la larga y terrible parálisis de la guerra de las trincheras en la Primera Guerra Mundial.

Unas semanas antes, los alemanes habían asestado un golpe severo a los rusos, su oposición en el Frente Oriental. Peleando cerca de Tannenberg, una pequeña aldea en lo que ahora es Polonia, los alemanes rechazaron una invasión rusa diseñada para debilitar a Alemania creando frentes de batalla en dos lados. Pero las tropas rusas estaban mal dirigidas, pobremente equipadas y mal entrenadas. Cuando se enfrentaron al ejército Alemán, modernizado y unido, sufrieron una desastrosa derrota. Cuando miles de hambrientos soldados rusos se rindieron, su comandante se suicidó. La guerra en el Frente Oriental continuó inconclusa hasta 1917 en que la Revolución Rusa destronó al zar y el gobierno bolchevique de Lenin se retiró de la guerra.

En Frente Occidental, los alemanes idearon un plan para atravesar Bélgica y tomarse las ciudades portuarias en el Canal de la Mancha. Uno de sus objetivos era el pequeño pueblo productor de encaje llamado **Ypres (Ieper),** que era un centro de comunicaciones y cruce estratégico. Durante los cuatro años siguientes se libraron tres batallas sobre Ypres, produciendo un millón de víctimas en ambos bandos. Muchos de los muertos están enterrados en los cuarenta cementerios cercanos al sitio y que más tarde darían al pueblo su grotesco apodo, "Ypres la Morte". La primera batalla en octubre de 1914 inició el largo período de las guerras de las trincheras que tan estúpidamente acabaron con los jóvenes de Europa.

Para la primavera de 1915, la guerra en Europa había llegado a un costoso estancamiento. El feroz orgullo nacionalista y la certidumbre de tener ejércitos superiores mantenían a los dos bandos renuentes a negociar un acuerdo. Un plan británico para romper con el estancamiento requería una nueva ofensiva a través del

Imperio Otomano (moderna Turquía), entonces aliado de Alemania. El punto de ataque era la estrecha **Península de Gallipoli,** con vista las Dardanelles, el estrecho que conecta al Mediterráneo con el Mar Muerto. El plan tenía su mérito, pero los británicos no lograron ponerlo en marcha a tiempo. Cuando atacaron, ya los turcos y los alemanes habían fortificado el área. El asalto combinado de tropas británicas, francesas, australianas y neozelandesas comenzó en agosto de 1915. En lugar de un brillante golpe estratégico, el asalto en Gallipoli se convirtió en un fiasco, abriendo otro más largo y horrible frente en el que las pérdidas de ambos bandos fueron enormes y sin que los británicos ni los franceses obtuvieran la ventaja esperada.

El estancamiento en el Frente Occidental continuó hasta bien entrado el año 1916. Ambos bandos montaron ambiciosas ofensivas para ponerle fin a la guerra. Los alemanes asaltaron la ciudad fortificada de Verdun, en el Río Meuse al este de Francia, en febrero de 1916. La lucha siguió sin una decisión, pero con devastadoras pérdidas, durante meses. Para junio los franceses habían perdido más de 300,000 hombres en Verdun y los alemanes 281,000.

Más locura y muerte llegarían cuando los franceses y los aliados contraatacaron en julio de 1916 en la Batalla de **Somme,** un río en el norte de Francia. La batalla duró hasta noviembre y, cuando terminó, la guerra de desgaste había cobrado más de un millón de vidas.

La secuela de Somme fue simplemente otro mortal callejón sin salida. Cuando los alemanes intentaron una última ofensiva, nuevamente en el Marne, los aliados la rechazaron. Finalmente prevaleció el cansancio más que el buen sentido. Los Estados Unidos se habían asociado con los británicos y los franceses brindando fuerzas frescas para rato. Para 1918, los Aliados finalmente habían comenzado a avanzar en territorio alemán y Alemania y sus aliados pidieron la paz.

Stalingrado, El Alamein, Normandía, Iwo Jima   La Primera Guerra Mundial había sido llamada la Gran Guerra y también la Guerra para Terminar Todas las Guerras. Eso fue antes de que se supiera que era inminente una segunda parte.

Con Alemania destrozada por la derrota, habiendo entregado territorio europeo y posesiones coloniales de ultramar, había un gran descontento en el país. Durante la conmoción económica de la depresión mundial de los años treinta, Adolfo Hitler (1889–1945) llegó al poder en Alemania y le culpó de los problemas del país a las injustas reparaciones de guerra que Alemania tenía que pagar, a los extranjeros en general, a los franceses en particular, y a los judíos, sus chivos expiatorios. Se encontró con una audiencia receptiva, ansiosa de ver que Alemania restaurara su lugar "legítimo" entre las naciones de Europa.

Después de derrotar rápidamente a Checoslovaquia y Polonia en 1939, el ejército de Hitler aplastó Dinamarca y Noruega en la primavera de 1940. Repitiendo la estrategia de 1914, Alemania invadió Bélgica, los Países Bajos y Luxemburgo, y después siguió con Francia, tomando París contra una débil resistencia. Los británicos evacuaron el puerto francés de Dunkirk, convirtiendo este momento en un hecho histórico. La Alemania de Hitler y la Italia de Mussolini tenían el control sin oposición sobre Europa, y las tropas alemanas se colocaron nuevamente el cinto de aparente invencibilidad

Un pacto de no-agresión, con varias cláusulas secretas, con el líder soviético Stalin, mantuvo temporalmente a los rusos fuera de la guerra y le permitió a Stalin apoderarse de la mitad de Polonia y los tres estados bálticos de Lituania, Estonia y Latvia. Pero frustrado por la victoria británica en la Batalla de Bretaña, (la monumental guerra del aire librada en los cielos de la Gran Bretaña), Hitler cometió el mismo error de Napoleón y de los comandantes alemanes de 1914. Invadió Rusia a finales de 1941. Estos alemanes también aprendieron la dura lección de destinar tropas de tierra hacia Rusia. La ofensiva alemana se atascó en la monumental Batalla de **Stalingrado,** un centro industrial (anteriormente llamado Tsaritsyn y rebautizado Volgograd en 1961) en la unión de los ríos Don y Volga. Librada desde agosto de 1942 hasta comienzos de 1943, con ambos lados sufriendo pérdidas incontables, la victoria rusa allí marcó el final de la ofensiva oriental de Alemania.

Los Estados Unidos entraron en la guerra después del ataque a la base naval de Pearl Harbor por parte de Japón, el aliado alemán, en diciembre de 1941. Los británicos, aliados de los estadounidenses, planearon contraatacar. Pero en lugar de asaltar a Europa directamente, planearon retomar primero África del Norte. Los italianos habían hecho su movida contra Libia y Argelia en 1940 en un intento por controlar el Mediterráneo y tomar Egipto, el Canal de Suez y el Medio Oriente. El premio obvio era el petróleo, sin el cual la moderna maquinaria militar no podía funcionar. Pero las tropas de Mussolini no lograron completar esta conquista y fueron expulsadas de Egipto y del este de Libia. Los alemanes entonces entraron a África del Norte bajo el comando de uno de sus más capaces generales, el Mariscal de Campo Erwin Rommel (1891–1944).

La batalla de **El Alamein** que se libró desde finales de octubre y hasta noviembre de 1942, fue uno de los hechos decisivos de la Segunda Guerra Mundial. El Alamein era una pequeña estación de ferrocarril al oeste de Alejandría, en Egipto, en el desierto sobre la costa mediterránea. Los británicos, bajo el mando de Bernard Montgomery (1887–1976) sostuvieron una línea de defensa que abarcaba 40 millas (64 km) desde El Alamein hasta el desierto. Para tratar de tomar el Canal de Suez, Rommel tendría que pasar esta línea. El ataque de Rommel fue repelido y Montgomery pasó a la ofensiva tratando de forzar a los alemanes hacia el oeste, donde los estadounidenses, recién llegados, bajo el mando de Dwight Eisenhower y George Patton, estaban tocando tierra en Argelia y Marruecos. Con esta acción "tenaza," los aliados esperaban sacar a los alemanes y a los italianos de África del Norte y prepararse para una invasión de Europa a través de Italia. Doce días de lucha enardecida a través de un desierto yermo, fuertemente minado y acordonado con alambre de púas, terminó con la victoria británica. Fue la primera victoria en tierra sobre los antes invencibles alemanes, quienes fueron forzados a retirarse de África del Norte. El petróleo del Medio Oriente estaba a salvo y los aliados tenían un área lista para su próxima campaña: el asalto de 1943 a Sicilia, la isla del Mediterráneo cuya posesión permitiría el control naval del mar y una posterior invasión a Italia en 1944.

Dos días después de que Roma cayera a manos de los aliados, la mayor fuerza invasora de la historia asaltó las playas de Normandía en el lado francés del Canal de Inglaterra, entre las ciudades portuarias de Cherbourg y Le Havre. El 6 de junio de 1944 —el

Día D—4,000 barcos de invasión, 600 barcos de guerra, 10,000 aviones y más de 175,000 tropas se unieron en el asalto. Después de cuatro días, los aliados habían asegurado la cabeza de playa desde donde iban a lanzar la contraofensiva contra Alemania. Siguió cerca de un año de lucha intensa a través de Francia, Bélgica y finalmente Alemania, antes de que cayera Berlín en mayo de 1945.

Después del desastre de Pearl Harbor, los Estados Unidos habían comprometido la mayor parte de sus fuerzas a la escena europea. Pero la lucha contra Japón continuaba, con la maquinaria militar japonesa prácticamente sin oposición hasta bien entrado 1942. Para ese entonces las fuerzas de Japón controlaban casi el 10 por ciento de la superficie de la Tierra.

Cuando los estadounidenses finalmente tomaron la ofensiva en el verano de 1942, se inició una campaña agotadora, demoledora y difícil de librar con el objeto de retomar una serie de pequeñas islas del Pacífico que serían como escalones para la futura invasión a Japón. La primera de estas islas fue Guadalcanal, y las enormes pérdidas de ambos ejércitos allí fueron un sombrío indicador de la horrible ofensiva que continuaría en el Pacífico durante los siguientes años. La sucesión de islas—Tarawa, Saipan, Guam, Tinian y las Filipinas—fueron batallas desesperadas entre los *marines* estadounidenses aterrizando en las playas y las defensas japonesas que se habían estado preparando durante años.

La mortífera progresión a través del Pacífico culminó con la invasión de **Iwo Jima** en febrero de 1945. Era un trozo de roca volcánica de ocho millas cuadradas dominado por un volcán extinto, el Monte Suribachi. Iwo Jima era el hogar del aeródromo japonés que alertaba a los japoneses acerca de los inminentes ataques aéreos estadounidenses y enviaba aviones caza para atacar a los bombarderos de los aliados en su camino a las islas principales. Era un obstáculo bien protegido, pero clave, para las operaciones estadounidenses. Si era tomado, el aeródromo japonés brindaría una pista de aterrizaje desde la cual las cazas estadounidenses podían proteger a sus bombarderos y donde sus aviones incapacitados podían aterrizar sin peligro después de atacar al Japón.

La isla fue bombardeada veinticuatro horas al día durante tres meses antes de enviar a los *marines*. Pero los japoneses estaban bien protegidos en un panal de búnkeres de concreto y túneles bien aprovisionados bajo la dura superficie volcánica de la isla. Tomó semanas enteras de lucha intensa tomar control de Iwo Jima un suceso inmortalizado en una fotografía del izamiento de la bandera en el Monte Suribachi, que fue un montaje, de acuerdo con revelaciones recientes. Los *marines* tuvieron cerca de 7,000 bajas y otros 15,000 heridos. Sólo 1,000 de los 21,000 defensores japoneses sobrevivieron. Quedaba por delante un asalto sangriento más en Okinawa, una gran isla al sur de Japón. Con su caída en junio de 1945, Japón quedó debilitado y bajo el permanente ataque de los bombarderos estadounidenses que ahora atacaban sin impunidad. El bombardeo de Tokio en marzo de 1945, por ejemplo, mató 100,000 personas y dejó a Tokio en llamas. Unos pocos meses más tarde, en agosto de 1945, la guerra llegó a su cierre definitivo con el lanzamiento de las bombas atómicas en las ciudades japonesas de Hiroshima y Nagasaki. Todavía hoy en día se debate la justificación de este hecho.

Dien Bien Phu   Con el final de la guerra contra Japón, Europa y Estados Unidos actuaron rápidamente para mantener su control sobre sus posesiones asiáticas. Los franceses trataron de reestablecer el control sobre las colonias del Sudeste de Asia—Laos, Camboya y Vietnam. Pero los vietnamitas, dirigidos por el líder comunista Ho Chi Minh y su brillante general Vo Nguyen Giap, se negaron y reclamaron la independencia. La guerra comenzó en 1946, con los Estados Unidos ayudando abiertamente a los franceses en su esfuerzo por mantener control sobre el país. Una guerra básicamente de guerrillas se libró durante los siguientes siete años, con los franceses controlando las ciudades y las guerrillas del Viet Minh dominando las áreas rurales. Luchando contra un enemigo básicamente invisible, el comando francés esperaba atraer con engaño al Viet Minh a una batalla abierta y escogió la aldea de **Dien Bien Phu,** una pequeña aldea 200 millas (320 km.) al oeste de Hanoi, como sitio para la trampa.

Pero el tiro les salió por la culata. Las tropas del Viet Minh comenzaron un largo y mortal asedio de las fortificaciones francesas en Dien Bien Phu. Mientras el mundo occidental miraba, la guarnición francesa fue diezmada durante un asedio que duró seis meses, y los Estados Unidos pensaron enviar ayuda militar. La posibilidad de usar un arma nuclear contra el Viet Minh fue incluso propuesta por el Presidente Eisenhower. En mayo de 1954, los franceses sucumbieron y se rindieron. Siguió un tratado de paz que dividió a Vietnam en dos estados separados, el Norte comunista y la república anticomunista del Sur.

No habiendo aprendido nada de la desastrosa experiencia francesa y temiendo el "efecto dominó" en el resto de la región si caía también Vietnam del Sur en manos de los comunistas, los Estados Unidos remplazaron casi de inmediato a los franceses para brindar ayuda y luego tropas a Vietnam del Sur en la última y desastrosa intervención estadounidense en Vietnam durante los años sesenta y comienzos de los setenta.

PAÍS, NACIÓN, REPÚBLICA, MANCOMUNIDAD: CARTILLA GEOPOLÍTICA

El Principito
Unión de Menos y Menos Repúblicas

Desde que George Bush proclamó un "Nuevo Orden Mundial," ha habido más caos alrededor del mismo que la feliz colaboración que el presidente estadounidense vislumbraba. A pesar de la proclamación de Bush, ha habido pocos cambios en los asuntos del mundo, y mucho menos han sido ordenados. Tras el fin de la Unión Soviética ha habido sangrientas guerras civiles en varias antiguas repúblicas soviéticas. Yugoslavia, arbitrariamente formada con los restos del Imperio Austro-Húngaro después de la Primera Guerra Mundial, ha sido quebrada por un brutal arranque de luchas étnicas y nacionalistas que han dejado este país despedazado. Aparentemente, no hay petróleo en Sarajevo. Entones la "coalición" que "liberó" a Kuwait no se sintió igualmente inspirada a realizar acciones heroicas al producirse los despiadados derramamientos de sangre en los Balcanes.

Además de la tragedia de Yugoslavia, los extraordinarios sucesos de Europa durante los tiempos recientes han transformado claramente el mundo que quedó después de la Segunda Guerra Mundial. Por cerca de medio siglo de guerra fría, dos campos enemigos liderados por los Estados Unidos y la Unión Soviética lucharon por la supremacía. Cada guerra local alrededor del globo se convertía en una crisis de las super-potencias Cuba, Vietnam, Corea, el Medio Oriente y Nicaragua fueron solo algunos de los yesqueros que amenazaron con estallar en conflagraciones más grandes, siempre con el espectro de una nube nuclear en forma de champiñón colgando en el fondo. Irónicamente, las guerras civiles en las repúblicas de Yugoslavia y la antigua Unión Soviética han sido ampliamente ignoradas por los Estados Unidos y Rusia. Hace una o dos décadas, estos conflictos habrían tenido como corolario tanques de guerra rodando a través de fronteras, miles de tropas en alerta y dedos crispados en Moscú y Washington acercándose a los botones de la guerra.

Pero ahora la Unión de Repúblicas Socialistas Soviéticas no existe. Encogida por la secesión de sus antiguas *repúblicas*, la antigua URSS es ahora la *Comunidad de Estados Independientes*. Cada día, nuevas *naciones* solicitan una membresía en las Naciones Unidas. En una serie de conversaciones de paz del Medio Oriente, intermitentes pero innegablemente históricas—impensables hace apenas unos años—los palestinos que fueron desplazados por el establecimiento de Israel presionan por una patria independiente. Mientras tanto, eso es exactamente lo que el gobierno de Canadá ha autorizado para los nativos inuits (como se llaman a ellos mismos) o esquimales (como son más ampliamente conocidos). Nunavut, una palabra inuit que significa "nuestra tierra," se convertirá en un territorio autogobernado, sacado de una enorme área donde una vez estuvieron los Territorios del Noroeste de Canadá.

Cada día hay titulares de prensa llenos de términos políticos y geográficos que dejan a mucha gente confundida en cuánto a cuál es exactamente la diferencia, si la hay, entre nación, país y estado. El siguiente glosario está diseñado para clasificar, simplificar y clarificar los significados de algunos de estos términos de lugares comunes pero algunas veces mal utilizados y abusados.

Colonia: Palabra derivada del latín que significa "cultivar," como en un jardín. Las colonias fueron originalmente pensadas como asentamientos de personas transplantadas de un lugar a un área nueva, a menudo subdesarrollada o poco poblada. Por ejemplo, los vikingos que llegaron a América del Norte alrededor del año 1000, los puritanos que establecieron la Colonia de la Bahía de Massachussets (Bay Colony), y las primeras olas de británicos enviados a poblar Australia, estaban estableciendo verdaderas colonias. Si los Terrícolas alguna vez llegan a Marte y se establecen allí, eso será una colonia.

Aunque ese significado de colonia todavía está vigente, ha surgido otro sentido de la palabra. Con el tiempo, colonia llegó a significar el territorio conquistado y controlado por un poder distante y usualmente más fuerte. En su apogeo, por ejemplo, el Imperio Británico tuvo "colonias" en casi cada continente, entre ellas toda la India y grandes secciones de África y el Medio Oriente. Aunque muchos diplomáticos británicos, soldados y funcionarios civiles fueron enviados a gobernar en estas colonias, siempre fueron una minoría destinada a controlar una gran población nativa más que pobladores enviados para cultivar un territorio básicamente inestable.

Mancomunidad No hace mucho tiempo, esta palabra significaba sólo una cosa: La Mancomunidad Británica, que oficialmente se convirtió en una forma cortés de decir el Imperio Británico en

1931. El sol finalmente se puso en el imperio después de la devastación de la Segunda Guerra Mundial y la pérdida de sus extensas posesiones de ultramar durante los movimientos de independencia de los años sesenta. Pero los británicos trataron de mantener su antes poderoso imperio intacto a través de la Mancomunidad Británica, con cuerdas más sueltas, como una sociedad económica y de comercio. Ahora se llama la Mancomunidad de las Naciones, una sociedad de muchas de las antiguas colonias británicas, que son hoy día básicamente autogobernadas, pero han retenido una relación económica especial con el Reino Unido.

La palabra mancomunidad (*commonwealth*) significa literalmente "bienestar comunal," y es usada por una variedad de agrupaciones políticas alrededor del planeta. Australia, las Bahamas y la isla de Dominica son formalmente cada una llamada mancomunidades, como lo son varios estados estadounidenses y el territorio de Puerto Rico. La más reciente mancomunidad es la formada por los restos de la Unión Soviética. La Comunidad de Estados Independientes es un grupo cuya función no está aún claramente definida y cuyo futuro parece turbio.

Mientras que una definición estricta de mancomunidad puede ser poco clara, se reduce a un sentido de unión basado en intereses mutuos.

Confederación   Suiza es la única nación que se llama a sí misma una confederación, que generalmente se refiere a un grupo de estados unidos con un propósito común.

Tras la Guerra de la Independencia de Estados Unidos, la nueva nación de América fue brevemente, aunque no exitosamente, gobernada por los Artículos de la Confederación, que establecían un gobierno central débil. Cuando falló, las trece antiguas colonias se reunieron y escribieron la Constitución de Estados Unidos. Una segunda confederación llegó con la secesión de los estados del Sur, en una alianza que condujo al desencadenamiento de la Guerra Civil en 1860.

Una *república* federal, Los Estados Unidos de América, que son una república *federal*, son en esencia, una confederación o colección de estados que retienen ciertos poderes y autonomía que no pueden ser alienados por el gobierno central.

País   En un uso estricto, este es un término geográfico que significa el territorio físico de una nación, pero a menudo se usa en el sentido extendido de nación, sin importar si es dependiente o independiente. Entonces, aunque lo habitual es preguntar "¿De qué país eres?" lo que realmente queremos decir es "¿Cuál es tu nacionalidad?"

Coup d'état (algunas veces simplemente coup o Golpe de Estado) Esta frase francesa se traduce como "golpe de estado," y significa el repentino y violento derrocamiento de un gobierno. Si no es tan violento, a menudo se llama "golpe no sangriento." Pero es un término relativo dependiendo de quién es el agresor y quién es el agredido.

Imperialismo   Durante años, los comunistas alrededor del mundo acusaban a los estadounidenses llamándolos "imperialistas." Cuando el Presidente Ronald Reagan quiso decir exactamente lo que opinaba de la Unión Soviética no escatimó palabras, la llamó el "Imperio del Mal."

Imperialismo es un insulto muy utilizado. Significa la adquisición o el control del territorio por parte de un estado para poder explotar los recursos del mismo. La razón es simple. La nación controladora explota la materia prima de esas colonias, produce los bienes terminados y después los vende con gran utilidad, a menudo a la colonia de la que vinieron las materias primas. Tal vez el mayor ejemplo histórico del sistema imperial fue la Gran Bretaña en la India, una pequeña nación imperial que controlaba una enorme colonia. El algodón cultivado en la India era embarcado hasta Inglaterra en donde se convertía en tela en los molinos de Manchester, se cosía para hacer ropa y luego era embarcado nuevamente hacia la India para ser vendido. Siendo el costo de los productos terminados mucho más alto que el de la materia prima, Inglaterra siempre se beneficiaba con este comercio.

El líder nacionalista indio Mohandas Gandhi (1869—1948)

comprendió perfectamente esta relación y la utilizó para formular una protesta simple pero efectiva. Le imploró a los indios que no compraran la ropa hecha en el extranjero y les pidió que comenzaran a usar "tejidos caseros" o ropa que hubieran hecho ellos mismos. Esta táctica elemental y no violenta demostró ser tanto un gesto de independencia como un enorme golpe para los británicos. Fue una de las más efectivas herramientas usadas por Gandhi en su búsqueda pacífica de la independencia india, que fue finalmente otorgada en 1947.

Nación   Por lo general, *nación* significa un grupo relativamente grande de personas que quieren estar organizadas bajo un gobierno único y usualmente independiente. Los miembros de este grupo están a menudo estrechamente asociados por características culturales comunes, es decir, comparten orígenes, historia y a menudo un idioma, así como costumbres, valores y aspiraciones. Conscientes de su propio sentido de nacionalidad, tal grupo desea permanecer libre de la dominación política exterior.

Las *naciones-estado*, como las que tienen membresía de las Naciones Unidas, pueden describirse como repúblicas, principados, reinos o mancomunidades.

Pero hay otro significado para la palabra *nación*, como cuando significa federación o tribu, por ejemplo, en relación con los grupos de indígenas norteamericanos, como las naciones de cherokee o de sioux.

También hay naciones sin estados. Los 21 millones de kurdos que están regados por gran parte de Turquía, Irak e Irán, e incluso en Siria y la antigua República Soviética de Armenia, constituyen la más grande nación del mundo sin un territorio que puedan llamar su propio estado. Suprimidos por el gobierno Turco y asfixiados con gas por el régimen iraquí de Saddam Hussein sin ninguna protesta por parte de las naciones occidentales, los kurdos siguen siendo un factor volátil en una ya tensa parte del globo. Sin una historia antigua de conflictos tribales y sin un único idioma kurdo, los kurdos han sido internamente divididos por su propia historia y su geografía. Las montañas del área conocida como Kurdistán limitan la capacidad de los kurdos de juntarse en un solo movimiento nacionalista.

Reino   Las tierras gobernadas por reyes de alguna manera parecen vestigios de tiempos de hadas. Pero todavía hay unas cuantas naciones que son gobernadas por reyes, ya sea de nombre o de hecho. Entre reinos actuales están Bélgica, Bhutan, Dinamarca, España, Tailandia, Jordania, Lesotho, Marruecos, Nepal, los Países Bajos, Noruega, Arabia Saudita, Suecia, Swaziland, Tonga y, por supuesto, el Reino Unido, aunque su actual monarca, la Reina Isabel, no es un rey. Casi todos estos reinos son monarquías constitucionales en las que los poderes reales de la figura del rey son principalmente simbólicos y el poder político descansa en un cuerpo electo, como el Parlamento Británico. Pero en varios de ellos, especialmente Jordania y Arabia Saudita, el rey retiene poder de dirección sustancial o total.

Principado   Este es suficientemente fácil. Es como un reino, excepto que es controlado por un príncipe. Los tres principados existentes son los pequeños estados europeos de Andorra, Liechtenstein y Mónaco. Los tres son monarquías constitucionales en las que los gobiernos elegidos son los que realmente gobiernan. Además de los reinos y los principados, entre las naciones que son dirigidas por algún tipo de familia real estan los sultanatos de Omán y Brunei, el Gran Ducado de Luxemburgo, el Emirato de Kuwait y los Emiratos Árabes Unidos.

República   Esta palabra, cuyo significado original en latín es "cosa del pueblo," es la palabra que más naciones independientes se aplican a sí mismas hoy en día. En un sentido general, *república* significa entidad política cuyo jefe de estado no es un monarca y, en tiempos modernos, usualmente es un presidente. Teóricamente, el poder supremo en una república radica en el conjunto de los ciudadanos que tienen derecho a votar para elegir representantes que deben responder a ellos. Teóricamente, hay una serie de "repúblicas populares" en las que el pueblo tiene poco o nada que decir en la elección de funcionarios o en el curso de su gobierno.

Estado   Este es verdaderamente uno de los términos más confusos, porque puede ir en dos direcciones. *Estado* se puede aplicar a toda una nación, como cuando se habla del "Estado de Israel" o los "estados europeos del Este," o a uno de los territorios y unidades políticas que componen una federación con un gobierno soberano (como en los Estados Unidos de América o varios estados de la India). En el primer sentido, un estado es el equivalente de una nación, un área de tierra con fronteras claramente definidas y que tiene independencia legal internacionalmente reconocida.

De Afganistán a Zimbabwe: ¿Cuántas Naciones Hay en el Mundo?

Con la sacudida de Europa del Este, el fin de la Unión Soviética y muchos otros cambios acaecidos al mapa del mundo, hay ahora 178 países miembros en las Naciones Unidas. (Ver apéndice III: Naciones del Mundo.)

Pero no guardes tu calculadora. El ritmo de fabricación de países no ha disminuido en 1992. Las nuevas repúblicas de Croacia, Eslovenia, Bosnia y Herzegovina y Macedonia ya se han separado de la antigua Yugoslavia, que sigue siendo una república, pero es apenas una sombra de su antiguo ser.

Este total tampoco incluye a Groenlandia, un territorio bastante importante que es una parte "autónoma" de Dinamarca. Tampoco están incluidas en esta cuenta las cuatro llamadas repúblicas de Bophuthatswana, Ciskei, Transkei y Venda. Estos son territorios tribales que están dentro de las fronteras de Sudáfrica pero sólo han sido reconocidas por ésta como repúblicas independientes. Para todos los efectos prácticos, estos territorios todavía son gobernados por Sur África.

Si regresarle la tierra a su legítimo propietario fue la razón de la Guerra del Golfo contra Irak, ¿por qué detenerse en Kuwait? Ya que gran parte del poder de decisión en el Consejo de Seguridad de las Naciones Unidas descansa en las manos de los "Cinco Grandes" miembros permanentes, comienza con su historia de invasiones, anexiones, incursiones y mala conducta general:

El Reino Unido　Pocas naciones estuvieron más indignadas con la invasión de Kuwait que la británica. Mientras que el Parlamento resueltamente miraba enojado a Irak, fue fácil para ellos ignorar su propio patio lleno de mugre. Irlanda del Norte continúa bajo su dominio y las tropas británicas todavía ocupan un pedazo de tierra que está obviamente ligado a otro país. Mientras que el resto de Irlanda obtuvo su independencia en 1922, los británicos retienen este pequeño vestigio de colonia basada en una conquista de hace siglos. Los británicos también tienen otras joyas, bisutería de su despedazada corona imperial, como Gibraltar, las Islas Vírgenes, las Islas Caimán, Bermuda y las Islas Malvinas, un desolado terreno ubicado cerca de la costa de Argentina, que trató de reconquistarlas en una guerra en 1982. Al menos Hong Kong será devuelto a la soberanía china en 1997.

Francia   A los franceses hay que reconocerles sus méritos. No pueden ser acusados de mal gusto al escoger sus posesiones territoriales. Guadalupe y Martinica son bellos paraísos caribeños que permanecen en manos de los franceses. Un grupo de islas del Pacífico que forman la Polinesia francesa, una pertenencia presumiblemente embellecida por la estadía del artista Gauguin en Tahití. También tienen la Guayana francesa, la última posesión europea en América del Sur, donde son lanzados los satélites franceses, y Nueva Caledonia, una importante fuente de níquel.

Estados Unidos de América   En orden cronológico, comienza con Texas y mucho del Sudeste y California, "comprados" por un tratado después de la Guerra con México desde 1846 hasta 1848. Una guerra descrita por Ulises S. Grant como una de las "más injustas jamás emprendida por una nación más fuerte contra una más débil." (Tal compra es el equivalente diplomático de la frase del padrino Don Corleone "oferta que no se puede rechazar.") Medio siglo más tarde o tras la Guerra Hispano-Estadounidense, en 1898 vino la adquisición de Puerto Rico, hoy una mancomunidad de los Estados Unidos. Pero a diferencia de la mancomunidad de Massachussets, Puerto Rico no puede votar en las elecciones presidenciales y no disfruta de representación en el congreso. Mientras que el tema de la independencia de Puerto Rico se arrastra hacia una resolución, la cuestión permanece en manos del Senado de los Estados Unidos más que en las del pueblo de Puerto Rico. También en el Caribe, los Estados Unidos retiene sus posesiones en las Islas Vírgenes y una base en Cuba en la Bahía de Guantánamo, sin duda un asunto molesto para Fidel Castro. Más allá en el Pacífico Sur hay una cantidad de bellas islas, todas sobrantes de la guerra contra Japón, que los Estados Unidos cuentan entre sus "posesiones." Entre ellas, las Islas Marshall que están siendo usadas como depósito de basuras.

China   Habiéndose abstenido del voto del Consejo de Seguridad en el ultimátum a Irak, Beijing evadió un cargo de franca hipocresía. Pero está el tema del Tibet, una antigua colonia de China que los chinos anexaron en 1958, forzando al líder espiritual de la pequeña nación, el Dalai Lama, al exilio. Aunque la independencia nacional del Tibet no es reconocida, las tropas chinas imponen una ley marcial rígida suprimiendo el nacionalismo tibetano con fuerza mortal.

Rusia   Aunque todavía hay naciones "autónomas" dentro de Rusia, la antigua Unión Soviética se ha despojado de la mayor parte de sus colonias, en particular de los tres estados bálticos. Hay todavía una cuestión pendiente acerca de las islas por las cuales los rusos y los japoneses se han estado batiendo desde el comienzo de siglo. Pero ese desacuerdo parece destinado a una resolución pacífica. Otras cuestiones de la composición interna de Rusia están en duda.

Aunque la era del colonialismo está prácticamente terminada, estas tierras que pertenecen en manos distantes son el recordatorio de que la historia está llena de tomas de tierra a la fuerza. Es sabio recordar que la historia es escrita y los mapas dibujados por los ganadores.

¿Dónde Queda el "Tercer Mundo"?

"Pobre, acosado, caótico."

¿Se trata de Rusia y Yugoslavia durante los últimos años? ¿O las zonas de guerra en la ciudad de Los Ángeles durante los sangrientos disturbios en mayo de 1992?

No. Qué tal una definición de lo que significa ser parte del "Tercer Mundo." Ese fue el estándar establecido por el Primer Ministro de Singapur, Lee Kuan Yew en 1969. ¿Eso coloca a Rusia o a Los Ángeles en el "Tercer Mundo?" No se supone que sea una pregunta graciosa. Pero sí es, tristemente, una pregunta real.

Tercer Mundo es una frase distintiva de los años cincuenta, inventada por intelectuales franceses. El mundo necesitaba un claro punto de referencia para las nuevas naciones emergentes independientes en Asia y África. Estas antiguas colonias, la mayor parte de ellas pobres y políticamente inestables, fueron bautizadas *le tiers monde* y literalmente definidas por lo que no eran. El Primer Mundo era el Occidente, dominado por los Estados Unidos, Europa Occidental y sus satélites con economías de mercado libre. El Segundo Mundo era la Unión Soviética y sus aliados de Europa del Este. Un mundo caracterizado por sistemas socialistas con economías administradas por el estado. Finalmente, la etiqueta del Tercer Mundo se le aplicó a las naciones supuestamente no alineadas y en vías de desarrollo de África, América Latina y Asia. En estas naciones en vías de desarrollo, en ese momento el ingreso promedio era mucho más bajo que el de las naciones industrializadas; sus economías dependían de unos pocos cultivos de exportación y la agricultura estaba en el nivel de subsistencia.

Una mirada a la siguiente lista de países, cuyos nombres cambiaron después de su independencia, es reveladora. La mayoría de ellos forman parte de lo que se ha considerado tradicionalmente el Tercer Mundo. Muchos de ellos tienen también la triste distinción de contarse todavía, por las Naciones Unidas, entre las naciones más pobres del mundo. De las cuarenta y una naciones señaladas por la ONU como las más pobres, veintiocho están en África, otras ocho están en Asia, cuatro son grupos de islas del Pacífico y una está en el Caribe.

Pero se han unido el tiempo y los sucesos para hacer de la frase Tercer Mundo un anacronismo mal utilizado. Desde un comienzo, el concepto de un monolítico Tercer Mundo que estaba de alguna manera separado y que era diferente del Oriente o del Occidente tenía poco sentido. En primer lugar, la noción de no-alineamiento era bastante ridícula. Pocas de estas naciones eran libres de hacer un cambio en una dirección o en otra.

Más importante todavía, el concepto del Tercer Mundo ignoraba enormes diferencias en cultura, religión y origen étnico. Los países empobrecidos de América Central tenían poco en común con el

África subsahariana. ¿Y qué tenía que ver África ecuatorial con Afganistán? Para complicar la situación más, alguien en los Estados Unidos introdujo la noción de un Cuarto Mundo, un término usado cada vez más para identificar el grupo de las naciones más pobres.

Los enormes cambios en las alineaciones geopolíticas del mundo han dejado obsoletas estas etiquetas. En primer lugar, ya no hay un Segundo Mundo compitiendo con el Primer Mundo y con el cual contrastar el "Tercero." La caída del comunismo en la Unión Soviética y Europa del Este se encargaron ya de esta distinción.

Igualmente importante es la rápida expansión económica en muchos de los países que una vez encajaron con la descripción de un país "Tercer Mundista." De acuerdo con el Banco Mundial, las naciones en vías de desarrollo crecerán dos veces más rápido en los noventa que las siete naciones industrializadas más grandes. El Singapur de los 90 ya no es la isla "pobre, acosada y caótica" que era cuando se acuñó la frase. Corea del Sur, Taiwán y Hong Kong todas tienen economías robustas. Y en muchas otras naciones hay crecientes abismos entre ricos y pobres.

En ese sentido, el Tercer Mundo se refirió y se refiere a algo real, casi una forma de ser más que un grupo definido de lugares. Decir "Tercer Mundo" todavía significa enormes problemas sociales como enfermedades, hambre y mala calidad de vivienda. Pero ningún grupo o país disfruta del monopolio de estas dudosas distinciones. Las dolencias que han llegado a asociarse con el Tercer Mundo están presentes en todo el globo. Estos problemas usualmente son peores en las grandes ciudades de América Latina, Asia y África, desde la Ciudad de México y Río de Janeiro hasta Cairo, Lagos (Nigeria) y Calcuta. Las noticias acerca de las condiciones en la antigua Unión Soviética la describen como un país del "Tercer Mundo," y Rusia incluso busca la ayuda de Corea del Sur. En otros lugares de Europa, la lucha étnica en Yugoslavia es tan brutal como cualquier "guerra tribal" en África. Aun los Estados Unidos están encasillados con enclaves del Tercer Mundo, ya sea en los centros urbanos o en aldeas rurales, donde los estadounidenses tienen una esperanza de vida típica de países como Bangladesh y unas tasas de mortalidad infantil peores que aquellas encontradas en muchas de las llamadas naciones del Tercer Mundo.

"AYÚDAME, RWANDA":

Nombres Cambiantes en el Siglo XX

Antes de que los movimientos de independencia de Europa en los años 90 transformaran los países de la antigua Cortina de Hierro, una ola anterior de movimientos de independencia sacudió al mundo, principalmente durante los años sesenta.

En África, Asia y América del Sur las antiguas colonias se sacudieron de los vestigios de control europeo y estadounidense. El resultado fue un gran número de cambios de nombre, frecuentemente empeorando la confusión general sobre materias geográficas. A medida que el proceso de independencia fue avanzando, los pueblos de estos países, como las mujeres divorciadas que piden que se les devuelva su nombre de soltera, se quitaron las referencias que tenían en los mapas europeos y volvieron a sus nombres de pila, para que reflejaran su recién lograda independencia.

Los países que pueden haber sonado familiares, de los mapas del pasado, desaparecieron en un remolino de nuevos bautizos. La siguiente es una lista, por continente, de países actuales con sus nombres coloniales anteriores y tal vez más familiares. Aquellas naciones marcadas con un asterisco (*) están consideradas entre las más pobres del mundo por las Naciones Unidas. (Se puede encontrar una guía de los países de la nueva Europa en el Capítulo 2, páginas 130–135.)

Nombre Actual (Fecha de Independencia)	Nombre Colonial
África	
*Benin (1960)	Dahomey
*Botswana (1966)	Bechuanaland
*Burkina Faso (1960)	Volta Superior
*Burundi (1962)	África del Este Alemana; Ruanda-Urundi

*Republica Central Africana (1960)	África Ecuatorial Francesa
*Chad (1960)	África Ecuatorial Francesa
Congo (1960)	África Ecuatorial Francesa ó Congo Medio
*Yibuti (1977)	Somalialand Francesa
*Guinea Ecuatorial (1968)	Guinea Española
Ghana (1957)	Costa Dorada
*Guinea (1958)	África Occidental Francesa
*Guinea-Bissau (1974)	Guinea Portuguesa
*Lesotho (1966)	Basutoland
*Malawi (1964)	Protectorado Británico de Nyasaland
*Malí (1960)	Sudán Francés
Namibia (1990)	África Sur occidental Alemana
*Rwanda (1962)	África Oriental Alemana; Ruanda-Urundi
*Tanzania (1964)	Tanganyika y Zanzíbar
Zaire (1960)	Congo Belga
Zambia (1964)	Rodesia del Norte
Zimbabwe	Rodesia

En 1965, Rhodesia se declaró un gobierno independiente de minoría blanca libre de la Gran Bretaña. Después de una guerra de guerrillas prolongada, el gobierno blanco aceptó una democracia que condujo a un gobierno de mayoría negra en 1978. El nombre se cambió posteriormente a Zimbabwe Rhodesia y se reconoció formalmente su independencia en 1980. El país ahora se conoce como Zimbabwe.

Asia

*Bangladesh (1971)	Pakistán del Este
*Myanmar (1948)	Burma
Sri Lanka (1948)	Ceilán
Vietnam	Indochina Francesa

Vietnam fue dividido en 1954 en Norte y Sur. Tras la caída de Saigón, después de la guerra en Vietnam, el país se unificó bajo el mando comunista en 1975.

Islas Pacíficas

*Kiribati (1975)	Islas Gilbert
*Tuvalu (1978)	Islas Ellice
*Vanuatu (1980)	Nuevas Hebrides

América del Sur

Belice (1964)	Honduras Británicas
Guayana (1970)	Guayana Británica
Surinam (1975)	Guayana Holandesa

Las otras naciones más pobres, o las del llamado Cuarto Mundo, identificadas por las Naciones Unidas, son:

África

Cabo Verde

Comoros

Etiopía

Gambia

Mauritania

Mozambique

Nigeria

Sierra Leona

Somalia

Sudan

Togo

Uganda

São Tomé y Príncipe

Asia

Afganistán

Bhutan

Laos

Nepal

Yemen

Las Maldivas

Caribe

Haití

Pacífico

Samoa Occidental

LUGARES IMAGINARIOS:

¿Existe Realmente Transilvania?

Había visitado el Museo Británico e investigado entre los libros y mapas de la biblioteca relacionados con Transilvania: Pensé que algún conocimiento previo del país podía tener alguna importancia al tratar con un noble de ese país. Descubro que el distrito al que él dio nombre está en el extremo este del país, en las fronteras de tres estados: Transilvania, Moldavia y Bukovina, en medio de los Montes Cárpatos; una de las porciones más salvajes y menos conocidas de Europa. No fui capaz de encontrar ningún mapa o trabajo que diera la localidad exacta del Castillo de Drácula, ya que no hay mapas de este país todavía comparables con nuestro mapa de levantamiento de planos. Pero encontré que Bistritz, el pueblo bautizado por Drácula, es un lugar bastante conocido.

Pocos lugares en la literatura transmiten la instantánea sensación de temor, misterio y maldad que evoca la descripción de Bram Stoker del paisaje premonitorio de Transilvania. En la novela de Stoker de 1897, *Drácula*, el joven Jonathan Harper viaja de Inglaterra a este remoto lugar de Europa, hogar de uno de los más terroríficos y fascinantes personajes de ficción, el Conde Drácula. Pero, ¿existe ese lugar de Transilvania, o es meramente una creación de la imaginación vividamente escalofriante de Stoker?

Efectivamente, Transilvania está en los mapas. Es una región histórica de Rumania centro—noroccidental. Está ubicada sobre una alta meseta separada del resto de Rumania por los Alpes Transilvanos hacia el sur y los Montes Cárpatos al este y al norte. Los Cárpatos forman una barrera natural entre Rumania y Moldavia (una de las antiguas repúblicas soviéticas, ya independiente).

Transilvania, asentada sobre una ruta natural de invasión para los ejércitos que pasaban entre Asia y Europa del Este, tiene su dosis de historia sangrienta. Durante su pasado largo y tempestuoso, Transilvania ha sido invadida, disputada y controlada por todo el mundo, desde los turcos otomanos, los Habsburgos y el Imperio Austro-Húngaro. Durante la Segunda Guerra Mundial, Rumania se alineó con la Alemania de Hitler. La Unión Soviética invadió el país y Rumania, incluso Transilvania, se convirtió en parte de la Organización del Tratado de Varsovia, alineándose con el bloque Soviético. Además de su desafortunada localización como pasadizo conveniente para los ejércitos, Transilvania también tiene ricos depósitos minerales, grandes áreas de bosques y planicies fértiles.

Pero si Transilvania es real, ¿qué pasa con Drácula? El nombre, que significa "Demonio," se aplicó inicialmente a Vlad IV, conocido como el "Empalador." Vlad era un príncipe local del siglo XV sobre el cual

Stoker basó su notable personaje del Conde Drácula. Las atrocidades cometidas por Vlad, quien reinó en la región de Walachia desde 1456 hasta 1462, son casi inefables. En 1459 entró en un pequeño pueblo y, por razones desconocidas, empaló a miles de sus habitantes sobre estacas puntiagudas. Se dice que Vlad después cenó sencillamente en medio de esta grotesca escena de asesinato masivo. Otra de sus hazañas legendarias era invitar pordioseros del campo a un festín, encerrándolos en un castillo y prendiéndole fuego con ellos dentro. El número de víctimas del Príncipe Vlad no se conoce exactamente, pero pudo haber alcanzado las 100,000 antes de que fuera depuesto y decapitado.

Vlad no fue el único príncipe en darle a Transilvania su imagen sangrienta. En 1514, una sublevación de campesinos en la región fue reprimida con fuerza brutal. El líder de la revuelta fue obligado a sentarse en un trono de hierro previamente calentado y se le colocó una corona al rojo vivo sobre su cabeza. Mientras este príncipe rebelde se asaba lentamente, sus seguidores fueron obligados a comer trozos de su carne cocinada. La imagen del vampiro de Transilvania fue acentuada con las hazañas de la Condesa Elizabeth Bathori. Cuenta la leyenda que ella creía que bañarse en sangre de vírgenes aumentaba su belleza. Supuestamente unas 650 campesinas jóvenes fueron asesinadas por causa de la vanidad de esta mujer.

Junto con el resto de Rumania, Transilvania fue gobernada hasta hace poco por un dictador comunista que parece haber tenido su toque del loco de Transilvania en su sangre. Nicolae Ceausescu llegó al poder en Rumania en 1967 y comenzó un reino de supresión brutal que encajaba con el pasado sangriento de la región. Llenó las cárceles de prisioneros políticos que eran torturados y asesinados, y arrasó aldeas enteras para obligar a la gente a vivir en lúgubres edificios de propiedad del estado mientras se construía un magnífico palacio para él. Una rebelión del ejército en 1989 condujo al derrocamiento de Ceausescu. Fue rápidamente juzgado y, junto con su mujer, ejecutado por un pelotón de fusilamiento. Una nota trágicamente irónica a este reciente capítulo de la triste historia de Rumania es el horrible resultado de un experimento mal dirigido. En un intento por mejorar la salud entre los niños Rumanos durante el régimen de Ceausescu, se les dieron a los infantes, sin saberlo, transfusiones de sangre contaminada de SIDA, produciendo una generación de bebés rumanos con esta enfermedad.

¿Cómo lo Logró Japón?

Si tomamos en cuenta solamente los factores geográficos usuales, Japón no debería ser una de las naciones más poderosas, con una economía clasificada entre las primeras del mundo: Desde un punto de vista puramente geográfico, Japón lo tiene todo en contra. Sin embargo, en menos de un siglo, después de que el Comodoro Matthew Perry entró a la Bahía de Tokio por segunda vez en 1854, Japón se transformó de un estado feudal medieval en una superpotencia económica, moderna e innovadora.

Japón es pequeño, compuesto de cientos de islas montañosas esparcidas sobre más de 1,500 millas (2,400 km). No cuenta con recursos naturales, tierra y petróleo especialmente. Cuatro quintas partes del país son montañosas. Los bosques, que se consideran sagrados, cubren cerca de dos tercios del país, más que cualquier otro país industrializado. Sólo el 15 por ciento del terreno total de Japón es cultivable. Ubicado sobre el Cinturón de Fuego del Pacífico, Japón está expuesto a frecuentes terremotos violentos, erupciones volcánicas y tsunamis devastadores. También está ubicado en el paso de los tifones del Pacífico occidental, que frecuentemente traen furiosos huracanes tropicales y mortales inundaciones en las áreas costeras.

Pero de una manera que puede describirse como típicamente oriental, Japón ha ejecutado una llave de judo sobre su geografía, cambiando las debilidades en puntos fuertes. Todos los defectos geográficos de la nación han sido atendidos con respuestas positivas. Más que limitar a los japoneses, la geografía ha obligado al gobierno y a las personas a adoptar actitudes culturales y políticas nacionales que le han permitido a este pequeño estado isla prosperar. Por ejemplo, los arquitectos japoneses han diseñado, para las ciudades de Japón, rascacielos que puedan sobrevivir a fuertes terremotos. En ciudades situadas cerca de volcanes activos, se realizan permanentes simulacros de evacuación en que se demuestra el genio o la obsesión japonesa por la organización y el orden.

El hecho de que Japón sea un archipiélago obligó a los japoneses a concentrarse en el desarrollo del comercio. Hoy en día, su fenomenal riqueza se basa principalmente en el comercio internacional. Desde una perspectiva histórica, Japón no es único en este aspecto. Otros grandes imperios a través de la historia se han centrado en pequeñas islas o naciones escasas de tierra que se volcaron al comercio en ultramar para reforzar sus geográficamente limitadas economías internas. En el proceso, recopilaron experiencia técnica, agrícola, artística y cultural de las naciones con las cuales tenían contacto. Esto fue definitivamente cierto en lo que respecta la antigua Grecia. Aunque ésta última no es exactamente una isla, sí estaba compuesta de varios estados de islas del Egeo que, junto con las ciudades–estado del continente, tenían poca tierra aprovechable. Forzados a mirar hacia el mar, los griegos se volvieron grandes marineros y dominaron el comercio del Mediterráneo. Después, de cada país que visitaban, los griegos traían sustanciales contribuciones a sus matemáticas, astronomía, filosofía y arte. Contribuciones, todas ellas, que enriquecieron su propia civilización y que fueron transmitidas a los diferentes sectores del imperio.

De manera similar, Holanda tampoco es una isla, pero estando apretada contra un mar que permanentemente amenazaba con inundar sus tierras, y sin la suficiente tierra y recursos, los holandeses sin embargo lograron construir un vasto imperio internacional de comercio marítimo. Basado en Ámsterdam, el Imperio Holandés se propagó a través del Pacífico durante su edad dorada en los siglos XVI y XVII. Finalmente, la Gran Bretaña, una pequeña isla con pocos recursos naturales, surgió hasta lograr convertirse en uno de los imperios más grandes de la historia durante los siglos XVIII y XIX, dominando los mares y fomentando colonias que suministraban materias primas y mercados para los bienes terminados.

Cada uno de estos antiguos imperios puede ser comparado con los Estados Unidos, que disfrutaba de grandes ventajas en tamaño y recursos. Pero precisamente por ser el país tan grande, muchas compañías estadounidenses permitieron que se retrasara el desarrollo de una política mundial de comercio agresiva en favor del mercado doméstico. Contentos con venderle a un mercado poderoso en su propia casa, estas compañías permitieron que otros países, como Japón y Alemania, las naciones derrotadas de la Segunda Guerra Mundial, desarrollaran clientes extranjeros de manera más efectiva y eficiente. Ese "aislamiento económico" ya alcanzó a los Estados Unidos y el país lo está pagando caro en industrias básicas manufactureras como las del acero, automóviles, construcción de barcos y bienes de consumo. Todo esto por su fracaso en venderle en el pasado al resto del mundo.

En su intento, después de 1854, por una potencia moderna, Japón no cometió el error de mirar hacia adentro como lo habían hecho varios países, tuvieran limitaciones de espacio y recursos o no. Los líderes del gobierno y de la industria de Japón se pasaron el siglo XIX mirando exclusivamente hacia el extranjero. En los primeros cuarenta años del siglo XX lo hicieron de manera violenta, mientras que la tradicional estructura de negocio del gobierno japonés, altamente militarizada, trataba de tomar lo que necesitaba—tierra y materias primas—por medio de la conquista. En su guerra con Rusia en 1904, Japón tomó control de la Península de Corea y gradualmente avanzó hacia Mongolia, Manchuria y China durante los años treinta. Para 1940, estaba lista para una movida más arriesgada para obtener el control de la riqueza y los recursos del Pacífico oriental. Una movida que condujo a la confrontación con intereses estadounidenses y al posterior ataque a Pearl Harbor. Pero su derrota en la Segunda Guerra Mundial convirtió al Japón en una nación arruinada y ocupada en 1945. La devastadora pérdida de habitantes, propiedades y posesiones en ultramar debían haber arruinado el objetivo de Japón de llegar a ser una superpotencia. Entonces, ¿cómo explica el milagro económico Japonés?

En primer lugar, Japón, mal que bien, podía alimentarse a pesar de la escasez de tierras. Esa escasez obligó a los japoneses a pensar en una dieta autosostenible. Tener ganado para carne o leche requiere mucho espacio, porque el ganado requiere de mucho espacio para pastar. También comen grandes cantidades de grano y consumen enormes cantidades de agua. En Japón la falta de espacio hizo que tuvieran poco ganado. Los japoneses no comen productos derivados de la leche, y la poca carne que comen es importada. Los artículos básicos tradicionales de la nación siempre han sido el arroz, la soya y el pescado. El pescado es "cultivado" localmente en lagos, pescado en aguas costeras o traído al país por las grandes flotas pesqueras japonesas internacionales. En el pasado, Japón ha sido autosuficiente en la siembra de arroz. El clima cálido y húmedo del verano en el sur es ideal para el arroz. El gobierno japonés también ha intervenido subsidiando el cultivo de arroz. Los cultivadores de arroz en el extranjero, al igual que los de los Estados Unidos, saben lo importante que es esa ayuda. En una exposición agrícola reciente en Japón, se demostró la feroz dedicación del gobierno japonés para proteger a los cultivadores de arroz cuando un representante estadounidense fue arrestado por exhibir un tazón de arroz cultivado en Estados Unidos. Había quebrantado una ley japonesa que impide las importaciones de arroz. Para ayudar a sus cultivadores, el gobierno japonés fija el precio del arroz en Japón en cuatro veces más que los precios del resto del mundo.

Otro factor en el desarrollo de Japón son sus actitudes culturales, en las que la geografía ha jugado un papel importante. La noción tradicional de *kazoku* (que literalmente significa "familia" o "armonía") fue cultivada durante miles de años, libre de contaminación de los conceptos extranjeros (incluso aquellos de las religiones occidentales y del Iluminismo europeo, que ponen el énfasis en las libertades individuales). Es la tradición japonesa de fidelidad y lealtad a la autoridad la que está en el corazón de la relación entre las firmas japonesas y sus empleados, reforzando la productividad y promoviendo relaciones laborales de alta cooperación, más que el antagonismo entre trabajador y directivos típico de las relaciones laborales de Occidente.

Irónicamente, una de las consecuencias de la victoria de Estados Unidos en la guerra sobre Japón significó enormes dividendos para los japoneses. La constitución japonesa, escrita durante la ocupación estadounidense de la posguerra, estipula que Japón no podía gastar más del 1 por ciento de su producto nacional bruto en la defensa y el ejército. Mientras que todos los demás en el mundo, liderados por Estados Unidos y la Unión Soviética, gastaban enormes porciones de sus presupuestos nacionales en la masiva carrera armamentista y la participación en costosas guerras locales desde Vietnam hasta Afganistán, los japoneses estaban invirtiendo en negocios y tecnología lo que no podían gastar en tanques de guerra y portaviones.

Estas inversiones ayudaron al sorprendente desarrollo de Japón, que tuvo tres fases distintivas. Primero llegó el desarrollo de la industria pesada, que pronto sobrepasó en ingresos por exportación a la producción tradicional de textiles. Para 1956, Japón había pasado a la Gran Bretaña como el mayor constructor de barcos de mundo. La segunda fase fue el auge en la fabricación de electrodomésticos y automóviles.

Nuevamente la geografía jugó un papel importante. Con recursos limitados y poco espacio, los fabricantes japoneses se concentraron en construir todo en tamaños más pequeños, cosa que explica su dominio en el campo de los transistores miniaturizados. Los fabricantes de autos japoneses, dependiendo completamente del petróleo extranjero, lideraron el camino para desarrollar autos eficientes en el consumo de combustibles. Los fabricantes estadounidenses siguieron alegremente produciendo rentables devoradores de gasolina que habían sido tan populares cuando la producción de petróleo no estaba todavía en manos de la OPEP, un cartel que podía cerrar la llave en el momento en que quisiera. Para mediados de los setenta, Japón había capturado el 21 por ciento de la producción de automóviles del mundo, segunda después de los Tres Grandes de Estados Unidos. La tercera y más reciente etapa se caracteriza por productos tecnologicamente complejos con una fuerte inversión en la investigación y el desarrollo de la computación y la biotecnología. Los japoneses han combinado productos de alta tecnología con la aplicación de técnicas de fabricación controladas por computadora para lograr ganancias ernomes en productividad y confiabilidad de los productos.

Al mismo tiempo que Japón estaba construyendo estas industrias en el país, estaba canalizando sus inversiones en el extranjero en las economías de bajos salarios de otras naciones de Asia. Esta estrategia no solamente disminuyó los costos de producción, manteniendo los precios bajos y las utilidades altas, sino que creó mercados internacionales en los que se podían vender los productos de Japón. Un fabricante estadounidense inteligente entendió este concepto hace muchos años. Cuando montó su línea de ensamblaje del Modelo—T a comienzos del siglo XX, Henry Ford dobló la paga diaria promedio de sus trabajadores. Ya podían darse el lujo de salir y comprar uno de los coches que habían estado construyendo. Los japoneses también han sido pioneros en demostrar que el desarrollo económico es mucho más importante para la estabilidad política que la fuerza de las armas. Brindar trabajo y seguridad económica a estas naciones del Sudeste Asiático (muchas de las cuales fueron peones en las confrontaciones de las superpotencias de los años sesenta y setenta), ha estabilizado políticamente a toda la región. Incluso Vietnam, uno de los símbolos más trágicos de la futileza de la guerra fría, se ha convertido en una sociedad consumista en la que la confrontación entre Estados Unidos y el bloque comunista ha dado paso a deseos más básicos por un estándar de vida más alto.

Entrando en los noventa, los japoneses pueden también descubrir que construir un supermotor es más fácil que manterlo rodando a una velocidad estable por las autopistas. Japón no ha sido inmune a la recesión internacional de comienzos de los noventa, porque su economía está ahora muy interrelacionada con la del resto del mundo. Cuando los consumidores estadounidenses y europeos dejan de comprar productos nuevos, afectan seriamente la economía japonesa. La acumulación de riqueza en Japón ha elevado los precios de todo—desde la tierra hasta las acciones en el mercado de cambio japonés—hasta niveles poco razonables. En Japón, las leyes de la gravedad económica siguen siendo válidas. Lo que sube, debe bajar. También muchos japoneses de la clase trabajadora y los más pobres, que no han participado del auge de los últimos cuarenta años, se sienten intranquilos, y se han comenzado a ver las primeras señas de distinciones de clases sociales, especialmente en las relaciones de trabajo. Los japoneses también se enfrentan a la competencia de algunas de las otras naciones asiáticas cuyas economías están en la etapa explosiva y formativa en la que estuvo Japón no hace mucho tiempo.

VOCES GEOGRÁFICAS
MARCEL JUNOD de visita en Hiroshima el
9 de septiembre de 1945.
Tomada de *Guerreros sin Armas* (1951).

A tres cuartos de milla del centro de la explosión, no quedaba nada. Todo había desaparecido. Era un yermo rocoso lleno de desechos y vigas retorcidas. El aliento incandescente del fuego había barrido todo obstáculo y todo lo que quedaba en pie eran uno o dos fragmentos de muros de piedra y unas pocas estufas que habían permanecido incongruentemente sobre sus bases.

Salimos del coche y atravesamos las ruinas lentamente hasta el centro de la ciudad muerta. Reinaba un silencio absoluto en toda la necrópolis.

HITOS EN GEOGRAFÍA VI

De 1950 al Presente

1950   La población del mundo es de aproximadamente 2300 millones de personas.

1951   Comienza la Guerra de Corea a medida cuando el Ejército de Corea de Norte (comunista) invade Corea del Sur. La lucha continúa hasta 1953; un tratado deja a la Península Coreana dividida en Norte y Sur.

1953   Sir Edmund Hillary, de Nueva Zelanda, y Tenzing Norkay, de Nepal, alcanzan la cima del Monte Everest.

1953   Egipto se convierte en una república independiente con un régimen militar.

1955   La República Federal de Alemania (Alemania Occidental) se convierte en estado soberano.

1955   Se establece el Pacto de Varsovia, ligando a la Unión Soviética y las naciones de Europa del Este en una alianza militar contra Occidente.

1956   Sudán obtienen su independencia

1958   Se instalan los primeros parquímetros en Londres.

1959   El antropólogo británico Louis Leakey (1903–72) encuentra restos de fósiles de un homínido antiguo de cerca de unos 1.7 millones de años mientras trabajaba en la Garganta de Olduvai, en Kenya. Lo nombra *Zinjanthropus*, pero luego es bautizado *Australopithecus robustus* o *A. boisei*.

1959   Cuba se convierte en estado marxista, bajo el mando de Fidel Castro, después de una revolución.

1960   El Congo Belga obtiene su independencia. (Posteriormente rebautizado Zaire.)

1960   Chipre se convierte en república independiente.

1961   Louis Leakey y su esposa, Mary Leakey, encuentran los primeros restos de fósiles del *Homo habilis* u "hombre hábil."

1961   Se construye el Muro de Berlín, dividiendo al Berlín comunista
del Este del resto de Berlín, una ciudad que está dentro del Alemania comunista del Este.

1962   Uganda y Tanganyika obtienen su independencia.

1962   Francia le otorga la independencia a Argelia.

1964   Se completa la Represa de Aswan sobre el Nilo. Crea el vasto
Lago Nasser, y se utiliza para la irrigación y la producción de energía hidroeléctrica, abasteciendo la mitad de las necesidades eléctri-
cas de Egipto. Sin embargo, ocasiona igualmente un profundo
cambio ecológico. Las aguas de las inundaciones ya no fertilizan la
tierra, aumentando la demanda de fertilizantes químicos. Los bancos de sardinas del Mediterráneo han desaparecido por la falta de
nutrientes. Privado de limo nuevo, el Delta Nilo se está erosio-
nando gravemente y está en retroceso. La enfermedad parasitaria
llamada schistosomiasis ha aumentado rápidamente cerca de los
canales de irrigación y del Lago Nasser.

1964   *Kenya* se convierte en república; Tanganyika y Zanzíbar se
unen para formar a Tanzania: Rhodesia del Norte se convierte en la
república independiente de Zambia.

1965   Gambia obtiene su independencia.

1965   Gobernaba un gobierno de minoría blanca, Rhodesia declara
su independencia del Reino Unido.

1966   La Guiana británica, ubicada en la costa norte de América del
Sur; se convierte en la república independiente de Guyana.

1967   En la Guerra Árabe—Israelí de los Seis Días, Israel obtiene el
control de la Península del Sinaí de Egipto, las Alturas de Golán de
Siria y la margen occidental del Río Jordán, y toda Jerusalén, antes
parcialmente controlado por Jordania, queda bajo control israelí.

1968   Los soviéticos invaden Checoslovaquia para deponer su
gobierno liberal.

1970 Celebración del primer "Día de la Tierra," dedicado a aumentar la conciencia de los peligros ambientales.

1970 Después de una larga e infructuosa guerra por la independencia, la región de Biafra se rinde ante Nigeria después de que millones de personas han muerto de hambre por la guerra civil.

1971 Bangladesh, antiguamente Pakistán Oriental, se independiza.

1971 Las Naciones Unidas incorporan a la China comunista y excluyen a China nacionalista (Taiwán).

1973 Guerra de Yom Kippur. Los ejércitos árabes atacan a Israel durante la fiesta religiosa más importante de los judíos. Egipto retoma una porción de la Península de Sinaí. El contraataque de Israel a Egipto se detiene por un cese al fuego.

1974 Un equipo conducido por Donald Johanson y Maurice Taieb descubre un 40 por ciento de los restos de un esqueleto de un antiguo homínido que tiene más de 3 millones de años en la región Afar de Etiopía. Bautizada Lucy por la canción de los Beatles "Lucy en el Cielo con Diamantes" que sonaba en la radio en el momento del descubrimiento. Los restos son representativos de una especie no descubierta previamente que Johanson llama *Australopithecus Afarensis*.

1975 Se calcula que la población mundial ha alcanzado los 4000 millones de personas.

1976 Vietnam del Norte y Vietnam del Sur se reúnen bajo el control comunista después de 22 años de separación. Hanoi es la nueva capital y a Saigón se le pone el nombre de Ciudad Ho Chi Minh.

1976 A la República Central de África, antigua colonia francesa, se le cambia de nombre por el de Imperio Centroafricano. Quien cambia el nombre es el Emperador Bokassa I, quien se instala a sí mismo en una ceremonia suntuosa de $25 millones de dólares. Bokassa es depuesto posteriormente y el país revierte al nombre de República Central de África.

1979 El acuerdo de paz negociado por Jimmy Carter en Camp David pone fin a la guerra de treinta años entre Egipto e Israel. Es el primer tratado de paz árabe—israelí. La Península del Sinaí, ocupada por Israel desde 1967, es devuelta a Egipto.

1979   Irán se convierte en una república islámica gobernada por el Ayatolá Khomeini después de la caída del shah de Irán, respaldado por los Estados Unidos.

1979   Los rebeldes izquierdistas sandinistas toman control de la nación centroamericana de Nicaragua. Ronald Reagan, elegido en 1980, compromete su administración al derrocamiento de los sandinistas apoyando a los rebeldes conocidos como contras.

1980   Irak ataca a Irán comenzando una sangrienta guerra de diez años que termina sin un claro vencedor.

1982   Guerra de las Malvinas. Las fuerzas argentinas invaden las pequeñas islas cercanas a su costa, aduciendo que son sus legítimos dueños, pero son derrotados por las tropas británicas.

1983   El Dr. Meave G. Leakey encuentra, en Kenya, un fósil de una mandíbula que se cree que tiene entre 16 y 18 millones de años, y que recibe el nombre de *Sivapithecus*.

1984   Se observa sobre la Antártica el primer "agujero" en la capa de ozono.

1984   Una expedición en Kenya, conducida por Andrew Hill, encuentra un hueso de mandíbula de un *Australopithecus Afarensis* que data de 5 millones de años, el más antiguo representante conocido de la línea de los homínidos.

1984   Los investigadores soviéticos, trabajando en el Hoyo Kola en Siberia, hacen la perforación más profunda del mundo, alcanzando 7.5 millas (12 km) y llegan a la corteza inferior de la Tierra.

1986   El Presidente Ferdinando Marcos huye de las Filipinas después de gobernar durante veinte años. Es reemplazado por la nueva presidenta electa, Corazón Aquino.

1986   Los paleontólogos Tim White y Donald Johanson ubican 302 piezas de un *Homo habilis* femenino, conocido como OH62. Ahora se sabe que tiene 1.8 millones de años de edad.

1987   El Experimento Aéreo de Ozono de la Antártica sugiere que los clorofluorocarbones (CFCs) son los responsables del agujero del ozono, lo que lleva a un llamado a la acción internacional contra los CFCs.

1988   Científicos franceses e israelíes descubren fósiles en una cueva en Israel que demuestran ser los restos de un tipo moderno, de 92,000 años de edad, de un *Homo sapiens*. Esto dobla el período en que se suponía que habían existido los humanos modernos.

1989   Miles de estudiantes prodemocracia protestan contra el régimen autoritario en la Plaza Tiananmen de China hasta que las autoridades chinas brutalmente reprimen a los disidentes.

1989   Se abre el Muro de Berlín después de veintiocho años, permitiendo el libre movimiento entre las dos secciones de la ciudad dividida.

1989   En Checoslovaquia el parlamento elimina el papel predominante de Partido Comunista.

1990   El Partido Comunista de Yugoslavia termina su monopolio del poder.

1990   Nelson Mandela es liberado de una prisión sudafricana. El presidente sudafricano, deKlerk, hace un llamamiento para poner fin al sistema del apartheid.

1990   Las tropas iraquíes invaden Kuwait. Estados Unidos envía tropas para defender a Arabia Saudita de un ataque.

1990   Se reúnen Alemania del Este y Alemania Occidental.

1990   El líder laborista Lech Walesa es elegido presidente de Polonia.

1991   Los Estados Unidos y sus aliados atacan a Irak. Las fuerzas iraquíes son expulsadas de Kuwait.

1991   Termina el Pacto de Varsovia, disolviendo la alianza militar entre las naciones de Europa del Este.

1991   Las tres repúblicas bálticas de Estonia, Lituania y Latvia obtienen su independencia de la Unión Soviética.

1991   Las restantes doce repúblicas soviéticas declaran su independencia, llevando a la URSS a su fin.

1992   Se encuentra un hueso de la mandíbula de un *Homo erectus* en
la antigua república soviética de Georgia que data posiblemente de
1.6 millones de años. Su existencia sugiere que los antepasados
humanos pueden haber salido de África varios miles de años antes
de lo que se pensaba anteriormente. Si la fecha más antigua se confirma, esta sería la primera prueba fehaciente de que los ancestros
humanos salieron de África hacia varios lugares hace más de un
millón de años.

1992   Destrozada por una guerra civil después del fin del gobierno
comunista, Yugoslavia se divide en las nuevas repúblicas de Eslovenia, Croacia, Bosnia y Herzegovina y Macedonia. Las regiones de
Serbia y Montenegro retienen el nombre de Yugoslavia.

1992   Un fragmento de cráneo encontrado 25 años antes cerca del
Lago Baringo en Kenya es fechado en 2.5 millones de años por el
Dr. Andrew Hill. Esta fecha extiende en medio millón de años la
edad del género que condujo e incluye a los modernos humanos.

CAPÍTULO CINCO

¿EL PARAÍSO PERDIDO? GEOGRAFÍA, CLIMA Y MEDIO AMBIENTE

Visto desde la distancia de la Luna, lo más sorprendente de la Tierra, lo que quita el aliento, es que esté viva. Las fotografías muestran la superficie seca, martillada, de la Luna en el primer plano, muerta como un hueso viejo. En lo alto, flotando libremente bajo la húmeda y resplandeciente membrana de un cielo azul brillante se alza la Tierra, lo único exuberante en esta parte del cosmos. Si pudieras mirar durante un tiempo lo suficientemente largo, verías el remolino de las grandes grietas de nubes blancas cubriendo y descubriendo las medio escondidas masas de tierra. Si hubieras estado mirando un largo tiempo geológico, habrías visto los continentes en movimiento, separándose en sus placas de corteza, mantenidas a flote por el fuego del subsuelo. Tiene el aspecto organizado, sereno, de una criatura viva, llena de información, con una habilidad maravillosa para lidiar con el sol.

Lewis Thomas, *Las Vidas de una Célula*

¿Quién es, Qué es o Dónde está Gaia?

Si los Físicos Estudian Física, ¿Los Metereólogos Estudian Meteoros?

Si Esto es el Afelio, ¿Por Qué es Tan Caliente?

¿Qué Tiene de Caliente el Ecuador?

Si el Ecuador es Tan Caliente, ¿Por Qué no Hay Desiertos en el Ecuador?

Grandes Desiertos del Mundo

¿Dónde se Originó el Dust Bowl?

¿Cuál es Más Frío, la Antártica o el Círculo Polar Ártico?

¿Quién es El Niño?

NOMBRES: Ciclón, Huracán, Tifón, Tornado

¿Qué es un Monzón?

¿Qué es Más Probable, Otra Edad de Hielo o un Derretimiento de los Glaciares?

La "Rosquilla del Antártico": ¿Azucarada o con Jalea?

¿Qué es la Lluvia Ácida?

¿Qué Son los Humedales?

¿Dónde Está la Ciudad Más Poblada del Mundo?

¿El Mundo puede Alimentarse a Sí Mismo?

Todo el mundo habla acerca del clima, pero nadie hace nada al respecto."

Cuando Charles Dudley Warner (1829–1900) escribió esta frase en un editorial del *Hartford Courant* en 1897, obviamente no se dio cuenta de que las personas sí han estado haciendo algo acerca del clima desde hace mucho tiempo. Entre los millones de especies que han ocupado la Tierra, solo el *homo sapiens* ha tenido la capacidad de moldear la Tierra y alterar su clima a gran escala. Al igual que los volcanes, los terremotos o un asteroide mortal del espacio, las personas han sido una catástrofe natural.

Este capítulo examina la estrecha relación entre la geografía, el clima y el medio ambiente. Pero también analiza el creciente impacto que la humanidad tiene tanto sobre el clima como sobre el medio ambiente.

Desde el tiempo en que las zanjas y los canales de irrigación fueron abiertos para controlar el agua y extender la capacidad de la naturaleza de producir tierra fértil, hasta la pérdida de gran parte de las selvas tropicales del mundo en nuestros tiempos, las personas han tratado de controlar y alterar la naturaleza, siempre con algún impacto medible sobre la tierra, algunas veces para bien y otras con resultados nefastos. Pero algo es innegable: somos la única especie que tiene en sus manos, no sólo el destino de otras especies, sino nuestro propio futuro también. En un breve espacio de tiempo geológico, las personas han hecho estragos en los recursos naturales de la Tierra. Estamos muy cerca del punto de no retorno.

Las preocupaciones de los conservacionistas o ambientalistas no comenzaron con el primer Día de la Tierra hace unos veinte años. La primera generación de personas con preocupación apasionada por la preservación de los recursos de la Tierra y de las tierras vírgenes ya existía a finales del siglo XIX. Tanto el Club Sierra como la National Geographic Society tienen más de cien años de vida. La "lluvia ácida" se describió por primera vez en 1872 y el "efecto invernadero" fue identificado en 1896. Pero durante los últimos cuarenta años, los científicos y los ambientalistas preocupados han reforzado sus advertencias acerca del daño, posiblemente irreparable, que se le está haciendo a la Tierra y sus sensibles sistemas, todos necesarios para la vida. Desgraciadamente, estas advertencias han pasado desapercibidas, porque pesan más las consideraciones políticas a corto plazo, las ganancias y las rivalidades entre superpotencias.

Sólo de manera lenta el mundo llegó a reconocer la necesidad de cambiar las formas en que utilizamos los recursos de la Tierra. En junio de 1992, muchas naciones se sentaron en la Conferencia de Río sobre el medio ambiente, en Brasil. Sus ambiciosas esperanzas de encontrar un camino común para proteger los recursos de la Tierra mientras fomentaban el desarrollo económico mundial se complicaron por poderosos intereses nacionales y regionales, cada uno con una agenda diferente. Ningún país se acerca a los Estados Unidos cuando se trata de emisiones de dióxido de carbono y otros gases peligrosos. El consumo de energía per cápita de Estados Unidos y sus emisiones de carbono están muy por encima de los de otros países. Pero los chinos podrían sobrepasar a los Estados Unidos como el mayor culpable de la emisión de gases de invernadero, que son el resultado del masivo uso industrial de grandes reservas de carbón. Presionados para que restrinjan su quema de carbón, los chinos argumentan que es la única opción que tienen si se quieren convertir en una nación industrial moderna. Con más de mil millones de bocas para alimentar, las autoridades chinas dicen que su necesidad económica nacional de seguir quemando carbón pesa más que las preocupaciones del daño ambiental futuro. Argumentan que elevar el estándar de vida es más importante que la limpieza del medio ambiente.

Pero China no es un bandido medioambiental solitario. Tiene mucha, compañía. Cualquier intento serio de abordar temas como la disminución de la capa de ozono, la desaparición de las selvas tropicales, la verdadera causa del calentamiento global y la calamidad internacional de la lluvia ácida, se enfrenta a un laberinto de intereses especiales y países poderosos dispuestos a descartar el daño ambiental a largo plazo cuando analizan las restricciones a corto plazo sobre sus economías. En casi todos los países en el mundo hay fuerzas poderosas que tienen la atención de los líderes del gobierno. Estas son personas que a menudo no quieren mirar más allá de los informes de los accionistas del año entrante. Han caracterizado exitosamente a los más serios y conservadores ambientalistas como locos de "Salven a las Ballenas" que están más preocupados por pequeños caracoles dardo o búhos moteados que por los empleos de miles de trabajadores. Estos son los mismos intereses especiales y los políticos que han impedido la investigación y el desarrollo de fuentes de energía renovables y tecnologías avanzadas menos dañinas para el ambiente. La realidad es que desarrollar estos nuevos campos y tecnologías puede crear miles de nuevos empleos en industrias de alto crecimiento y alta tecnología, en lugar de preservar un pequeño número de viejos puestos en empresas obsoletas.

Hace veinte años, cuando se enfrentaron con la primera crisis del petróleo de la OPEC, los Estados Unidos y Occidente tuvieron una oportunidad. Las naciones industrializadas se podrían haber comprometido con programas masivos de nuevas alternativas de combustibles, similares en alcance al esfuerzo que puso al hombre en la Luna en el lapso de una década. Aunque se iniciaron algunos movimientos de la conservación y algunos países han emprendido programas de conservación de energía ambiciosos, fracasó el intento de crear un gran programa global, víctima de la confianza de una mentalidad estrecha que buscaba soluciones rápidas encaminadas a tratar que los árabes bajaran el precio del petróleo.

Cuando la crisis iraní de 1978 disparó los precios del petróleo una vez más, el presidente Carter inició a los Estados Unidos en un programa de desarrollo más ambicioso de combustibles sintéticos y energía solar. Pero las administraciones republicanas destruyeron esos programas, esperando que la industria privada tomara la iniciativa, esperando que las "fuerzas del mercado" iniciaran la investigación y el desarrollo. No hace falta decir que se han malgastado veinte años de oportunidades. Los fabricantes estadounidenses de coches han sido arrastrados pateando y gritando a través de cada intento por mejorar la eficiencia de la gasolina o para cambiar a autos de energía alternativa. El transporte masivo eficiente y de alta velocidad ha sido puesto al final de la lista de las prioridades del gobierno. En 1992, los estadounidenses eran todavía desesperadamente adictos a las fuentes extranjeras de energía que alimentan el efecto invernadero y dejan a la economía de Estados Unidos expuesta a otra conmoción regional como la invasión iraquí a Kuwait.

Al otro lado del espectro están las personas alrededor del mundo que apenas subsisten. Hay una enorme diferencia entre las naciones industriales ricas tratando de mantener su nivel de confort y las naciones pobres luchando por sobrevivir. Para las familias en los países más pobres, el problema es simplemente tener lo suficiente para el día siguiente. No tienen tiempo de preocuparse por la capa de ozono y la desaparición de las selvas tropicales o el hecho de que la tala de árboles para obtener combustible de la madera está acelerando el crecimiento de los desiertos y aumentando la posibilidad de inundaciones mortales.

La ciencia ha llegado a entender, cada vez más, que la Tierra es una colección de organismos estrechamente interconectados. Con cada unión que se elimina o altera, la cadena de la vida se debilita. Si vamos a sobrevivir como especie, sin destruir demasiado la Creación, más nos vale comenzar a entender estas conexiones y trabajar para hacerlas más fuertes a partir de hoy.

¿Quién es, Qué es o Dónde está Gaia?

La noción de que la Tierra no es simplemente un lugar donde dio la vida surgió por casualidad, sino un ser vivo, es una noción antigua. Casi todas las culturas han tenido la visión de la Tierra como un ente viviente casi sensible. En busca de un mejor término la hemos llamado Madre Naturaleza.

En 1972, James Lovelock, un científico británico que había trabajado para la NASA en proyectos de la Luna y de Marte, le dio a este organismo viviente Tierra un nombre diferente: Gaia, el nombre de la diosa griega de la Tierra. En sus libros *Gaia: Una Nueva Visión de la Vida en la Tierra* y *Las Edades de Gaia: Una Biografía de la Tierra Viviente*, Lovelock promovió su hipótesis de que la Tierra es un inmenso organismo viviente y no simplemente un gran trozo de rocas rodeado por gases. La Gaia de Lovelock es autoreguladora y autocambiante. Como escribe Lovelock en *Las Edades de Gaia*, "La teoría Gaia impone una perspectiva planetaria. Es la salud del planeta lo que importa, no aquella de alguna especie individual de organismos . . . La salud de la Tierra es la más amenazada por los principales cambios en los ecosistemas naturales."

La hipótesis de Gaia de Lovelock no es ampliamente aceptada por una corriente importante de científicos. Pero nombra una nueva teoría que haya sido aceptada por la principal corriente de inmediato. La idea de que la Tierra es, en palabras de Lovelock, "un sistema complejo que puede ser visto como un solo organismo y que tiene la capacidad de mantener nuestro planeta como un lugar apto para la vida" se puede ver como una ciencia marginal, una curiosa nueva visión de la relación de todos los seres viviente o simplemente como una metáfora apropiada para la Tierra y sus complejos sistemas. Pero la habilidad de Gaia de "sanarse" a sí misma esta siendo retada. Una de las principales conclusiones de Lovelock parece ineludible. Como él dice, "Necesitamos un médico general de medicina planetaria. ¿Hay algún médico aquí?"

Si los Físicos Estudian Física, ¿Los Metereólogos Estudian Meteoros?

Los *meteoros* son fragmentos de materia sólida que entran en la atmósfera superior y se vuelven visibles a medida que se queman por la fricción de la resistencia del aire. Cuando se ven en los cielos nocturnos, se llaman "estrellas fugaces." La mayor parte de estos meteoros son más pequeños que un grano de arena y caen sobre nuestra atmósfera todos los días, pero muy pocos llegan al suelo. Cuando lo hacen, se llaman *meteoritos*. Cuando llegan a la Tierra los meteoritos golpean a velocidades tremendas. Algunas alcanzan las 90,000 millas por segundo.

Entonces, ¿qué tienen que ver con el estado del tiempo unas rocas cayendo del cielo? Después de todo, la *meteorología* es la ciencia que investiga el tiempo y el clima en la atmósfera de la Tierra. (Tiempo son las condiciones atmosféricas diarias para un cierto momento y lugar; clima son las condiciones diarias del tiempo sobre un período extenso.) Los hombres que estudian los meteoros generalmente son astrónomos. La conexión entre *meteoro* y *meteorología* está en el origen griego de ambas palabras. *Meteoro* viene del griego que significa "fenómeno astronómico" o "arriba en el aire." *Meteorología*, por otra parte, es la "discusión o el estudio de un fenómeno astronómico." Específicamente el fenómeno que llamamos clima.

El estado del tiempo se puede comparar con un cocido colocado sobre el fuego. Cambia los ingredientes aún ligeramente o ajusta la temperatura de cocción y obtendrás una comida diferente. La "coccion" del tiempo de la Tierra tiene cinco ingredientes principales: el sol, la forma de la Tierra y su posición en el espacio, sus rotaciones, la atmósfera y los océanos. Después, las condiciones geográficas locales brindan la sazón que le dan a este cocido del tiempo su sabor regional.

Todo comienza con el sol, que nos da el calor para cocinar. El calor solar no sólo es el fuego bajo la olla sino también la cuchara que revuelve la olla. La luz del sol que llega a la Tierra es absorbida por la atmósfera o reflejada de nuevo al espacio. Los factores geográficos tienen mucho que ver con la cantidad de calor que se absorbe. La nieve y el hielo absorben muy poco calor, reflejando el 75 por ciento de la luz del sol de regreso al espacio. Ésta es una de las razones por las cuales las regiones polares son tan frías. La arena seca absorbe un 75 por ciento de este calor solar. Ésa es la razón por la cual no puedes caminar descalzo por un desierto de arena o por la playa en un día caliente y soleado.

El aire en la atmósfera de la Tierra se calienta por el contacto con la Tierra "caliente." A medida que el aire se calienta, se eleva como un globo de aire y es reemplazado por un aire más fresco que fluye hacia abajo. La infusión de aire frío también se calienta y comienza a subir, dando comienzo a un interminable movimiento circular de aire llamado *convección*. Este ciclo establece el movimiento del aire, ocasionando vientos y brisas locales. Claro, el aire se calienta de manera diferente de acuerdo con las condiciones locales de la superficie. El océano, la tierra y la altura, todas afectan el grado de calentamiento, que es otra de las maneras en que la geografía afecta el tiempo.

Si la Tierra no girara, los vientos se quedarían en pequeños círculos organizados, todos moviéndose hacia el ecuador con igual velocidad. Pero la energía de la rotación de la Tierra, llamada la *fuerza de Coriolis*, desvía los vientos para darle sus patrones característicos. Los vientos a diferentes latitudes siguen movimientos predecibles y regulares en bandas que son similares en ambos hemisferios. Los vientos alisios soplan regularmente hacia el ecuador en dos zonas al norte y al sur del ecuador. Los marinos europeos podían contar con los "alisios del noreste" para suministrar un viento predecible para poder llegar a las

Américas. En el lugar en donde se encuentran estas dos bandas sobre el ecuador, se clienta el aire y sube, creando un área de calma conocida por los marineros como *calmas ecuatoriales*. Otra banda, típicamente calmada, sin vientos, ocurre cerca de la latitud 30° que los marineros bautizaron las *latitudes de los caballos*, porque los barcos que traían caballos desde España a menudo se quedaban detenidos durante semanas. A medida que la comida de los animales se terminaba, los caballos se morían y eran arrojados por la borda, ensuciando el mar con sus carcasas. Además de las latitudes de los caballos, hay otra banda confiable de vientos llamados los *vientos prevalecientes del oeste*, que fluyen básicamente de oeste a este alrededor del mundo entre la latitud 30° y la 60°, al norte y sur del ecuador. No son tan constantes y fuertes como los alisios, pero son comparables con un río de aire serpenteante. El tercer patrón amplio, nuevamente repetido tanto en el norte como en el sur, son los *vientos polares del este*, que son vientos fríos y secos que se mueven de este a oeste por encima de la latitud 60°.

Estos vientos, la rotación de la Tierra y la colocación de los continentes también ocasionan las grandes corrientes del océano. Estas corrientes mueven grandes masas de agua, algunas veces frías, algunas veces calientes, de región a región. A medida que se mueven, las corrientes del océano tienen una gran influencia sobre el clima. Ésta es la razón por la cual el Reino Unido, que se calienta por una corriente del Atlántico Norte originada cerca de la Florida, tiene un clima más suave que Labrador, que está en la misma latitud pero se enfría por una corriente del Océano Ártico.

Otro factor de geografía local con gran impacto en el clima es la combinación de montañas cerca de la costa. Los vientos cálidos y húmedos se elevan en el lado de las montañas donde el viento viene de frente. A medida que suben, se expanden y se enfrían, produciendo el vapor del agua que transportan hasta para condensarse y caer como lluvia. El aire seco y frío desciende por el otro lado de las montañas. A medida que baja, se comprime y se calienta. El viento seco y cálido resultante crea un clima y una vegetación marcadamente diferentes, como ocurre en la Sierra Nevada de California o en el Tibet, que es una región seca a sólo cientos de millas de un área muy lluviosa. En un lado de las montañas, el lado de la costa, la lluvia usualmente es abudante. Pero en el otro lado, la tierra se vuelve árida.

Si Esto es el Afelio, ¿Por Qué es Tan Caliente?

Si la Tierra fuera verdaderamente una esfera—no lo es—y fuera tersa—no lo es—y no estuviera ladeada—y sí lo está—sería un lugar totalmente diferente para vivir. Pero todas estas peculiaridades de la Tierra contribuyen a su singularidad como lugar capaz de sostener la vida. Cambia cualquiera de estos factores aún levemente y tendrías una Tierra muy diferente.

Claro, el mayor factor, no solamente en nuestro tiempo sino en nuestra misma existencia, es el Sol, la bola de gas explosiva ubicada a unos 93 millones de millas de distancia. Pero esa es otra de las peculiaridades de la Tierra. No siempre estamos a 93 millones de millas del Sol. A medida que la Tierra hace su órbita anual alrededor del Sol, nuestro curso no es un círculo perfecto. Realmente es un elipse. Algunas veces estamos más cerca y algunas veces más lejos del Sol. La conclusión aparentemente obvia de esta rareza es que es verano cuando estamos más cerca del sol e invierno cuando estamos más alejados. Eso parece lógico. Pero la verdad es exactamente lo contrario. En el afelio, palabra que nombra la fase de una órbita planetaria más alejada del Sol, es verano, al menos en el hemisferio norte. (Afelio viene de las palabras griegas *apo* "lejos de," y *helios*, "Sol.")

Este hecho aparentemente ilógico se debe a la inclinación del eje de la Tierra en dirección opuesta a una posición paralela con el sol. La inclinación de 23.5 grados es el factor que produce las estaciones en la Tierra. En todo momento, los rayos del sol caen sobre la mitad de la superficie de la Tierra, pero en el curso de un año, cuando el hemisferio norte está ladeado hacia el Sol, los rayos caen sobre este lado de la Tierra más directamente. La Tierra está más lejos del Sol en este período, que dura desde el equinoccio vernal en marzo, cuando el Sol está directamente encima del ecuador, dándole a la Tierra igual cantidad de horas de día que de noche, durante todos los meses de "verano" de junio, julio y agosto, hasta el equinoccio otoñal de septiembre, cuando el sol está, nuevamente, directamente sobre el ecuador.

Después del equinoccio otoñal, la Tierra ha girado en su órbita anual y el hemisferio norte comienza su inclinación alejándose del Sol, recibiendo menos rayos directos del sol. Esto crea los días más cortos del invierno del hemisferio norte, pero ahora es verano en el hemisferio sur. Por esta inclinación en dirección contraria al Sol, el Polo Norte o Ártico se sumerge en la casi total oscuridad, mientras que la Antártica disfruta de luz del día prácticamente permanente, o del sol de media noche. Claro que la situación después se invierte, estación tras estación, año tras año.

¿Qué Tiene de Caliente el Ecuador?

Esta pregunta es relativamente sencilla. El ecuador es el lugar en la Tierra donde los rayos del sol no se ven afectados por la inclinación de la Tierra. El ecuador siempre está expuesto al sol y recibe rayos solares directos todo el año sin importar la estación.

Esto significa que el aire en el ecuador se calienta más que en los polos. El aire ecuatorial es cálido y húmedo. Ésta es la razón por la cual se encuentran selvas tropicales en las regiones ecuatoriales.

Entonces, ¿cómo puede haber nieve en el ecuador? Simplemente porque el cocido del tiempo también se ve afectado por la altitud. Aunque en el ecuador sí hace calor al nivel del mar, se puede volver muy frío a medida que se sube a las montañas. Algunas montañas ecuatoriales, como el Monte Kilimanjaro en el este África y los picos de los Andes en el Ecuador, están cubiertos de nieve todo el año.

Si el Ecuador es Tan Caliente, ¿Por Qué no Hay Desiertos en el Ecuador?

Entonces el ecuador recibe la mayor cantidad de luz solar. Eso significa que debería tener la mayor cantidad de desiertos, ¿no?

Muchas personas escuchan la palabra desierto y se imaginan una vieja película acerca de la Legión Extranjera Francesa. Un soldado con pantalones en harapos, los labios quebrados y abrasados, se arrastra lentamente a través de las dunas, graznando "Agua." O evocamos dibujos animados de personas atrapadas en el desierto, viendo visiones de espejismos de fuentes de refresco y cascadas de agua.

Aunque la mayor parte de nosotros quizás equipare la palabra "desierto" con "calor," no es una asociación precisa. Técnicamente hablando, un desierto es una región árida de tierra en que la lluvia u otras formas de precipitación son tan escasas o irregulares que no crece casi ninguna vegetación, excepto escasos pastos y maleza. Específicamente, un desierto es un área que recibe menos de diez pulgadas de precipitación al año. En otras palabras, los desiertos pueden no ser calientes, pero sí son secos.

Aunque hay islas "desérticas" cerca del ecuador, donde los vientos que traen las lluvias pasan de largo, las mayores zonas de desiertos están ubicados en dos cinturones a cada lado del ecuador. El aire cálido y húmedo del ecuador que lleva agua a los bosques tropicales, fluye hacia los polos. A medida que sube, el aire se enfría y se seca. Para cuando alcanza la altitud de 30°—tanto al norte como al sur del ecuador—este aire fresco y seco comienza a descender, se calienta y vuelve a fluir hacia el ecuador. Estas células de aire seco son las responsables de los cinturones de desierto y de la tierra árida que hay alrededor de los Trópicos de Cáncer y de Capricornio.

Los desiertos del mundo pueden dividirse en desiertos subtropicales, tales como los desiertos del Sahara y el de Arabia, o desiertos de latitudes medias tales como el de Gobi en Mongolia. Es menos familiar la noción de un *desierto frío* donde no hay agua disponible porque está atrapada en forma de hielo. Según la definición, las vistas nevadas de la Antártica y Groenlandia efectivamente pueder ser consideradas desiertos.

Ya sean demasiado fríos o demasiado calientes, en lo alto de las montañas o bajo el nivel del mar, arenosos o rocosos, todos los desiertos están ligados por condiciones altamente inoportunas para la vida. La aridez y los climas extremos hacen que la agricultura y la cría de animales sea casi imposible, excepto con el uso de sistemas sofisticados de irrigación. Los desiertos del mundo, escasamente poblados y aparentemente remotos, ocupan un tercio de la superficie del suelo de la Tierra. Es más, están aumentando, con consecuencias peligrosas para la humanidad.

GRANDES DESIERTOS DEL MUNDO

El Sahara (en Árabe significa "páramo") es por mucho el más grande, más desolado y más caliente de los desiertos. La temperatura más alta registrada en el mundo, en Al'Aziziya, Libia, fue de 136.4 °F (58°C). En el este del Sahara, cerca de El Cairo, el sol brilla un promedio de once horas y cuarenta y siete minutos por día. El Sahara se extiende por el norte de África desde el Océano Atlántico hasta el Mar Rojo, cubriendo un área de más de 3.5 millones de millas cuadradas, superando ampliamente a los otros desiertos del mundo. Aunque parezca extraño, el Sahara fue una vez una expansión de pastos que sostenía el tipo de vida animal asociada con las planicies africanas. En pinturas halladas en cuevas del Sahara, se observan elefantes, jirafas y pastores de ganado vagando por un Sahara más verde.

Aunque durante mucho tiempo se consideró un área de tierras incultivables y yermas, el Sahara cambió en importancia con el descubrimiento de petróleo, gas y depósitos de hierro después de la Segunda Guerra Mundial. El Sahara es un vasto sistema que incluye el **Desierto del Líbano,** que se extiende por Libia, Egipto y Sudán; **El Desierto de Nubia** en el nordeste de Sudán, que va desde el Nilo hasta el Mar Rojo y fue alguna vez hogar del antiguo imperio de Cush, que invadió a Egipto en el año 750 A.C. y el **Desierto de Arabia,** que corre desde el Nilo hasta el Mar Rojo en Egipto.

El Kalahari es la otra área desértica de África, pero es significativamente diferente del Sahara. Con un área de unas 120,000 millas, el Kalahari se extiende por Botswana, Namibia y Sudáfrica. A diferencia del Sahara, el Kalahari está casi totalmente cubierto con pasto y monte, con tramos de arena que aparecen sólo en la sección más seca en el sudoeste del Kalahari, donde hay muy poca precipitación. Aunque en el Kalahari se encuentran algunos animales de caza, está muy escasamente poblado por bosquimanos nómadas.

Un desierto africano más pequeño es el *Namib,* ubicado en la costa atlántica de África en Namibia. Es la morada de la duna de arena más alta del mundo, una duna "barchan" en forma de creciente.

El Mar Rojo separa el sistema de desiertos del norte de África de los otros grandes cinturones de desiertos del Oriente Medio. Al otro lado de Suez está la Península del Sinaí, un área de desierto históricamente importante, pues fue escenario de importantes batallas en la antigüedad así como en el pasado reciente. Fue el lugar donde Moisés y las tribus de Israel pasaron cuarenta años en el desierto, y la ubicación del Monte Sinaí, la montaña sagrada sobre la cual Moisés recibió los Diez Mandamientos. Se cree que fue en uno de los dos picos del Sinaí: Jebel Serbal o Jebel Musa.

Más al este, en Arabia Saudita, hay dos grandes áreas de desierto. El **Nafud** (Desierto Rojo) y el **Rub al-Khali** (que en árabe significa "cuarto vacío") son unas 250,000 millas cuadradas de dunas secas, calientes y barridas por los vientos. Pero hay dos factores preponderantes que han hecho que este reino feudal desértico, escasamente poblado, sea uno de los lugares más importantes del mundo. Bajo sus desiertos están las mayores reservas de petróleo del mundo. El desierto de Arabia Saudita es la cuna del Islam (en árabe: "sumisión a Dios"), haciendo del reino del desierto el centro del mundo islámico.

Los desiertos del Medio Oriente continúan al norte con el sirio, llamado **Desierto Al Hamad,** que cubre la región oriental de Siria y se extiende hasta Irak. Otros dos grandes sistemas de desierto dominan Irán, el vecino oriental de Irak, son el **Dasht-e-Kavir** (Gran Desierto de Sal) y el **Dasht-e-Lut** (Gran Desierto de Arena).

Al norte de Irán está el **Kara Kum,** un desierto que cubre más de 100,000 millas cuadradas que cubre casi el 80 por ciento de Turkmenistán, y el cercano **Kyzl Kum,** otro desierto que cubre más de 100,000 millas cuadradas en las repúblicas de Uzbekistán y Kazajstán.

Yéndose más hacia el este, más allá de las Montañas. Tien Shan que crean una frontera natural entre Rusia y China, está el **Takla Makan,** un desierto de 100,000 millas cuadradas en la gran cuenca entre la cordillera Tien Shan y las cordilleras Altun Shan y Kunlun Shan, que se alzan hasta el Tibet. La otra gran área de desierto del este de Asia es **el Gobi** en Mongolia y el norte de China. Es el segundo desierto más grande del mundo y cubre más de 500,000 millas cuadradas. En una época fue el hogar de los mongoles errantes, que crearon un gran imperio que se extendía más allá de China e iba desde Vietnam hasta Polonia. El Gobi ha demostrado ser un gran depósito de descubrimientos prehistóricos. Fue el lugar de varios descubrimientos de fósiles de dinosaurio, así como de muchos implementos humanos antiguos que datan de más de 100,000 años.

Cuando las personas piensan en la India, se imaginan unas selvas tropicales vaporosas o ciudades pululantes como Calcuta. Pero hay un gran desierto llamado el **Gran Desierto Indio** ó **Thar,** que está entre la India noroccidental y el este de Pakistán.

Hay menos tierra en el hemisferio sur y, consecuentemente, hay menos desiertos. Pero cerca de media Australia es un altiplano desértico. Aunque se llama el Gran Desierto Australiano, la gran sección árida interior de Australia está compuesta de cuatro desiertos separados. Estos desiertos son **el Simpson, el Gran Victoria, el Gran Desierto Arenoso** y el **Gibson.**

En América del Sur, el desierto de **Atacama** en Chile es muy pequeño. Está cercado por los Andes, que impiden la llegada de los vientos y la lluvia. El Atacama tiene la distinción de ser el lugar más seco sobre la tierra. En 1971 recibió lluvia por primera vez en cuatrocientos años.

En contraste con todos los grandes desiertos del mundo, los desiertos de los Estados Unidos no son muy impresionantes. Los desiertos del Sudeste de Estados Unidos son también más bien pequeños cuando se consideran individualmente. Pero son más impactantes cuando se ven como parte de una región conocida como la **Gran Cuenca,** un área vasta que va desde la parte baja de Oregon e Idaho, cubriendo gran parte de Nevada, el oeste de Utah y hacia el sur hasta el sudeste de California. El área se mantiene seca por la presencia de las Montañas Rocosas, que evitan que el aire caliente y húmedo del Pacífico alcance los estados centrales que están dentro de la "sombra de la lluvia" de las Rocosas. El **Mojave** es el más grande de los desiertos de Estados Unidos y cubre 15,000 millas cuadradas. Es un área de montañas peladas y valles desiertos en el sur de California que recibe sólo cinco pulgadas de lluvia por año. El Mojave, una fuente rica de minerales, es también el sitio del Valle de la Muerte, el punto más bajo en el hemisferio occidental (282 pies por debajo del nivel del mar).

El **Desierto de Colorado** está ubicado al sur del Mojave en California y se extiende hasta la Baja California en México. Está bordeado en el este por el Río Colorado y se caracteriza por el Mar Salton, un lago salino poco profundo que se creó cuando el Colorado se desbordó en 1905.

El **Gran Desierto del Gran Lago Salado**, en Utah, se extiende al oeste desde el Gran Lago Salado hasta la frontera con Nevada. La parte llana cerca de la frontera de Nevada la llaman las Planicies Saladas de Bonneville, donde se han establecido frecuentemente marcas de velocidad de tierra.

Los desiertos de **Black Rock y Smoke Creek** están en la parte noroccidental de Nevada, cerca de la frontera con California.

El otro desierto famoso de Estados Unidos que no forma parte de la Gran Cuenca, es el **Painted Desert** (Desierto Pintado) de Arizona. Una región de colores brillantes de mesas y planicies. Aquí, siglos de erosiones han expuesto superficies rocosas rojas, cafés y púrpura que son las que le dan al área su nombre.

Los desiertos del mundo se están extendiendo sobre más y más tierra. Cuando la actividad humana hace que el desierto se expanda, decimos que se ha producido una *desertificación*. Las personas han estado creando desiertos desde el inicio de la agricultura establecida hace diez mil años. La creciente entre el Tigris y el Eufrates, una vez fértil, es ahora prácticamente toda desierto. Sin embargo, alguna vez nutrió a algunas de las primeras ciudades del mundo. Siglos de mal uso, combinados con malas técnicas de irrigación, esterilizaron la tierra y fueron unas de las principales causas del derrumbe de algunas de estas antiguas civilizaciones.

Los factores humanos de la desertificación son simplemente intentos humanos por sobrevivir. Las tierras marginales se desmontan y aran en intentos desesperados por sembrar cosechas. Los árboles y las plantas leñosas también se arrancan para producir combustibles, agravando el problema de la deforestación. Los árboles pueden bloquear el viento que se lleva la tierra superficial. La mala irrigación esteriliza la tierra, introduciendo sales y álcalis en tierras ya agotadas. Se permite a cabras, ovejas, ganado y camellos pastar en exceso, removiendo la vegetación que podía ayudar a mantener la tierra en su lugar.

Según algunos cálculos, el costo de rehabilitar las tierras degradadas y de detener la expansión de los desiertos, no debe ser más de $2500 millones al año. Esto es, una fracción del costo de la pérdida de tierras agrícolas y sus cosechas. Pero los fondos que se proveen para estas áreas se usan más y más para medidas de emergencia. Irónicamente, los remedios no son muy exóticos. Es tan simple como plantar árboles o evitar que se talen demasiados. Ya ha dado resultados. Los desiertos se están deteniendo.

En el norte de China se ha plantado un muro verde de árboles para detener el avance de los desiertos y para estabilizar las tierras muy erosionadas. En Rajasthan, en la India, se usaron acacias importadas del Medio Oriente para estabilizar 60,000 acres de dunas de arena. En Haití se han plantado 35 millones de árboles. En partes de África Occidental se han usado árboles seleccionados para revitalizar las tierras de cultivo y los pastizales. Los árboles tienen hojas durante la estación seca, dando sombra cuando más se necesita. También actúan como pantalla para los vientos y transfieren nitrógeno del aire a la tierra, aumentando las ganancias de las cosechas. Las vainas y semillas de los árboles proporcionan forraje rico en proteínas para el ganado y las cabras. En Kenya, el Movimiento del Cinturón Verde, comenzado en los 70, ha creado cientos de guarderías para árboles. Los agricultores, en su mayoría mujeres, han plantado más de 7 millones de árboles alrededor de las tierras de los cultivos para reducir la erosión ocasionada por el viento. En Nigeria, donde el viento es la principal causa de la erosión, en otro proyecto se han plantado filas de árboles, creando una cortina rompevientos que ya es de más de doscientas millas de largo. Hay métodos aún más sencillos. En la pobre Burkina Faso, en el noroeste de África, los agricultores usan una técnica antigua. Se colocan sencillas líneas de piedra en los campos, atrapando la tierra que de otra manera habría sido lavada y actuando como represas para retener las aguas lluvia. Las ganancias de las cosechas se han incrementado en un 50 por ciento.

¿Dónde se Originó el Dust Bowl?

Los estadounidenses saborean su fútbol americano con la misma pasión que las personas de otras naciones reservan para su fútbol o balompié. Ven el Super Bowl, el Rose Bowl, el Orange Bowl y el Cotton Bowl. Recuerdan a los ganadores y a los perdedores, los derribos y las pérdidas de balón, y quién anotó el touchdown de la victoria. Pero muchos menos estadounidenses recuerdan el Dust Bowl (Tazón de Polvo). No fue un partido, y nadie ganó.

Para aquellos que creen que la desertificación es una cosa exótica que sólo pasa en otros lugares, hay una lección lúgubre en la experiencia de la región de las Grandes Llanuras en los años treinta, período de la Gran Depresión. Durante los años buenos de la década del veinte, los granjeros expandieron sus propiedades arando grandes áreas de pastizales, cavando más pozos y permitiendo que su ganado pastara en áreas más extensas. El sacar tanta agua del subsuelo secó la tierra y aceleró la erosión de algunas de las tierras más ricas del mundo. Cuando vino una gran sequía, el resto de la tierra voló con los fuertes vientos producidos por inmensas tormentas de polvo.

En unos pocos años, lo que había sido una región agrícola próspera se convirtió en un desierto seco y arrasado por el viento. Cientos de miles de granjeros se vieron desplazados en la migración forzada más grande de la historia estadounidense. Muchas familias en Kansas, Oklahoma, Texas, Colorado, Nebraska y otros estados planos, abandonaron tierras de cultivo sin valor en escenas capturadas por John Steinbeck en su novela clásica *Las Uvas de la Ira* (1939). Aunque el Congreso aprobó leyes para evitar una recurrencia del fenómeno, una mayor sequía podría tener consecuencias desastrosas en esta crítica región agrícola.

¿Cuál es Más Frío, la Antártica o el Círculo Polar Ártico?

"¿Hace mucho frío, Johnny?"

Muy frígidos para los humanos sin las mayores precauciones, difíciles de alcanzar y congelados durante la mayor parte del año, los dos ambientes polares estaban entre los lugares menos conocidos sobre la Tierra. Sabíamos más acerca de la Luna que lo que sabíamos de los polos. Pero las cosas están cambiando. Con las compañías de energía y de minerales hambrientas cuando ven los recursos naturales que podrían estar atrapados entre las tierras heladas, la escena está montada. La conocida historia del conflicto entre la explotación de activos potencialmente valiosos y la preservación de estas áreas podría dominar el futuro. Por ahora, la ciencia tiene la palabra, ya que la mayor parte de la exploración que se está llevando a cabo en los dos polos es básicamente una búsqueda de naturaleza más que una búsqueda del tesoro de nuevas riquezas minerales. Pero eso siempre puede cambiar.

Las personas tienden a pensar en los dos zonas polares como algo similar, pero son bastante diferentes. En el Polo Norte, el Ártico es el más pequeño de los océanos. Todavía no hay pruebas de ninguna población nativa que viva en el Polo Norte. Pero no quiere decir que no haya Santa Claus. Sólo porque no lo podamos ver no quiere decir que no esté allí.

La Antártica es una masa de tierra cubierta de hielo que tiene dos veces el tamaño de Europa Occidental y está rodeada por un amplio mar abierto. (Ver en el Capítulo 2, "¿De Quién es La Antártica?", Página 126.) El récord del mundo de las temperaturas frías fue una lectura de -126.9°F (−88.3°C) registrada en la estación Vostok en la Unión Soviética, en Antártica. Un día de verano promedio allí es de más o menos 1°F. La temperatura diaria promedio del invierno de seis meses de la Antártica es de -70°F.

La tierra tiende a ser más fría que el agua por su densidad, así que la Antártica es generalmente más fría que el Océano Ártico porque es una masa de tierra, mientras que el Ártico es agua. Pero las diferencias en las estaciones entre las regiones es típica. Como promedio, la región polar de la Antártica durante el mes de julio es el lugar más frío sobre la Tierra. Pero en enero, las temperaturas más frías ocurren en Siberia, Canadá y Groenlandia, a cientos de millas del Polo Norte.

¿Quién es El Niño?

Una abreviación para "El Niño de Navidad," o el Niño Cristo, El Niño es realmente un "qué" y no un "quién." El Niño, una enorme piscina de agua de mar especialmente caliente que fluye como una corriente en forma de lengua del Océano Pacífico oriental, parece ocurrir de manera inusualmente fuerte más o menos una vez cada década, normalmente en diciembre, antes de Navidad, que es la razón por la que tiene ese nombre. Pero El Niño no viene repartiendo regalos. En lugar de esto, este visitante regular produce estragos en el clima y es el responsable de una gran disminución en la pesca de anchoas, subiendo el precio de las pizzas. Sus efectos no son divertidos, sin embargo, y puede ser extremadamente destructivo.

Entre 1982 y 1983, El Niño estuvo inusualmente dramático: 7° más caliente que los rangos de temperatura normal del agua, bombeando más calor a la atmósfera. Un período poco usual que ha sido llamado el más desastroso en la historia registrada hasta ahora. Los patrones del tiempo se alteraron en tres cuartas partes del globo, ocasionado inundaciones a lo largo de las costas occidentales de América del Norte y del Sur, y sequías en el sur de África, el sur de Asia y Australia. Hubo numerosas muertes de peces, pájaros marinos y corales, y las víctimas humanas de El Niño se calcularon en más de mil muertos.

La edición de 1990 pareció más amable y suave, pero todavía está ejerciendo extraños efectos en el clima del mundo. Nuevamente, algunos lugares tuvieron más lluvia que la usual. En otros, las condiciones de sequía empeoraron. Aunque fue reconocido por primera vez en 1726, El Niño es todavía bastante incomprendido y ninguna teoría ha sido aceptada ampliamente para este calentamiento de una sola vez por década.

NOMBRES:

Ciclón, Huracán, Tifón, Tornado

"¡Es un tornado!" Al menos lo fue en *El Mago de Oz*. Pero, ¿qué era el "tornado" de Kansas de Dorothy Gale, una manga de viento o un ciclón? Y de todas maneras, ¿cuáles son las diferencias?

Cualquiera que sea el nombre, estas tormentas pueden ser mortales. En abril de 1991, un *ciclón* en Bangladesh dejó 138,868 muertos y millones sin hogar. El huracán Gilbert, que golpeó el Caribe y la costa del Golfo de los Estados Unidos en 1988 mató al menos 260 personas. En 1984, el tifón Ike azotó las Filipinas y murieron más de 1,300 personas. Un *tornado* en 1974 mató más de 300 personas en el Medio Oeste estadounidense.

Los cuatro tipos de tormentas son variaciones de un verdadero

ciclón. Una palabra que se usa tanto en el sentido específico como en
el general. Un verdadero ciclón es, técnicamente hablando, una tormenta con vientos violentos y arremolinados que circulan rápidamente
alrededor de un centro de baja presión: el ojo de la tormenta. Los
ciclones están acompañados de tiempo tormentoso, a menudo destructivo. (En el hemisferio norte, los vientos del ciclón circulan al contrario de las manecillas del reloj, en el hemisferio sur, se mueven en
dirección de las manecillas del reloj.)

Los huracanes, tifones y ciclones son todos el mismo tipo de tormenta violenta que se origina sobre las aguas de un océano cálido y es
llamado con nombres diferentes en todo el mundo. La palabra *huracán* (derivado de una palabra de los indígenas caribes) se usa para describir estas tormentas cuando se originan en el Océano Atlántico
tropical o en el Mar Caribe. La enorme masa de nube arremolinada
que rota alrededor del "ojo" calmado puede tener 248 millas (400 km)
de circunferencia. Los vientos que giran en espiral pueden elevarse
desde 9 hasta 24 millas (15–20 km) en la atmósfera. Un tifón (de la
palabra cantonesa *tai fung*) es un violento ciclón tropical que se origina
en el Pacífico occidental y especialmente en el Mar del Sur de China.
Cuando estas tormentas se originan en el área del Océano Indio se llaman ciclones.

Un tornado (una alteración de la palabra española *tronada* que
quiere decir tormenta de truenos) es también una forma de ciclón. Un
tornado es un violento embudo enroscado de nube que se extiende
hasta la tierra de una gran nube de tormenta. Cubre un área más
pequeña que la de un huracán, pero a menudo es más violento ya que
corre a través de la tierra a velocidades de entre 18 y 40 millas por hora
(30 a 65 kph).

¿Qué es un Monzón?

La palabra *monzón* viene del árabe *mausim*, que significa "estación."
La palabra se usa para describir las lluvias fuertes que ocurren en algunas partes del mundo, especialmente en el sur y el este de Asia. Esta
temporada lluviosa comienza de repente cuando los vientos marinos
soplan sobre la tierra. Más de la mitad de la población del mundo vive

en áreas con climas de monzón. La mayor parte de éstas son regiones pobres en las que la mayoría de las personas dependen de la agricultura para su supervivencia. Una temporada tardía o fallida de monzones puede significar desastre y hambrunas.

Un ciclo típico de monzones ocurre en la India. Allí, de abril a junio, el clima se vuelve más y más caliente, y el aire es muy seco. Los vientos soplan hacia el mar desde la tierra. Luego, en junio o julio, el viento invierte su dirección y el monzón estalla. El día en que caerá la lluvia generalmente se puede predecir. Luego los vientos comienzan a soplar desde el mar, trayendo con ellos la lluvia.

¿Qué es Más Probable, Otra Edad de Hielo o un Derretimiento de los Glaciares?

Los geólogos están apenas comenzando a raspar la superficie del hielo cuando se trata de comprender los cambios de clima de largo alcance. Por ejemplo, en Groenlandia se está llevando a cabo una investigación de perforación profunda que suministrará más pruebas acerca de los cambios históricos de la temperatura de la Tierra de lo que ha ofrecido cualquier investigación pasada. Sabemos que ha habido períodos regulares de calor entre las extensas eras glaciares o de hielo. Durante los períodos más fríos de la Edad de Hielo, los glaciares y las grandes capas de nieve se extendían sobre vastas áreas de la Tierra, cambiando los niveles del mar y afectando los patrones de las corrientes del océano y del aire.

Actualmente, la Tierra disfruta de una especie de "vacación tropical." Un período caliente interglacial. Históricamente, estos períodos cálidos han durado cerca de diez mil años. Pero nuestra actual fase cálida tiene más o menos esa edad, y hay investigadores que creen que las condiciones son ahora similares a las de hace noventa mil años cuando ocurrió un repentino período de enfriamiento. Algunos climatólogos sugieren que hay pruebas de avances glaciales durante los últimos treinta años. Claro, la diferencia entre el pasado y el presente, que es una diferencia grande, es el factor humano. El impacto humano en el clima de la Tierra a largo plazo es similar a arrojar una moneda al aire. Algunos científicos sugieren que el polvo y los humos que le hemos estado añadiendo al aire desde el comienzo de la Era Industrial, pueden crear un "filtro solar" o paraguas que reducirá el calor del sol, bajando la temperatura de la Tierra y acelerando la siguiente Edad de Hielo.

Por otra parte —y puede ser la parte más numerosa— están los científicos que argumentan que está sucediendo exactamente lo opuesto. A medida que las actividades humanas despiden enormes cantidades de ciertos gases a la atmósfera, estamos creando un "efecto invernadero" que, efectivamente, aumentará las temperaturas del mundo. Muchas personas no toman el "efecto invernadero" muy en serio. La mayor parte de ellos están en la Casa Blanca o trabajan para empresas petroleras. Otros escépticos son las personas que han escuchado a los científicos gritar más de una vez que "El cielo se está cayendo." Tal vez el problema radique en el nombre "invernadero." Suena demasiado atractivo, muy positivo. Después de todo, los invernaderos son los lugares donde se cultivan flores y verduras todo el año. Eso no suena tan terrible.

Tal vez se debería llamar el efecto del coche-con-las-ventanas-cerradas-en-un-día-caliente-en-la-playa. Tal vez, entonces, las personas se tomarían la amenaza del calentamiento global seriamente. Después de todo, no muchas personas han estado dentro de un invernadero. Pero muchas más entienden lo que significa dejar el carro cerrado con llave a pleno sol a mediodía. Abres las puertas del carro y te sale un estallido, a manera de horno, de aire extremadamente caliente que te da en la cara. El volante está demasiado caliente para tocarlo y la tapicería prácticamente chamusca tu piel.

El dióxido de carbono es lo que hace que el alka seltzer y la soda tengan burbujas. Parece benigno. También es uno de los gases más importantes de la atmósfera, aunque no suma sino un 0.03 por ciento de la misma. Cuando la energía del sol llega a la atmósfera de la Tierra, la mayor parte de ella rebota de regreso al espacio. Alguna parte es absorbida por el dióxido de carbono, calentando la superficie de nuestro globo a través de lo que se denomina comúnmente el "efecto invernadero." El dióxido de carbono y otros gases de la atmósfera actúan como un cristal en un invernadero, o como las ventanas de tu coche, permitiendo que los rayos del sol entren, atrapando parte del calor que de otra manera sería irradiado de regreso al espacio. La humanidad necesita cierta cantidad de dióxido de carbono para que sea posible la vida en la Tierra. La temperatura promedio del planeta podría ser 30°C más fría si no fuera por el factor del dióxido de carbono.

Esta no es una idea nueva. En 1896, un químico suizo de nombre Svante Arrhenius acuñó la frase "efecto invernadero" y predijo que la quema de combustibles fósiles aumentaría la cantidad de dióxido de carbono en la atmósfera y conduciría al calentamiento del clima de la Tierra. Svante era muy inteligente. Estaba adelantado para su tiempo en aproximadamente cien años.

Los científicos están basicamente de acuerdo en que el efecto invernadero está suscitando los mayores y más rápidos cambios en el clima de la historia de la civilización. Tendrá consecuencias enormes para la vida en la Tierra. Dado que los combustibles fósiles comenzaron a usarse a gran escala con el comienzo de la Revolución Industrial, se han emitido enormes cantidades de dióxido de carbono, y esta tendencia se está agravando por la quema de nuestras selvas tropicales. Cerca de cuatro quintas partes del dióxido de carbono viene ahora de la quema de combustibles de fósiles. El resto proviene de la destrucción de la vegetación, principalmente la tala de bosques.

Pero, ¿para qué salvar las selvas tropicales? Los árboles absorben dióxido de carbono cuando están vivos, pero lo sueltan cuando son cortados y quemados.

El resultado de esto es un calentamiento continuo de nuestro planeta. Aunque puede haber poco cambio en el ecuador, los polos podrían subir su temperatura en 7°C, con todo lo que eso implica para las capas de hielo. A medida que las capas de hielo polar se derritan, los niveles del mar podrían subir entre cinco o siete metros. Gran parte de los Países Bajos se inundaría, junto con la mitad de la Florida y enormes sectores de otras áreas bajas como Bengala y muchas islas bajas del Pacífico, donde el aumento en los niveles del mar disminuiría las provisiones de agua potable aun antes de que las inundaciones se convirtieran en problema. Incluso un aumento de un metro en el nivel del mar podría dejar a 200 millones de personas sin hogar.

Pero esto sería un pequeño problema en comparación con el impacto del calentamiento global sobre las cosechas. Mientras que un mundo más caliente podría ser capaz de incrementar las cantidades de comida a nivel general, algunas naciones se beneficiarían y otras se perjudicarían. El Medio Oeste estadounidense, que ayuda a alimentar a cien naciones, podría ver sus cultivos, disminuidos en una tercera parte. Los Estados Unidos todavía podrán alimentarse a sí mismos, pero las exportaciones al resto del mundo podrían caer en un 70 por ciento. Nuevas tierras se abrirían en Canadá a medida que se calienta el clima, pero los suelos son muy pobres para compensar la pérdida. El punto de vista optimista es que Ucrania, que fuera el granero de la Unión Soviética, podría no ser afectada tan profundamente y la tierra que se abriría al cultivo en Siberia es mejor que la de Canadá. Pero hay un pronóstico más oscuro que sostiene que, si se derritiera la tundra congelada de Siberia, el hielo que hay debajo volvería la tierra inútil para el cultivo. También preocupa que el metano, otro peligroso "gas de invernadero," que está atrapado bajo la tundra congelada y podría ser liberado, con resultados aún más dañinos. Naturalmente, los países pobres serían los más duramente afectados. Las áreas que ya son áridas, como Túnez, Argelia, Marruecos, Etiopía, Somalia, Botswana, el este del Brasil y partes de Asia, probablemente se secarían aún más.

La década de los ochenta fue la más calientes que se haya registrado hasta ahora. Siete de los diez años más calientes registrados desde 1880 fueron en esta época. El 1990 fue clasificado en varios estudios como el más caliente año que ha habido hasta el momento. Nadie puede estar seguro de si esto se debió al efecto invernadero o si fue simplemente el resultado de una variabilidad natural en el clima. Hubo un ligero enfriamiento en 1991, pero éste se le atribuyó a la nube de polvo producida por la erupción del Monte Pinatubo en las Filipinas, y sería muy probablemente una situación temporal que demoraría ligeramente una tendencia general al calentamiento.

Todavía hay un debate acerca de la probabilidad de que esté ocurriendo un calentamiento global. Hay científicos que dicen que el efecto invernadero ha sido muy exagerado. Estos son los cálculos preferidos por la industria del petróleo y las administraciones de la Casa Blanca que están más interesados en las utilidades a corto plazo que en una política de largo alcance. En mayo de 1990, los cálculos realizados para el Panel Intergubernamental de las Naciones Unidas acerca del Cambio Climático colocaron las temperaturas mundiales para el año 2020 en $1.3°C$ más caliente que el promedio mundial actual, que es de cerca de $60°F$, y que aumentará en otros $3°C$ para el 2070.

"El sol saldrá ma-ña-na!!"
Anita la Ozonita

Según los cálculos más optimistas, el calentamiento global del efecto del carro-con-las-ventanas-cerradas parece ser ahora inevitable. La acumulación de contaminantes que ya ha tenido lugar lo garantiza. Lo mejor que puede hacer el mundo es aparcar el coche en un lugar sombreado y bajar las ventanas. Con toda probabilidad, aún con cambios radicales en el uso de combustibles y la protección de los bosques, lo mejor que podemos hacer es disminuir el proceso, más que eliminar la amenaza de un calentamiento global.

La "Rosquilla de la Antártico": ¿Azucarada o con Jalea?

Otro de los químicos contaminantes que hemos estado arrojando a la atmósfera es algo llamado clorofluorocarbonos, o CFC, también considerados como "gas invernadero" como con el dióxido de carbono y el gas metano. Pero otro efecto demostrado de los CFC es la "Rosquilla de la Antártica" un enorme agujero en la capa de ozono de la atmósfera sobre el Polo Sur. Este agujero de ozono se abre sobre la Antártica cada primavera sureña. Es tan ancho como los Estados Unidos y tan profundo como la altura del Monte Everest. El descubrimiento de la "Rosquilla de la Antártica" en octubre de 1982 tomó a varios científicos por sorpresa. Las computadoras en un satélite midieron el agujero, pero los científicos rechazaron la información considerándola poco probable. Datos recientes sugieren que hay otra rasgadura en la capa de ozono en el hemisferio norte.

A primera vista, la capa de ozono no aparece ser muy atractiva. De hecho, es un manto de veneno que envuelve la Tierra. El ozono, una forma de oxígeno, es altamente tóxico. Menos de una parte por millón del gas azulado del aire es venenoso para los humanos. Cerca del nivel del suelo, es un contaminante que ayuda a formar el smog. Pero más arriba, en la estratosfera, forma una pantalla de la cual depende la vida. El ozono es el único gas en la atmósfera que puede filtrar los letales rayos ultravioleta del sol. Si no fuera por este filtro de ozono, la radiación ultravioleta mataría toda vida terrestre.

Hay pequeñas cantidades de radiación ultravioleta que sí pasan a través de este frágil filtro. Es la principal causa del cáncer de piel, una enfermedad que va en aumento y que ya mata a unas 12,000 personas cada año solamente en los Estados Unidos. Los dermatólogos de Estados Unidos ya están viendo más casos de cáncer de piel entre pacientes adolescentes. La radiación ultravioleta suprime el sistema inmune, ayudando a que los cánceres se establezcan y crezcan, y aumenta la susceptibilidad a otras enfermedades. Es una causa principal de las cataratas, que dejan ciegas a unas 12,000 personas en el mundo y dañan la vista de otros 18 millones, por lo menos. Esta radiación también disminuye las producciones de las cosechas y mata microorganismos del océno que sirven de alimento para otras especies. No hay duda de que dañar la capa de ozono, aunque sea levemente, aumentará el número de personas con problemas de salud.

El principal peligro para la capa de ozono viene de los CFC, que son químicos extremadamente útiles y versátiles. Fueron inicialmente desarrollados como refrigerantes y jugaron un papel esencial en la propagación de aires acondicionados y refrigeración. Fueron posteriormente introducidos como propelente en los aerosoles. Cada molécula de CFC liberada al aire destruye miles de moléculas de ozono.

Pasará un buen tiempo antes de que el ozono se recupere. Los análisis de la Agencia de Protección Ambiental de los Estados Unidos sugieren que, aún si se erradicaran todos los químicos que acaban con el ozono, tomaría un siglo que las condiciones de la atmósfera regresaran a lo que fueron en 1986. Pero el mundo sí se puso de acuerdo rápidamente para retirar los químicos, una vez fueran demostrados sus peligros. La Compañía Du Pont, la mayor productora de CFC, se comprometió voluntariamente sacarlos de producción. Esto fue probablemente un ejemplo sin precedentes de responsabilidad corporativa. La respuesta a los CFC ofrece uno de los primeros precedentes esperanzadores de que es posible la colaboración internacional para enfrentar otras amenazas ambientales.

Solo que nos preguntamos si esto no es demasiado poco, demasiado tarde.

¿Qué es la Lluvia Ácida?

La lluvia ácida, descrita por primera vez en 1872 por un químico inglés, es uno de los problemas más serios del mundo industrializado, la forma más controvertida de contaminación del aire en el mundo desarrollado. Es tristemente irónico que algo que generalmente consideramos positivo—la lluvia que cae suavemente—sea como tomar un baño en ácido para baterías. La aparentemente inofensiva lluvia está degradando y destruyendo tanto la naturaleza como los logros de la humanidad.

La lluvia ácida, así como la nevisca y la nieve, se produce principalmente por la liberación de óxidos de sulfuro a la atmósfera. Las principales fuentes de tales emisiones tienden a ser las plantas generadoras de energía, las calderas industriales y los grandes hornos de fundición. Los gases que son arrojados al aire por altas chimeneas quedan atrapados en los vientos prevalecientes donde, al pasar sobre la tierra, se transforman en soluciones diluidas de ácido sulfúrico y ácidos nítricos. Irónicamente, parte del problema de la lluvia ácida viene de intentos anteriores por limpiar el aire contaminado en áreas específicas aumentando la altura de las chimeneas. Todo lo que se logró con esto fue disipar los materiales contaminantes más hacia arriba en la atmósfera, donde podían volar hasta el jardín del vecino. Los problemas de Canadá vienen de los Estados Unidos, y el aire sucio de Londres le llega a Noruega.

Cuando estos contaminantes industriales se combinan con el vapor de agua, la luz solar y el oxígeno de la atmósfera, crean una sopa diluida de ácidos sulfúrico y nítrico. Esta apetitosa mezcla es bajada de la atmósfera por la lluvia, los cristales de nieve o en forma de partículas secas. Posteriormente llegan al ciclo del agua, aumentando la acidez de los lagos de agua dulce, las corrientes de agua y las tierras. Cerca de una cuarta parte de los 90,000 lagos de agua dulce de Suecia están acidificados de alguna manera. Los peces ya no pueden vivir en 4,000 de ellos. En Noruega, muchos lagos y arroyos están ya técnicamente muertos. En el este de los Estados Unidos, miles de lagos son ya demasiado ácidos para que los peces puedan vivir en ellos. La trucha y el salmón ya no se reproducen en nueve ríos de Nueva Escocia debido a su contenido ácido.

En partes de Pennsylvania, el resultado es un solvente corrosivo mil veces más acídico que la lluvia natural. Hasta el momento, las regiones más afectadas por la pesadilla de la lluvia ácida son las del nordeste de Canadá y los Estados Unidos, Europa Central y Escandinavia, pero Australia y Brasil también están notando los primeros signos de la mortal lluvia.

Desde las Grandes Pirámides y la Esfinge, hasta los grandes hitos arquitectónicos de Europa, están siendo devorados por los humos acídicos. La mampostería de la catedral de Colonia se está carcomiendo. Muchos de los vitrales de Europa se están desvaneciendo. En Alemania Occidental, la Selva Negra ha perdido un tercio de sus árboles, y muchos científicos atribuyen esta tendencia a una combinación de lluvia ácida y otras formas de contaminación del aire. Es difícil establecer los costos del daño de la lluvia ácida. Pero se ha estimado que el daño hecho a los metales, edificaciones y pinturas en países europeos cuesta cerca de $20 millones al año. Esto no incluye los costos causados por bosques muertos, lagos acidificados y cosechas dañadas. El daño a la industria maderera de Alemania Occidental solamente se estima en

$800 millones, más $600 millones adicionales en pérdidas agrícolas debido a una reducción de la productividad.

Tristemente, la lluvia ácida—junto a otras actividades humanas como la tala, el desmontaje de bosques para sembrar pasto para el ganado, la tala de bosques para combustible por parte de la mitad de la población del mundo—está matando las mejores defensas de la naturaleza para el medio ambiente: los bosques del mundo.

Como solían enseñarnos en el colegio, "los bosques son nuestros amigos." Juegan un papel primordial en el reciclaje planetario del carbono, el nitrógeno y el oxígeno. En otras palabras, "Entra el aire malo, sale el aire bueno." Los bosques influyen en la temperatura y las lluvias. A menudo son la fuente de grandes sistemas de ríos y protegen al suelo de las erosiones. Constituyen un gran reservorio de genes de nuestro planeta, y son los principales lugares donde emergen nuevas especies.

En alguna época, la madera era uno de los recursos más abundantes de la Tierra, pero ha sido muy mal tratada. En 1950, el 30 por ciento de la tierra estaba cubierta por bosques, la mitad de los cuales eran selvas tropicales. Para 1975, el área cubierta por los selvas tropicales había decrecido al 12 por ciento. Para el año 2000 tendremos suerte si esta cifra es del 7 por ciento.

Después de una amarga pelea con el gobierno canadiense, los Estados Unidos aceptaron a regañadientes el problema y comenzaron a tomar medidas para reducir las emisiones. Las grandes plantas de energía que usaban combustibles fósiles deberían cortar las emisiones de dióxido de sulfuro en un 40 por ciento para el año 1988. Se ha establecido una meta de alrededor del 60 por ciento para el año 1998. Pero muchos ambientalistas advierten que se necesitan recortes aún mayores.

¿Qué Son los Humedales?

Esta pregunta no es tan sencilla como parece. Por ejemplo, ¿habías oído hablar de la Coalición Nacional de Humedales? Pensarías que es organización "ecológicamente correcta," un grupo de esos que dicen, "salven la Tierra," dedicados a proteger los recursos naturales. De hecho, esta coalición tiene entre sus miembros a representantes de cinco empresas de petróleos y una de sus misiones es lograr que los Estados Unidos defina la palabra "*humedales*" de una manera que sea más de su gusto.

Durante su campaña presidencial de 1988, cuando George Bush aseguró que sería el "presidente ambientalista" así como el "presidente de la educación" y el "presidente de la Guerra Contra las Drogas," Bush, el candidato, también prometió que "todos los *humedales* existentes, sin importar cuán pequeños fueran, se preservarían." Esta no era una promesa pequeña. Los Estados Unidos actualmente tiene cerca de 100 millones de acres de *humedales*. Pero el país ha perdido la mitad de ellos, la mayor parte a causa de la agricultura, y en su mayoría en los últimos veinte años. Los Everglades de la Florida, por ejemplo, han sido progresivamente drenados, desde hace más de un siglo, para obtener terrenos para agricultura. Pero muchos acres de *humedales* también han sido pavimentados para hacer lugar a los nuevos condominios y los centros comerciales.

Es aquí donde la situación se torna espinosa. ¿Cómo defines "*humedales*"? Mira, el "*humedal*" de una persona es el lodazal o el pantano o la ciénaga de otra. Las áreas de *humedales* del mundo —ciénagas, estuarios y planicies de mareas— componen el 6 por ciento de la superficie terrestre de la Tierra, y están entre los ecosistemas más fecundos y productivos del mundo. De acuerdo con el *Atlas del Medio Ambiente* de la Fundación Vida Silvestre del Mundo (World Wildlife Fund), "Brindan un hábitat crítico para miles de especies de plantas y animales, producen comida, fibra y materiales de construcción, juegan papeles importantes en la regulación de los ciclos de agua, filtran los contaminantes y protegen las costas de las depredaciones del mar."

Los humedales costeros, estuarios, saladares, ciénagas y planicies de mareas, son vitales para los desoves y las áreas de cría para peces y mariscos. Dos tercios del pescado capturado mundialmente es incubado en zonas de marea. Los humedales también actúan como plantas naturales de control de producción y tratamiento de aguas negras. Los virus, la bacteria coliform (de la materia fecal) y los sólidos suspendidos que quedan normalmente después de que se procesan los desperdicios en las plantas de tratamiento secundario de las aguas negras, se pueden transformar y volver inocuos a través de los humedales. En Hungría, por ejemplo, se ha utilizado turba como filtro natural para aguas de desperdicio en las plantas de aguas negras.

Lo que nos trae de regreso al Presidente Bush y, más específicamente, al vicepresidente Dan Quayle, quien encabeza algo llamado el Consejo de la Casa Blanca acerca de la Competitividad. Es un grupo intergubernamental encargado de la reducción y eliminación de restricciones reglamentarias que son una "carga excesiva" sobre las empresas estadounidenses. Para los propósitos del gobierno federal de los Estados Unidos, los humedales son oficialmente designados por el número de días cada año en que la tierra está saturada al nivel de las raíces de las plantas. La actual definición es de siete días. La Administración Bush propuso cambiar el requerimiento a veintiún días de saturación. Ese simple cambio en la definición habría tomado humedales existentes en veintinueve estados y los habría borrado de la existencia. El cambio encontró tal oposición, aun dentro de la misma Administración Bush, que se ha quedado en el limbo. En mayo de 1992, el Departamento de Agricultura propuso un plan que le permitiría a los granjeros drenar millones de acres de humedales, desde el Delta del Mississippi hasta las Grandes Llanuras. El cambio en las normas destruiría 10 millones de acres de humedales—según el Senador Patrick Leahy, un demócrata de Vermont que encabeza el Comité de Agricultura del Senado.

La amenaza a estos valiosos sistemas no se limita a los Estados Unidos. Los humedales cercanos al Delta del Nilo, que fue una vez un área increíblemente fértil donde prácticamente nació la civilización Occidental, se están reduciendo a grandes pasos. Los proyectos de irrigación y drenaje de los humedales costeros están destruyendo un área donde viven 50 millones de egipcios. Cerca del sur de España, en el Parque Nacional Doñana, una especie de Everglades europeos, los conservacionistas están luchando contra los empresarios de bienes raíces que quieren reemplazar los importantes terrenos de cría con hoteles, marinas y campos de golf. Los granjeros quieren que la tierra se drene para cultivar arroz y fresas. Los conservacionistas argumentan que un centro turístico ambientalmente correcto, que atraiga turistas amantes de la naturaleza, es preferible al desarrollo propuesto. A los granjeros les recomiendan cambiarse a cultivos que exijan menos agua. La situación en el sur de España es un caso típico de la batalla entre la conservación y el desarrollo precipitado, pero están tratando de demostrar que hay formas de desarrollar sin destruir. Por el momento, los conservacionistas de allí han ganado la batalla.

¿Dónde Está la Ciudad Más Poblada del Mundo?

Al poeta Milton le gustaban las ciudades:

> *Nos complacen las ciudades de altas torres,*
> *Y el ajetreado zumbido de los hombres*

Pero dos siglos más tarde, su compatriota Lord Byron, estuvo en desacuerdo:

> *Las altas montañas son un sentimiento,*
> *pero el zumbido de las ciudades humanas*
> *una tortura.*

Lord Byron quizá se sentía claustrofóbico en 1812. ¿Y tú?

- Se espera que la población mundial, que era de 2500 millones hace sólo 40 años, alcance los 6000 millones en los años noventa y aumente a 10000 millones dentro de 60 años.

- La población ha crecido de cerca de 1000 millones en 1830, a 2000 millones en el año 1930, a 4000 millones en 1975 y a más de 5000 millones actualmente—con un aumento a más de 6000 millones proyectado para el año 2000.

- Si África mantiene su índice de crecimiento del 3 por ciento por un siglo, su población actual de 500 millones de personas aumentará a 9500 millones.

- En los tiempos de Lord Byron, sólo el 5 por ciento de la población vivía en las ciudades. Doscientos años más tarde, en el año 2000, se espera que esa cifra sea del 50 por ciento.

- Antes de 1850, sólo Londres y París tenían poblaciones de más de 1 millón. (En reconstrucciones históricas se ha calculado que varias ciudades antiguas tenían poblaciones de más de 1 millón de personas. Sin embargo, gradualmente, la población de todas ellas comenzó a descenter. Antes de la Revolución Industrial, Roma, Xian en China, Bagdad, Bizancio y Edo—el Tokio actual—pueden haber llegado a la marca de 1 millón durante un corto período antes de sufrir grandes pérdidas de población.) En la segunda mitad del siglo XX, más de 240 ciudades han alcanzado la marca del millón, la mayor parte de ellas en países en vías de desarrollo. Para el año 2000 es poco probable que Londres aparezca entre las primeras 25 ciudades.

- Para el año 2000, en El Cairo y Calcuta vivirán más personas que en todo Canadá.

- En 1950 había menos de 300 millones de personas viviendo en ciudades en las naciones más pobres del mundo. Para fines de siglo se espera que la cifra aumente hasta 2000 millones, y se doble nuevamente para el 2025.

Las grandes ciudades del mundo, fenómeno relativamente reciente en la historia de la humanidad, están demasiado rápido. La antigua Roma pudo haber sido la primera ciudad de un millón de personas en el primer siglo D.C., pero después de unos pocos siglos de bárbaros, emperadores locos y salvajes y epidemias catastróficas, su población disminuyó hasta cerca de 20,000 habitantes. Roma no llegó al millón nuevamente hasta 1930. La mayor parte de las grandes ciudades del mundo han crecido desde mediados del siglo XV, legado de una expansión fenomenal en el comercio europeo. Miles de ciudades—la mayor parte de ellas puertos ubicados en las costas o en ríos importantes—se desarrollaron como bases para la creciente red de comercio global.

Tras la gran era del comercio, el siguiente estallido vino durante la

Revolución Industrial cuando las ciudades de Europa y América del Norte, en rápida industrialización, crecieron alrededor de centros manufactureros y de embarque. El declive de muchas de estas "ciudades chimenea" durante las últimas décadas ha coincidido con el rápido crecimiento de las ciudades en otras zonas del mundo. Hoy, más de la mitad de las trescientas ciudades con más de un millón de personas están en Latinoamérica, África o Asia, y cinco de las diez concentraciones urbanas más grandes del mundo están en los países en vías de desarrollo—Ciudad de México, São Paulo, Shanghai, Buenos Aires y Seúl. Para el año 2000, sólo Tokio y Nueva York representarán al mundo "desarrollado" entre las diez principales.

Con una población que pronto alcanzará los 23 millones, Ciudad de México es la ciudad más grande del mundo. Ha doblado su tamaño desde 1970 y según algunos cálculos se espera que doble nuevamente su población para el año 2025. Es una ciudad imposible, congestionada por el tráfico y los vendedores ambulantes. Su densidad de población es casi cuatro veces más alta que la de Londres, una concentración de personas siete veces más numerosa que la población de la segunda ciudad de México, Guadalajara. El tristemente célebre aire de Ciudad de México, envenenado por la nube de smog creada básicamente por una enorme cantidad de carros quemando combustibles de bajo precio, es notorio y es la fuente de exóticos y algunas veces quijotescos esfuerzos ambientales. Entre las sugerencias recientes para esta ciudad de humos nocivos, está la de perforar grandes agujeros en las montañas aledañas para dejar salir humo, aditivos de perfume para los tubos de escape de los coches, y ofrecer máscaras de gas para todos sus habitantes. Otra idea, que tuvo la bendición nominal del alcalde de la ciudad, fue usar ventiladores gigantes para soplar el aire contaminado fuera de la ciudad. Los críticos han llamado esta idea un mal chiste político sin ninguna base científica.

Parte de los problemas de Ciudad de México radican en el hecho de que es uno de los peores lugares del mundo para construir una ciudad. Sin embargo, su capacidad de supervivencia es admirable. Construida sobre un lago relleno, a una altura de 7,350 pies (2,250 metros), Ciudad de México ha sufrido permanentes problemas de inundaciones, hundimientos y escasez de agua potable. Debajo de ella yace una tierra impredecible y potencialmente furiosa. Violentos terremotos han destrozado esta ciudad muchas veces en el pasado. El último gran terremoto sucedió en 1985, con 8.1 en la escala de Richter, mil veces la energía explosiva de la bomba atómica descargada en Hiroshima.

Detrás de Ciudad de México está São Paulo, en Brasil, que es probablemente la ciudad de crecimiento más veloz del mundo. Fundada por los jesuítas en 1554, pasó la marca de los 20 millones en 1988. La ciudad, el centro manufacturero más importante de Latinoamérica, se enriqueció con la industria del café, que proveyó el capital requerido para el increíble crecimiento industrial de la ciudad. La promesa de empleo en esas fábricas atrajo a millones de campesinos de los campos adyacentes. Se estima que un 10 por ciento de los ciudadanos viven ahora en barrios pobres y favelas, con graves problemas como la contaminación del agua y una creciente tasa de mortalidad infantil. La industrialización también ha creado un problema de lluvia ácida en la ciudad, con niveles de ácido mil veces más altos que los del agua normal.

Lagos, en Nigeria, también está creciendo rápidamente. La ciudad capital creció vertiginosamente después de que los ingresos por petróleo comenzaron a arrastrar a miles de nigerianos con la esperanza de encontrar mejores trabajos a la ciudad. Todavía llegan en oleadas de 200,000 al año, un flujo de población que solamente está empeorando la dudosa distinción de ser posiblemente la peor ciudad del mundo. La insoportable superpoblación agrava los problemas de cualquier ciudad grande: contaminación, deficientes sistemas de alcantarillado, escasez crónica de agua y servicios médicos inadecuados. Durante los años ochenta, la caída mundial en los precios del petróleo solo sirvió para empeorar las condiciones. Al igual que Ciudad de México, Lagos está construida sobre una tierra de relleno pantanosa. Los canales de desagüe hechos para sacar parte del agua, que es campo de cultivo de mosquitos y otros insectos que transmiten enfermedades, han sido rellenados y se ha construido sobre ellos. Desde 1976, el gobierno de Nigeria ha estado trabajando en un plan para reubicar la capital y pasarla a Abuja, una ciudad interior en el centro geográfico del país. Hace diez años, Nigeria comenzó a trasladar sus oficinas gubernamentales a la nueva capital, pero el cambio—como la idea de cambiar la capital de Brasil de Río de Janeiro a la nueva ciudad interior de Brasilia—no ha logrado debilitar la atracción magnética de Lagos.

¿Podrán las ciudades funcionar en el futuro? Esa es la pregunta del millón. Las ciudades más ricas del mundo, desde Nueva York hasta Tokio, se enfrentan a problemas insolubles causados por la concentración de demasiada gente en muy poco espacio, que producen basura y aguas negras y necesitan enormes cantidades de comida y agua potable. Hay experimentos interesantes para crear ciudades funcionales en una serie de lugares en el mundo. Uno de los que se está estudiando como modelo para las ciudades en naciones en vías de desarrollo es Curitiba, un centro comercial e industrial del estado de Paraná en el Brasil. Aunque la población ha aumentado en once veces en el último siglo, hasta un poco más de un millón, es un ejemplo de soluciones de bajo costo a los problemas típicos de muchas grandes ciudades en países en vías de desarrollo, especialmente en América Latina, donde el 75 por ciento de la población vive ahora en ciudades sobrepobladas, dejando el resto del vasto continente prácticamente vacío.

En Curitiba la clave ha sido un ambicioso plan urbano. Un sistema de autobuses expresos brindan transporte masivo económico a una fracción del costo de los trenes subterráneos, reduciendo además los automóviles en un 25 por ciento. Hay grandes secciones de áreas peatonales, libres de coches, y llenas de compradores. Se han construido ciclorrutas exclusivas y las fábricas ayudan a sus trabajadores a financiar la compra de bicicletas, técnica adoptada de los chinos. En lugar de adoptar grandes proyectos de desarrollo urbano, la ciudad ha intentado reciclar sus edificios más viejos. Los gobernantes de la ciudad también reconocen que se deben crear trabajos para las personas del campo que continúan inundando la ciudad, y los autobuses viejos se ha adaptado como aulas de clase donde se enseñan destrezas básicas para el trabajo. Para los jóvenes, hay programas de aprendizaje que brindan educación, comidas y pequeños salarios, así como verdaderas habilidades. Para solucionar el problema de la basura en áreas donde no llegan n el servicio de recolección, a los pobres se les da comida a cambio de bolsas de basura y deshechos que sean llevados a los centros de recolección.

Henry Thoreau, el hombre que dijo que deberíamos "simplificar," estaría orgulloso.

¿El Mundo Puede Alimentarse a Sí Mismo?

Aún más urgente que los problemas de la sobrepoblación urbana causada por la explosión demográfica mundial, está la cuestión primordial de tener suficiente comida para todo el mundo. La situación de Etiopía resume la esencia del hambre a través del continente africano, y África encarna los problemas del mundo. Durante las hambrunas de 1985, que llegaron a ser titulares de primeras páginas, 35 millones de africanos sufrieron de hambre aguda. De acuerdo con algunos cálculos, 150 millones de africanos padecen hambre y malnutrición en alguna medida aún en los años sin sequía.

La respuesta simplista a la pregunta del hambre es, "Sí, hay suficiente comida para todo el mundo." Después es cuando el tema se torna delicado.

William Clark, presidente del Instituto Internacional para el Medio Ambiente y el Desarrollo escribió recientemente:

Muchos estudios científicos detallados han demostrado que a la totalidad de la población del planeta se le puede brindar un techo, puede ser adecuadamente alimentada y se le puede brindar un trabajo que le permita vivir más allá del temor de la pobreza. Incluso hay suficientes recursos para los seis mil millones de personas o más que habrá aquí para finales del siglo. El tema es cómo administrar esos recursos existentes. La clave para el futuro es el concepto de desarrollo sostenible.

Por desarrollo sostenible me refiero al uso racional de recursos para satisfacer todas las necesidades humanas básicas. Para ser sostenible, el desarrollo no puede ignorar los costos de largo plazo en favor de las ganancias a corto plazo. La preocupación por el medio ambiente no es un lujo que se puedan dar solo las naciones más ricas. Si algún proyecto de desarrollo conlleva dañar los bosques, o la tierra, o el agua o el aire, entonces no es verdadero desarrollo.

Clark y otros expertos en el campo de la agricultura y la producción de alimentos a nivel mundial están de acuerdo. La malnutrición de unos 500 millones de personas hoy en día no es causada por una escasez global de recursos. No cabe duda de que el mundo podría producir suficiente comida. Sin embargo, miles de personas mueren de hambre y millones más están desnutridos porque la naturaleza no ha sido "justa" al adjudicar esos recursos. Pero ahí es donde las cosas se ponen truculentas. Se requieren reformas económicas nacionales y globales. Pero cuando se comienza a hablar acerca de las desigualdades de los recursos de la Tierra, los que sí los tienen se ponen muy nerviosos pensando acerca de los que no los tienen, y cualquier charla acerca de la "redistribución de la riqueza" da escalofríos a las personas cuya riqueza es la indicada para ser distribuida.

Pero hay algunos ajustes básicos razonables y sensibles que deben hacerse si el mundo quiere asegurar que miles de bebés no se mueran cada año de enfermedades agravadas por la desnutrición. El mejoramiento de las técnicas agrícolas ya ha aumentado radicalmente la producción de las cosechas en muchas áreas del mundo que no se podían abastecer a sí mismas sin la importación de alimentos básicos. Simplemente mejorar las herramientas de la Edad de Piedra que se usan todavía en África, ayudaría a aumentar las cosechas. La adecuada irrigación y el uso de fertilizantes, la siembra de cultivos adecuados y la reforestación para disminuir los efectos de las sequías y la desertificación, son respuestas simples y relativamente económicas.

Por ejemplo, Etiopía está luchando por comenzar de cero con un nuevo gobierno después de décadas de un régimen marxista envuelto en una guerra civil que empeoró sus ya desesperadas condiciones. El nuevo gobierno espera instituir planes que harán que el país sea autosuficiente en alimentos. Pero eso tomará diez años. Esa es la visión optimista. Menos de un octavo de los granjeros del país tienen fertilizantes y sólo un tercio de ellos tiene un buey. Mientras tanto, el país necesita asistencia extranjera para el suministro de alimentos para paliar un problema creado no tanto por las sequías como por la recientemente finalizada guerra civil y las políticas económicas por parte del anterior gobierno.

Si la paz perdura en esta nación étnicamente dividida y si a los campesinos se les da el estímulo adecuado, Etiopía podría alimentarse a sí misma algún día.

Un gran problema del mundo entero—ojo, Ronald Mcdonald—es que cerca del 40 por ciento del grano producido en el mundo se destina a la alimentación del ganado. ¡En los Estados Unidos esa cifra es del 90 por ciento! Se requieren cuando menos diez calorías de alimento para producir una caloría de bistec, una forma absolutamente ineficiente de hacer comida. Eso sin mencionar las grandes cantidades de agua fresca que se requieren para criar ganado, en un mundo que tiene escasez de agua potable.

Este no es un llamado a la eliminación de nuestros amigos de cuatro patas. La mayor parte de los animales domesticados alrededor del mundo son bastante eficientes. Eliminan plantas que no usan los humanos, y lo hacen sin consecuencias para el medio ambiente, excepto cuando sus números suben a niveles insostenibles. Pero una simple moderación—no eliminación—en el consumo de carne podría tener grandes consecuencias. Aparte de esto, incluso el gobierno de los Estados Unidos finalmente ha aceptado lo que dicen todos los médicos y ha hecho un llamado a los estadounidenses para que reduzcan el consumo de carne roja. Entonces, no solamente es bueno para el resto del mundo, ¡es bueno para ti también!

CAPÍTULO SEIS

¿PERDIDOS EN EL ESPACIO?

La astronomía compele al alma a mirar hacia arriba y nos conduce de este mundo a otro.

PLATÓN, *La República*

Esta es la excelente presunción del mundo, que, cuando estamos enfermos en fortuna . . . culpamos de nuestros propios desastres al Sol, la Luna, las estrellas; como si fuésemos villanos por necesidad, tontos por compulsión divina, pícaros, ladrones y traidores por una obediencia obligada a las influencias planetarias.

SHAKESPEARE, *El Rey Lear*

Este es un nuevo océano y creo que los Estados Unidos debe navegar sobre él.

PRESIDENTE JOHN F. KENNEDY

¿Cuán Grande es el Universo?

¿Cuán Lejos es un Año Luz?

¿Hubo un Big Bang?

¿Mató un Asteroide los Dinosaurios?

Hitos en Exploración Espacial

Una sutil advertencia para el lector. Ten cuidado aquí. Si te sorprendiste al saber lo grandes que son los océanos, pensar acerca del espacio te puede dejar la cabeza dando vueltas. Cuando comienzas a hacer preguntas acerca del espacio exterior y nuestro planeta dentro de él, te darás cuenta de lo tremendamente insignificante que es la Tierra en la inimaginable vastedad del universo. Tales preguntas han sido reunidas y llamadas *cosmología*, la curiosa intersección de la ciencia, la fe, la razón a secas y las divagaciones metafísicas.

Pero, ¿por qué preocuparse por el espacio en un libro acerca de la geografía de la Tierra? En primer lugar, porque la mayor parte de los conceptos de la humanidad acerca del mundo vinieron de las observaciones de los cielos, que es la razón por la cual la astronomía ha sido llamada la primera ciencia. Comprender las estaciones, desarrollar el calendario y la navegación, son todos el resultado de las observaciones celestiales hechas hace miles de años.

En segundo lugar, la geografía trata sobre la exploración y los descubrimientos. Las personas siempre se han preguntado, "¿Qué hay al otro lado de la montaña?" "¿Quién vive al otro lado del lago?" Aún si los motivos han sido a menudo la ambición o el deseo de dominar a nuestros vecinos de al lado, no se puede negar que querer saber acerca de los lugares que no podemos ver ha sido principalmente lo que nos ha hecho avanzar a través de la historia. Con menos lugares sin explorar sobre la Tierra, ir más allá de las fronteras de la gravedad de la Tierra representa la última y más grande "frontera" y tal vez el dominio potencialmente más gratificante de las riquezas por descubrir.

Finalmente, si la geografía trata simplemente acerca de dónde estamos en el mundo, tiene sentido entender dónde está nuestro mundo en relación con todos esos cuerpos celestes que vemos en las noches, y el gigante que vemos durante el día y que mantiene viva la Tierra: el Sol. Los secretos guardados por el universo acerca de la creación de la Tierra, los comienzos de la vida y el destino de la Tierra están siendo examinados cada vez que miramos al espacio para ver a dónde se dirigirá la humanidad después y buscar una respuesta a una de las verdaderamente importantes preguntas: "¿Estamos solos?"

¿Cuán Grande es el Universo?

Aunque la astronomía puede haber sido llamada, con razón, la primera ciencia, también sería justo llamarla la peor ciencia. Pero no es por no haberse esforzado o por estupidez general de parte de los astrónomos. Al contrario, es sorprendente damos cuenta de cuán acertados han estado los astrónomos, dadas las herramientas con las que han tenido que trabajar. Durante siglos, era como usar un cuchillo de cocina para hacer cirugía del cerebro con las luces apagadas.

Hasta hace muy poco tiempo, los astrónomos eran el equivalente científico del cuento proverbial de los seis hombres ciegos que tratan de describir un elefante mediante el tacto de diferentes partes del cuerpo. Uno palpó su cola y pensó que era una culebra. El otro tocó su pierna y pensó que era el tronco de un árbol. No podían tener la imagen completa, así que tuvieron que adivinar con las partes separadas e imaginarse cómo era el resto del elefante.

Pero una explosión de descubrimientos extraordinarios durante los años ochenta ha transformado radicalmente nuestras nociones del universo. No es que les hayan dado píldoras de inteligencia a los astrónomos de hoy, es que han tenido mejores herramientas o, más específicamente, mejores ojos. Es un poco desalentador imaginar lo que habrían descubierto Galileo, Kepler, Newton o Einstein si hubieran tenido la información y la técnica hechicera que tiene la astronomía en sus talleres hoy. En los años noventa, una nueva generación de instrumentos basados en el espacio y en la Tierra, capaces de ver cosas que la ciencia no había podido ver antes, brindarán algunas de las piezas que faltan en el inmenso rompecabezas llamado universo.

Una de las nociones más básicas con que debe lidiar la persona sin muchos conocimientos de astronomía es la idea de que mirar al espacio significa mirar el tiempo. La luz que vemos en las estrellas en el profundo espacio es luz emitida hace muchos, muchos años. En esa antigua luz están las claves que la ciencia espera sirvan para responder a muchas de las preguntas básicas que han hecho las personas desde que comenzaron a estirar sus cuellos hacia el Sol y a las estrellas.

Las antiguas ideas acerca del tamaño y la forma del universo fueron reunidas en los escritos de Ptolomeo, cuya noción de un universo centrado en la Tierra duró unos mil cuatrocientos años. Esta noción fue gradualmente cuestionada, primero por Copérnico y después respaldada por Tycho Brahe y Johannes Kepler. Finalmente, Galileo sorprendió al papa cuando aseveró que la Tierra no era el centro del universo, sino un pequeño planeta que giraba alrededor del Sol, junto con muchos otros planetas.

La Tierra es uno de los nueve planetas que están encadenados por la fuerza gravitacional a nuestra estrella generadora de vida, el Sol. Incluso ese número está ahora en duda, pues Plutón puede pertenecer a otro sistema solar. Contando desde el Sol, hay cuatro *planetas interiores*. Rocosos y pequeños—en la escala cósmica—también son llamados los *planetas terrestres*.

Mercurio   Un poco más grande que la Luna de la Tierra, Mercurio es demasiado pequeño como para tener su propia atmósfera. Sin una atmósfera para atrapar el calor, Mercurio es muy frío a pesar de ser el planeta más cercano al Sol.

Venus   El planeta más cercano en tamaño a la Tierra. Está cubierto por nubes que presumiblemente crean un efecto invernadero. La temperatura en Venus es lo suficientemente caliente, 880 °F (550 °C), como para derretir el plomo. Es uno de dos planetas en los cuales ha aterrizado una nave espacial (la Unión Soviética lo ha hecho tres veces).

Tierra (y su luna)   El más grande de los cuatro planetas terrestres, la Tierra es el único con agua líquida en la superficie y aparentemente el único con actividad tectónica.

Marte   Con la mitad del diámetro de la Tierra, Marte ha sido llamado el Planeta Rojo, porque el hierro en su superficie rocosa se ha oxidado, dándole su distintiva pátina rojiza. Tiene capas polares de hielo seco (dióxido de carbono congelado). Marte también se tiene de la montaña más grande del sistema solar, un volcán extinto llamado Monte Olimpo que tiene 17 millas de alto y 370 millas de ancho en su base. Los notorios "canales" de Marte, vistos por primera vez en 1877, y que se creía eran un signo de vida en el planeta, no existen y son más bien ilusiones ópticas. Las misiones tripuladas a Marte podrían comenzar el próximo siglo.

Entre Marte y los otros planetas hay un cinturón de basura interplanetaria, con cuerpos celestes que van desde pequeñitas piedras espaciales hasta algunas del tamaño de Ceres, un asteroide que tiene varios
cientos de millas de ancho. Ese es el cinturón de asteroides formado
con materiales que, bajo las condiciones adecuadas, podrían haber formado otro planeta. Ahora es un gran desorden de moronas espaciales,
algunas de las cuales cruzan ocasionalmente el curso de la Tierra.

Más allá del cinturón están los planetas exteriores, llamados *planetas jovianos,* por el nombre romano para Júpiter. Nuestro conocimiento de ellos se ha transformado con los descubrimientos hechos
por cuatro exploraciones teledirigidas espaciales, las *Pioneers 10* y *11* y
las *Voyagers 1* y *2*. Ahora sabemos que estos cuatro grandes planetas son
diferentes de los planetas interiores, ya que pueden tener un núcleo
sólido pero están rodeados por capas de líquido y gas.

Júpiter   El planeta más grande gira rápidamente. Su "día" tiene sólo
diez horas de duración. Los científicos han especulado que, dado
que, como en el caso del Sol, Júpiter está compuesto básicamente
de hidrógeno y helio y que tiene muchas lunas—dieciséis se han
identificado hasta ahora—yes tan grande, debió ser posiblemente
una estrella.

Saturno   Con sus famosos, anillos, Saturrno es probablemente el planeta más reconocible para los aficionados. El segundo planeta más
grande, tiene veintiuna lunas, de las cuales una, Titán, es uno de
los satélites más grandes del sistema solar y tiene su propia atmósfera. Los siete notables sistemas de anillos están compuestos por
desechos, básicamente hielo y rocas que van en tamaño desde granos de polvo hasta bloques del tamaño de casas.

Urano   Invisible para el ojo humano, Urano no fue descubierto sino
hasta 1781. Fue el primer planeta descubierto por medio de un
telescopio. El tercer planeta más grande, tiene quince lunas, diez
de ellas descubiertas por el *Voyager 2,* y una serie de anillos oscuros.
A diferencia de los otros planetas, su eje de rotación hace que
Urano gire "lateralmente."

Neptuno   Divisado por primera vez en 1846 y nombrado por el dios
romano del mar, Neptuno, es el cuarto planeta más grande. Con

ocho lunas conocidas y su propio conjunto de anillos, Neptuno también se destaca por los vientos de superficie más fuertes del sistema solar, que han sido calibrados a 1500 millas por hora. Su enorme luna, Tritón, tiene atmósfera y es el lugar más frío conocido del sistema solar, con una temperatura de –390°F.

Plutón   El noveno planeta de nuestro sistema solar, es normalmente el planeta más alejado del Sol. Normalmente está a unos 3700 millones de millas. Pero una excentricidad en su órbita ha llevado temporalmente a Plutón a una posición dentro de la órbita de Neptuno que durará hasta los años noventa. Esta es una de las razones por las cuales Plutón se considera un planeta inadaptado. A diferencia de los otros planetas exteriores, es pequeño, frío y rocoso. Su única luna se llama Charon. Recientemente se ha especulado que Plutón es un asteroide, un satélite escapado de uno de los otros planetas, o tal vez incluso un planeta de otro sistema solar que está atrapado dentro del nuestro.

Nuestro sistema solar está centrado, claro, en el Sol, un cuerpo de hidrógeno y helio en espiral que arde en constantes detonaciones termonucleares. Estas explosiones, que producen la luz y el calor que hicieron posible la vida y permiten la vida en la Tierra hoy, comienzan en el centro del Sol. La energía solar que recibimos ahora tardó treinta mil años en salir del núcleo solar. Después de esto, las cosas son más simples. Habiendo llegado a la superficie del Sol, la energía solar tarda tan solo ocho minutos en encontrar su camino a través de 93 millones de millas de espacio vacío hasta la Tierra. (Toma cerca de cinco horas y media para que la luz del sol llegue hasta Plutón.)

Aunque es nuestro sol y lo adoramos, el Sol es una estrella más bien común. Lo que parece distinguirla, claro, es el pequeño y peculiar planeta llamado Tierra que hasta ahora ha demostrado ser el único lugar capaz de generar y mantener la vida.

El Sol, y su pequeño sistema solar ordenado, girando por el espacio con la regularidad de un mecanismo de relojería, es apenas una de un gran número de estrellas dentro de una *galaxia*. Nuestra galaxia es la Vía Láctea, que también explica la fuente de la palabra *galaxia*, derivada de la palabra griega *galaxias* que significa "lechosa." En una noche de verano, se hace aparente la razón de su nombre, ya que la Vía Láctea parece un gran charco de leche, derramado por todo el cielo.

Así como el Sol es una estrella corriente, la Vía Láctea es de muchas maneras una galaxia típica. Tiene cerca de *100 mil millones* de estrellas. Con forma parecida a la de un molinete de un niño, gira a través del espacio con cuatro brazos espirales que irradian del centro. Cuanto más cerca se esté del centro del molinete, más densamente agrupadas están las estrellas. Nuestro sistema solar está dentro del brazo de Orión de la Vía Láctea. Le toma a la luz cien mil años cruzar de un lado de la Vía Láctea al otro.

Aunque la humanidad ha sabido de la existencia de las estrellas de la Vía Láctea durante siglos, y aunque el filósofo Immanuel Kant especuló acerca de la existencia de otras galaxias hace más de doscientos años, el descubrimiento de galaxias es reciente. Hasta 1923, de hecho, se pensaba que las otras galaxias eran nubes de gas. Edwin Hubble, uno de los más importantes astrónomos estadounidenses, resolvió este tema cuando fue capaz de discernir estrellas individuales en la galaxia de Andrómeda, que es el vecino galáctico más cercano de la Vía Láctea. La luz de la galaxia de Andrómeda tarda dos millones de años en llegar a nuestra galaxia. Hubble también comenzó un sistema de clasificación de galaxias: las de forma de huevo, o elíptica; las irregulares y las de espiral, que es la forma que tiene la Vía Láctea.

Esparcidas a través de la vacía oscuridad del espacio están tal vez cien mil millones de galaxias, cada una con millones o miles de millones de estrellas. Las galaxias, a su vez, están aglomeradas en grupos y supergrupos. La Vía Láctea y la cercana Andrómeda pertenecen al grupo local, que con veinte o treinta galaxias es relativamente pequeño en el gran cuadro intergaláctico. Este Grupo Local está en los bordes del supergrupo de Virgo, que consta de cerca de cinco mil galaxias. Entre los supergrupos hay vacíos, enormes áreas de espacio donde no brilla ninguna estrella. Desconocidos hasta los años ochenta, los vacíos que separan los supergrupos de galaxias son similares a vastos Saharas del espacio, excepto que quedan a millones de *años luz* de distancia.

Entonces, ¿cuán grande es el universo? Para ponerlo de forma contundente, es un espacio enorme inimaginable. Los astrónomos pueden ver a distancias de 10 mil millones de años luz, pero eso puede ser sólo una parte del universo, cuyo tamaño es literalmente desconocido. Si todavía no estás impresionado con los números del espacio, intenta contar las estrellas. El cálculo más reciente para las estrellas de las galaxias del universo visible es de mil trillones, o un uno seguido de 21 *ceros*. Y pensabas que el déficit del presupuesto de los Estados Unidos era impresionante. Espera a que Washington D.C. escuche que hay un número que se llama trillón.

¿Cuán Lejos es un Año Luz?

Además de nuestra estrella, el Sol, la estrella más cercana a la Tierra es Próxima Centauro, una pálida acompañante de la más conocida Alfa Centauro. Estas estrellas están a apenas 4.2 años luz de distancia, lo que quiere decir que tomaría un poco más de cuatro años para que la luz de estas estrellas llegue a la Tierra. Para ponerlo de otra manera, está a más de 25 *billones* de millas. Esa distancia, a propósito, es la distancia promedio entre la mayor parte de las estrellas.

La distancia entre estrellas es tan grande que las medidas convencionales de distancia entre ellas, en las unidades conocidas, no resulta práctica. Una unidad astronómica más manejable, llamada *año luz*, se creó para simplificar las cosas. Un año luz es la distancia que recorre la luz viajar en un año a una velocidad de cerca de 186,200 millas por segundo. Un año luz equivale a cerca de 6 billones de millas.

¿Hubo un Big Bang?

La mayoría de los astrónomos, no todos, responderían a esta pregunta con un "Sí." Al igual que las "teorías" de Darwin o la "teoría" de las placas tectónicas, la teoría del Big Bang, que pretende explicar la creación del universo, sólo puede ser desmentida, pero no puede ser probada. Pero se basa en un número creciente de pruebas. Sin embargo, siempre es sabio recordar que algunas de las personas más instruidas del mundo creían que la Tierra era el centro del universo y pensaban que Galileo era un caso perdido y un hereje por sus teorías. Sólo se requiere un descubrimiento para despedazar un mundo de preconcepciones.

Básicamente, la teoría del Big Bang sostiene que el tiempo, el espacio —toda la materia— comenzó en un instante; una explosión caliente y densa que tuvo lugar entre 10 y 20000 mil millones de años atrás. Esta teoría fue sugerida por un sacerdote belga, Georges Lemaître, en 1927, quien propuso que el universo comenzó con la explosión de un "átomo primitivo" en el que toda la masa del universo se había concentrado en un espacio extremadamente pequeño. En las primeras *millonésimas de segundo*, el espacio se expandió de manera sorprendentemente rápida durante un período muy corto.

La noción de una creación generada por el Big Bang la desarrolló con mayor rigor Edwin Hubble, el astrónomo que descubrió las galaxias. Más o menos al mismo tiempo Hubble determinó que las galaxias se estaban alejando de la Tierra. Para ser más precisos, las galaxias se están alejando las unas de las otras. También descubrió que mientras más lejos esté una galaxia, más rápidamente se está moviendo. Esta fue la base para la teoría de que el universo se está expandiendo.

Piensa en un globo lleno de agua que cae. Golpea el suelo y el agua se esparce hacia afuera desde un punto central de impacto. Mientras más grande es el globo, hay más agua y, por ende, la fuente de agua es más grande y se esparce más desde el centro. Algo parecido a un globo de agua que revienta y salpica su contenido en el momento del impacto, tuvo que impulsar las galaxias hacia fuera. Ese algo fue presumiblemente el Big Bang.

La siguiente prueba importante llegó en 1965 proveniente de dos físicos que trabajaban para los Laboratorios de la Bell Telephone llamados Arno Penzias y Robert Wilson. Mientras trataban de refinar su equipo de antena de microondas, descubrieron accidentalmente un "siseo" de onda de radio que les sugirió a los científicos que podía ser el remanente del Big Bang.

Finalmente, en la primavera de 1992, un equipo del Laboratorio Lawrence Livermore, de California, conducido por el astrofísico George Smoot, anuncia un descubrimiento sorprendente que apoya la teoría del Big Bang. La nueva información venía del COBE (siglas en inglés de Cosmic Background Explorer, o Explorador Cósmico de Trasfondo), un satélite estadounidense de $160 millones lanzado en 1989 para medir la radiación de microondas en el espacio. Describieron su descubrimiento como "arrugas" en la lisa "tela" del universo, y calcularon que estas databan de 300,000 años después del Big Bang, un instante en el tiempo cósmico.

Ahora regresa al globo de agua. Eventualmente el agua deja de esparcirse. Ésta es una de las muchas preguntas sin respuesta acerca del Big Bang y del futuro del universo. ¿Continuará el universo su expansión, inflándose infinitamente? ¿O llegará a un límite, un punto de máxima expansión después del cual la fuerza colectiva de la gravedad comenzará a tirar de todos esos cuerpos cosmológicos rebotando en forma de yoyo hacia el centro? Esta posibilidad se llama el Big Crunch (Gran Crujido). Cualquiera que creas que sea la respuesta, no tienes que sufrirla. Estamos hablando de un lapso de tiempo de varios miles de millones de años.

La nueva información también apoya una teoría que ha estado subiendo y bajando en las listas de popularidad de la astrofísica. Sostiene que buena parte del universo está compuesto de materia oscura que no podemos ver.

¿Mató un Asteroide los Dinosaurios?

¡ASTEROIDES ASESINOS DEL ESPACIO! Suena como el título de una mala película de ciencia ficción de los años cincuenta, pero podría ser un titular que podríamos leer en nuestros periódicos algún día, para ser seguido por una colisión con un trozo de basura interplanetaria que genere una explosión catastrófica capaz de borrar la civilización humana.

Esto no es tan extraño como parece, aunque algunos astrónomos lo toman más seriamente que otros. Muchos desechan su probabilidad por ser tan remota que no justifica ningún gasto serio de los limitados recursos científicos o valioso tiempo de investigación. Pero es un tema que la NASA (Administración Nacional de Aeronáutica y Espacio) y el Congreso se han tomado lo suficientemente en serio como para estudiarlo. En las audiencias del Congreso en años recientes, los resultados de esos estudios han sido lo suficientemente preocupantes como para lograr llegar a los titulares y tener a algunos escritores de editoriales rascándose la cabeza.

En primer lugar, mira los precedentes. Sabemos que sucede, aun-

Coon Butte o Cañón Diablo, un cráter de meteoro en Arizona, CORTESÍA DEL DEPARTAMENTO DE SERVICIOS BIBLIOTECARIOS, MUSEO AMERICANO DE HISTORIA NATURAL

que los asteroides que llegan a la atmósfera en forma de pequeños meteoros y meteoritos generalmente se queman o aterrizan inofensivamente en el océano o en un área despoblada. Alguna que otra piedra que cae ocasionalmente abre un agujero en el techo de alguna casa. Pero algunas veces los meteoritos no son tan pequeños. En el estado de Arizona hay un enorme cráter de meteoro. Alguna vez se presumió que podía haber sido ocasionado por la actividad volcánica, pero ahora se sabe que es el resultado de un meteoro que se estrelló contra la Tierra. Ha habido suficientes descubrimientos de cráteres de meteoro en otros lugares del mundo como para aseverar que sucede. Esto no sucedió hace millones de años. Una vez durante el siglo XX, y posiblemente dos, la Tierra ha tenido un "encuentro cercano" con algún cuerpo del espacio exterior.

El primero de estos recientes sucesos ocurrió en 1908 en Tunguska, en la región de Siberia. Una explosión niveló una enorme área y destruyó millones de árboles en un bosque de 1,200 millas cuadradas. Los árboles que estaban de pie se doblaron todos en sentido contrario del punto de impacto. Pero nunca se encontraron rastros de un meteoro caído—ninguna evidencia física de nada que haya golpeado la Tierra. El fenómeno de Tunguska se presume ahora que haya sido un asteroide o un trozo enorme de hielo de un cometa qué chocó de refilón con la atmósfera de la Tierra, quizás a unas cinco millas por encima de la superficie de la misma, y que después saltó al espacio, como una piedra que pasa tocando y rebotando sobre el agua de un lago. El poder destructivo de este choque cósmico ha sido comparado con la fuerza explosiva de veinte bombas de hidrógeno (sin la radiación emitida por las armas nucleares). La explosión también arrojó una enorme cantidad de polvo al aire y posiblemente destruyó una porción sustancial del ozono protector en la atmósfera. Los científicos estiman que el objeto que causó esta destrucción era de unos 150 pies de diámetro.

El segundo impacto es menos seguro. En 1978, se detectó una enorme explosión en el Atlántico sur. En ese entonces se le atribuyó a la detonación de una bomba atómica, tal vez una prueba de Sudáfrica y/o Israel, aunque ambas han negado tal evento. Hoy, los astrónomos creen que tal vez lo que explotó fue un pequeño asteroide que se incrustó contra la Tierra con el equivalente de cien kilotones de TNT, mucho más destructivo que la bomba que acabó con Hiroshima.

Luego, en 1991, los astrónomos, usando un telescopio en Arizona llamado el Spacewatch (Observador del Espacio), vieron un asteroide pasando silenciosamente. En su punto más cercano, el asteroide estaba a unas 106,000 millas de distancia. Parece una gran distancia, pero no cuando se refiere al espacio y la intersección de planetas. Si ese asteroide, que tenía cerca de veintiséis pies de diámetro, golpeara la Tierra, tendría la fuerza de tres bombas de Hiroshima.

La mayor pregunta de todas es si ese fenómeno habrá tenido algo que ver con la extinción de los dinosaurios. Muchos científicos ahora aceptan la posibilidad de que la extinción de los dinosaurios, hace 65 millones de años, fuera el resultado del impacto de un enorme asteroide que se estrelló en la Cuenca del Caribe cerca de Yucatán, México. Esta teoría fue propuesta por primera vez por Walter y Luis

Álvarez a comienzos de los años ochenta. Este asteroide asesino habría levantado una gran nube de desechos que sumió al mundo entero en una oscuridad que duró meses. La bola de fuego habría producido una lluvia química mortal y habría alterado la composición de la atmósfera, tal vez durante siglos—el período real de la desaparición de los dinosaurios. Este es un malentendido común. Los dinosaurios no pudieron haber desaparecido de un día para otro. Su extinción total debió durar un largo período geológico.

Esta es la teoría de la extinción K-T, llamada así porque se supone que el evento tuvo lugar en un intervalo entre los períodos Cretácico (K en taquigrafía científica) y Terciario. Ha sido respaldado por pruebas geológicas de otros impactos extraterrestres que ocurrieron en diferentes períodos y condujeron a extinciones masivas similares.

Claro está que esto es teoría y no todo el mundo está de acuerdo. Muchos paleontólogos aceptan la posibilidad de tales impactos, pero rechazan la noción de que causaran extinciones masivas. Una razón para esto es que muchas otras formas animales que existían durante el mismo período fueron capaces de sobrevivir a esas condiciones.

Este es un interesante juego científico que podría resolverse dentro de poco tiempo. Pero todavía deja la pregunta de si podría suceder nuevamente. Hasta la fecha, ninguna persona o animal ha muerto a causa de un meteorito—excepto un perro que fue golpeado por uno en Egipto en 1911. Si eres del tipo que le gusta apostar, esta es una pregunta sobre probabilidades. El equipo de la NASA que estaba investigando esa posibilidad determinó que las probabilidades eran escasas, pero no insignificantes. Juzgaron que la posibilidad de que un asteroide, capaz de infligir daños globales, golpeara la Tierra era de una vez cada 500,000 años. De acuerdo con un cálculo, eso significa que para una persona que viva setenta años, las probabilidades de ver a la Tierra en conmoción como resultado del impacto de un asteroide son de 1 en 7,000. En comparación, el riesgo de muerte por un accidente de automóvil es mucho mayor, 1 en 100, pero el riesgo de morir en un accidente de avión es de 1 en 20,000. Como dice el antiguo dicho, "Pagas tu dinero y haces tu elección."

HITOS EN EXPLORACIÓN ESPACIAL

1919   El científico estadounidense Robert H. Goddard (1882–1945) publica un artículo, *Un Método para Alcanzar Altitudes Extremas*, que sugiere enviar un pequeño vehículo a la Luna utilizando cohetes. Al ser ampliamente descartado en la prensa, Goddard decide no exponerse seguir haciendo el ridículo. Sus ideas son ignoradas por el gobierno de los Estados Unidos, pero atraen gran interés en Alemania.

1926   Robert Goddard lanza el primer cohete propulsado por combustible líquido.

1929   El astrónomo estadounidense Edwin Hubble (1889–1953) establece que mientras más distante esté una galaxia, más rápido está alejándose de la Tierra. Conocida como la Ley de Hubble, este descubrimiento confirma que el universo se está expandiendo.

1930   Se descubre el planeta Plutón.

1938   Los experimentos alemanes con cohetes de combustible líquido, bajo la dirección del ingeniero Wernher von Braun (1912–77) logran producir un cohete que puede viajar 11 millas (18 km). En **1944**, modelos mejorados de estos cohetes se usan como las bombas autopropulsadas V-1 y V-2 que son lanzadas contra Inglaterra. Después de la guerra, Von Braun es llevado a los Estados Unidos y dirige el desarrollo del programa coheteril estadounidense que finalmente lleva al hombre a la Luna y concibe el concepto del trasbordador espacial.

1939   El físico estadounidense J. Robert Oppenheimer, quien posteriormente encabezó el proyecto Manhattan que desarrolló la bomba atómica durante la Segunda Guerra Mundial, elabora la teoría de los "agujeros negros." Oppenheimer calcula que si la masa de una estrella es 3.2 veces mayor que la masa del sol, un colapso de la estrella, causado por falta de radiación interna, conduciría a que la estrella se concentrara en un punto.

1949   Se establece un terreno para pruebas de cohetes en Cabo Cañaveral, en la Florida.

1957   El primer satélite espacial, el *Sputnik I*, es lanzado por la URSS en octubre. Es seguido ese año por el *Sputnik II* que lleva un perro vivo a bordo.

1961   La URSS pone el primer hombre en el espacio, el cosmonauta soviético Yuri Gagarin que orbita la Tierra.

1961   Alan B. Shepard se convierte en el primer estadounidense en el espacio cuando su cápsula, *Mercury 3*, completa un vuelo suborbital. Virgil I. Grissom se convierte en el segundo estadounidense en el espacio.

1962   John Glenn es el primer estadounidense en orbitar la Tierra. Más tarde ese mismo año, M. Scott Carpenter completa tres órbitas alrededor de la Tierra y Walter M. Schirra completa seis órbitas.

1963   La cosmonauta soviética Valentina Tereshkova-Nikolayeva se convierte en la primera mujer en el espacio.

1965   Arno Penzias y Robert Woodrow Wilson descubren accidentalmente los restos de ondas de radio del Big Bang mientras están tratando de perfeccionar su equipo de radio. Su descubrimiento convence a muchos astrónomos de que la teoría del Big Bang es correcta.

1966   El *Venera III* de la Unión Soviética alcanza Venus. Es el primer objeto hecho por humanos que aterriza en otro planeta.

1967   Tres astronautas estadounidenses Virgil Grissom, Edward H. White II y Roger Chaffee—mueren en una prueba en tierra de una nave espacial Apollo. Ese mismo año, el cosmonauta soviético Vladimir M. Komarov muere durante el descenso de su nave espacial *Soyuz I*.

1968   El primer vuelo circunlunar tripulado, realizado por la tripulación del *Apolo 8*, hace diez órbitas de la Luna.

1969   El *Mariner 6* pasa cerca de Marte y envía imágenes de televisión y otra información.

1969   En julio 11, la misión estadounidense del *Apollo 11* aterriza exitosamente en la Luna. El astronauta estadounidense Neil Armstrong se convierte en el primer humano que se para sobre la Luna. Luego se le unió el Coronel Edwin Aldrin. En noviembre, el *Apollo 12* hace el segundo alunizaje. Un tercer alunizaje se intenta en 1970, pero debe ser abortado por fallas en el equipo.

Voces Geográficas
Neil Armstrong

De todas las vistas espectaculares que vimos, la más impresionante para mí fue en el viaje hacia la Luna, cuando volamos a través de su sombra. Aún estábamos a miles de millas de distancia, pero lo suficientemente cerca para que la Luna casi llenara nuestra escotilla circular. Estaba eclipsando al sol, desde nuestra posición, y la corona del Sol era visible alrededor de la superficie de la Luna como una luz gigante con forma de lente o de platillo, de varios diámetros lunares de ancho. Era magnífico, pero la Luna lo fue aún más. Estábamos en su sombra, así que no había ninguna parte de ella iluminada por el Sol. Estaba iluminada únicamente por el brillo de la Tierra. Hacía parecer la Luna azul-grisácea, y toda la escena parecía definitivamente tridimensional. . . .

El cielo es negro, ¿sabes? Es un cielo muy oscuro. Pero aun así, se parecía más a luz del día que a la oscuridad cuando mirábamos por la escotilla. Es algo peculiar, pero la superficie parecía cálida e invitadora. Era el tipo de situación en la que uno siente deseos de ponerse un traje de baño y tomar un poco el sol. Desde la cabina de mando, la superficie parecía bronceada. Es difícil de explicar, pero más tarde, cuando tuve este material en mis manos, no era ni mucho menos bronceado. Era negro, gris y de otras tonalidades parecidas. Es un efecto de la luz, pero por la escotilla la superficie parece más como arena ligera de un desierto que arena negra. . . .

1972   Estados Unidos lanza el *Landsat I*, primer satélite para observar los recursos de la Tierra.

1972   Es lanzado el explorador espacial de los Estados Unidos, *Pioneer 10*. Se convertirá en el primer objeto fabricado por el hombre que salga del sistema solar.

1973   El *Pioneer 11* vuela cerca de Júpiter y Saturno; descubre la onceava luna de Saturno y dos nuevos anillos.

1973   Se realizan tres misiones del U.S. Skylab.

1975   En junio, el *Venera 9* soviético, un orbitador-aterrizador, orbita y se posa exitosamente sobre el suelo de Venus, regresando con la primera foto de su superficie.

1975   En agosto, el *Viking 1* de los Estados Unidos aterriza en Marte. Es el primer aterrizaje estadounidense en otro planeta. Regresa con enormes cantidades de información. En septiembre, el *Viking 2* repite este éxito. Su búsqueda de señales de vida termina con resultados ambiguos.

1977   Los exploradores espaciales estadounidenses, *Voyager 1* y *Voyager 2* son lanzados en un viaje a Júpiter y los planetas exteriores.

1980   Un equipo liderado por Walter Álvarez y su padre, Luis Walter Álvarez (1911–88), Premio Nóbel de física, descubre una delgada capa de arcilla del Cretácico-Terciario (K-T), un tiempo marcado por extinciones masivas, entre ellas la de los dinosaurios. La arcilla está enriquecida con el pesado metal iridio, compuesto común de los meteoros. Esto conduce al equipo a especular que un cuerpo gigante del espacio colisionó con la Tierra, ocasionando la extinción masiva de los dinosaurios. Posteriores descubrimientos colocan el punto de impacto más probable en la Cuenca del Caribe, cerca de Yucatán, México.

1981   Primer vuelo del *Columbia*, primer trasbordador espacial. El *Columbia* es lanzado nuevamente ese mismo año en la primera reutilización de una nave espacial.

1983   El segundo trasbordador, el *Challenger*, es lanzado con éxito. En un segundo vuelo del *Challenger* ese mismo año, Sally K. Ride se convierte en la primera mujer americana en el espacio. Una tercera misión del *Challenger* lleva al primer astronauta de raza negra, Guion S. Bluford Jr., al espacio.

1984   Durante el cuarto viaje del *Challenger*, dos astronautas realizan las primeras caminatas espaciales sin cuerda de aseguramiento, usando morrales de propulsión de chorro.

1986   El trasbordador *Challenger* explota setenta y tres segundos después de su lanzamiento, matando a seis astronautas y un civil, la profesora Christa McAuliffe.

1989   La NASA lanza la Misión al Planeta Tierra, una colaboración científica internacional dirigida a mejorar las mediciones de información ambiental.

1989   El *U.S. Magellan* hace la cartografía de Venus con detalles sin precedentes.

1990   El *Voyager 1*, lanzado en 1977, vuela cerca de los sistemas de Júpiter y Saturno y hace el primer retrato del sistema solar.

1990   Se lanza el Telescopio Espacial Hubble, un telescopio en órbita de $2100 millones, diseñado para ver más allá de lo que antes se había podido ver en el espacio. Poco después se descubre una falla en uno de sus espejos primarios, situación que limita las capacidades del telescopio. Se planea una misión de reparación, por parte de astronautas del trasbordador, que instalarán lentes correctivos, para 1993 ó 1994.

1992   A pesar de sus fallas, el Telescopio Hubble produce valiosa información, como datos acerca de la estrella más caliente jamás registrada. Es treinta y tres veces más caliente que nuestro sol.

1992   Un equipo del Laboratorio Lawrence Livermore liderado por George Smoot anuncia el descubrimiento de "ondulaciones" en el espacio que han sido detectadas por el COBE (Explorador Cósmico de Trasfondo), ofreciendo nuevas e importantes pruebas que apoyan la teoría del Big Bang.

1992   Tres astronautas que están trabajando fuera del trasbordador más nuevo, el *Endeavor*, capturan a mano un satélite dañado en una caminata espacial arriesgada y sin precedentes que demuestra el valor del muy maldecido programa de trasbordadores.

APÉNDICE I

¿Qué Diablos es un *Hoosier?*
Nombres y Apodos de los 50 Estados de los Estados Unidos

Los vemos todo el tiempo. Placas de diferentes estados con consignas tontas y apodos estúpidos. Alguna vez te preguntaste "¿Quién escogió un apodo tan estúpido para su estado?" Este listado explica la derivación de los nombres de los estados e intenta sortear algunas de las ridiculeces detrás de esos apodos y consignas ocasionalmente absurdos. Los números que acompañan a los nombres de los estados se refieren a su rango en edad y fecha de ratificación de la Constitución para los primeros trece estados o el rango y la fecha de entrada a la Unión para los demás.

- *Alabama* (Estado 22—1819). Viene de una palabra de los indígenas choctaw que significa "limpiadores de maleza" o "recolectores de vegetación." Alabama se apoda oficialmente el Estado Yellowhammer (pájaro carpintero amarillo), en honor del pájaro del estado, mejor conocido como pájaro carpintero. Durante la Guerra

Civil, los soldados de Alabama también usaban un uniforme teñido de amarillo. Un color poco usual para un uniforme.

- *Alaska* (Estado 49 — 1959). Es una corrupción de una palabra indígena aleut que significa o "gran tierra" o "eso contra lo que el mar se rompe." Apodada ahora la Última Frontera y Tierra del Sol de Media Noche, Alaska fue ridiculizada por el Secretario de Estado William Henry Seward apodándola la "Locura de Seward" ó "Hielera de Seward." Seward organizó la compra de Alaska a Rusia en 1867 por un valor aproximado de dos centavos por acre. No es necesario aclarar que el retorno sobre la inversión ha sido sustancial.

- *Arizona* (Estado 48 — 1912). Deriva de la palabra de los indígenas papago *arizonac*, que significa "pequeño manantial." Otra explicación es que proviene del Español *árida zona*, tierra seca. Su apodo oficial, Estado del Gran Cañón, es una clara mejoría sobre los otros apelativos cariñosos como el de El Estado Dónde Siempre Puedes Esperar Disfrutar lo Inesperado ó el Estado Valentino (porque se adhirió a la Unión el 14 de febrero de 1912) ó la Italia de América, supuestamente acuñado por los maravillos paisajes del estado. Sin embargo, no hay Grandes Cañones ni Desiertos Pintados en Italia. Arizona es también el único estado que se jacta de una prenda oficial para el cuello, la corbata bolo.

- *Arkansas* (Estado 25 — 1836). Probablemente obtiene su nombre de la palabra *akenzea*, una palabra de significado desconocido proveniente de la lengua de los quapaw, una tribu sioux. Desgraciadamente, ha tomado el apodo un poco soso de Tierra de Oportunidad, en lugar de haber optado por alternativas más llamativas como: Estado del Conejillo de Indias (el departamento de agricultura de los Estados Unidos usa este estado para hacer los experimentos de sus programas), el Lugar donde Crecen Lado a Lado las Plantas y los Bosques de Pino, y el Estado Palillo.

- *California* (Estado 31 — 1850). El origen del nombre del Estado Dorado es un poco oscuro. La palabra fue utilizada por primera vez por Hernán Cortés en 1535 y puede derivar de las palabras españolas *caliente fornalla*, o "estufa caliente." Otra sugerencia es que el nombre viene de una isla de la leyenda griega gobernada por la

Reina Caliphia. Una tercera posibilidad es que el nombre sale de un romance español escrito en 1500 titulado *Las Sergas de Esplandián* en el que se menciona California como una isla cerca del Paraíso Terrenal.

- *Carolina del Norte* (Estado 12—1789). Fue bautizado en honor del Rey Carlos I de Inglaterra. Su apodo "Estado del Talón de Brea" parece curioso ya que "talón de brea" fue un nombre insultante usado con la infantería del estado durante la Guerra Civil por los soldados de Mississippi que se quejaban de que los hombres de Carolina del Norte no guardaban sus posiciones. Es decir, no le colocaban "brea a sus talones."

- *Carolina del Sur* (Estado 8—1788). Al igual que su hermana del norte, es bautizada así por el Rey Carlos I de Inglaterra, Se conoce como Estado Palmito por su árbol oficial. Es el lugar de los primeros tiros disparados oficialmente en la Guerra Civil. Los militares de Carolina del Sur atacaron el Fuerte Sumter, que es un fuerte federal en el puerto de Charleston.

- *Colorado* (Estado 38—1876). Se deriva de la palabra española que significa "rojo" o "colorado." Aunque oficialmente se apoda el Estado Centenario porque entró en la Unión en el año del Centenario de Estados Unidos. Otros nombres populares son: el Estado de Plomo (uno de al menos tres estados de plomo), Estado de Cobre y la Suiza de América.

- *Connecticut* (Estado 5—1788). Se deriva de otro nombre indígena, Quinnehtukqut, que significa "al lado de largo río de marea." Su designación oficial como el Estado de La Constitución data de la adopción del período colonial de las Ordenes Fundamentales, que se consideró la primera constitución estadounidense escrita en 1639. El apodo oficial, el Estado Nuez Moscada, viene de la frase "nuez moscada de madera," que es como decir moneda falsa. Se suponía que los residentes del estado eran tan inteligentes que eran capaces de venderle "nuez moscada de madera" a los ingenuos. Los gigantes corporativos radicados en este estado, se inspiraron con la apelación poética del Estado Donde la Buena Vida Rinde Más Dividendos Corporativos. Connecticut, suministradora de armas para la nación desde el tiempo de la Guerra de la Independencia de los Estados Unidos, ha sido también llamado el Arsenal de la Nación, aunque los recientes recortes en el presupuesto de defensa americano han humedecido la pólvora de este estado.

- *Dakota del Norte* (Estado 39—1889). Nombrado en honor de la tribu indígena llamada dakota, palabra que significa "aliados." También se conoce como el Estado de la Cola Parpadeante por un animal conocido como la ardilla de cola parpadeante.

- *Dakota del Sur* (Estado 40—1889). Al igual que Dakota del Norte, está bautizado por la tribu dakota (ver párrafo anterior). En las Colinas Negras en la esquina sur occidental del estado está el famoso Monte Rushmore en el que se encuentran talladas las caras de Washington, Lincoln, Jefferson y Teodoro Roosevelt. El Corre Caminos de Nuevo México debería tener cuidado pues Dakota del Sur es el Estado Coyote.

- *Delaware*. Primero de los trece estados originales en ratificar la constitución en 1787. Es el Primer Estado. La colonia fue bautizada originalmente en 1610, en honor al gobernador de Virginia, Thomas West, Barón De La Warr. También llamado Pequeña Maravilla y el Estado Diamante (pequeño pero valioso). El mejor apodo puede ser el de Estado de la Gallina Azul, en honor a una raza feroz de gallinas de pelea populares durante la era revolucionaria.

- *Florida*. (Estado 27—1845). Bautizado por el explorador Ponce de León en 1513. El nombre viene del español. Por razones obvias llamado el Estado Soleado, Florida ha sido mencionado de manera más apetitosa en el menú como el Estado de la Ensalada de Invierno.

- *Georgia*, el cuarto estado en ratificar la Constitución en 1788, fue bautizado en honor al Rey Jorge II de Inglaterra. Se estableció como colonia en 1733 como refugio para los deudores ingleses. Su verdadero propósito era actuar como intermediario de defensa entre la base española en la Florida y las otras colonias inglesas existentes al norte. El valor de Georgia fue demostrado en 1742 cuando su fundador, James Oglethorpe condujo una exitosa defensa contra una invasión española en la sangrienta Batalla del Pantano. El estado más grande al este del Mississippi, es llamado el Estado Durazno, aunque otros estados tienen más duraznos, y el Estado Cacahuete, porque sí planta la mayor cantidad de maní. Uno de los grandes cultivadores de maní fue el Presidente Jimmy Carter.

- *Hawai* (Estado 50 — 1959). Tiene orígenes inciertos. El grupo de islas puede haber sido bautizado por Hawai Loa, la persona a quien tradicionalmente se le atribuye el descubrimiento de las islas. También pueden haber sido nombradas por Hawai o Hawaiki, hogar de los polinesios, quienes se asentaron en las islas entre los años 300 y 600. Conocido como el Estado Aloha, también se le llama el Estado de la Piña por su más importante producto agrícola. Una monarquía autóctona fue derrocada en 1893 y se declaró república un año más tarde, con Sanford Dole como presidente. En 1898, Hawai fue incorporada formalmente (manera amable de decir "tomada") por los Estados Unidos.

- *Idaho* (Estado 43 — 1890). Tiene la distinción singular de tener un nombre que aparentemente no significa nada. Aunque *idahi* fue un nombre dado a los indígenas comanche por los indígenas kiowa-apaches, hay únicamente especulaciones acerca de su significado exacto. Dos posibilidades de lo que puede significar son "comedores de pescado" y "gema de la montaña." Otra sugerencia es que sea una palabra de los indígenas Shoshones Ee-dah-how que traduce "amanecer" o "Miren al Sol que baja por la montaña." Conocido como el Estado Gema por sus muchas piedras preciosas y semipreciosas, también ha sido llamado el Estado Escardillo porque produce y procesa un cuarto de la cosecha de papa de América.

- *Illinois* (Estado 21 — 1818). Viene del nombre tribal de los indígenas inini que significa "tribu superior de hombres" u "hombres perfectos y consumados" y que luego fue adaptado por los franceses como Illini. El Estado Pradera también se conoce cariñosamente como Tierra de Lincoln, porque el presidente número dieciséis, aunque nacido en Kentucky, se estableció en Illinois y prosiguió su carrera política desde allí.

- *Indiana* (Estado 19—1816). Significa sencillamente "tierra de los Indígenas," que es lo que solía ser. Aunque el estado adoptó oficialmente el modesto título de "Centro del Comercio Universal" en 1937, es mejor conocido como el Estado Hoosier y sus residentes se llaman *hoosiers*. (La traducción al español es "nativo de Indiana.") El origen de la palabra es un poco oscuro, aunque algunos dicen que viene de un saludo común entre los primeros pioneros "Who 'shyer?" que significa, "¿Cómo estás?")

- *Iowa* (Estado 29—1846). Es otra palabra indígena de origen oscuro. Probablemente significa "este es el lugar" o "la hermosa tierra." Otras personas han sugerido un significado relacionado con "cuna" que es un nombre burlesco para una tribu y significa "somnoliento." Los niños de colegio deberían alegrarse de que se haya determinado usar el nombre Iowa, pues un mapa francés de 1736 escribía la palabra *Ouaouiatonon*, También se llama el Estado Hawkeye (Ojo de Halcón) en honor del jefe indio Hawkeye.

- *Kansas* (Estado 34—1861). Viene de la palabra de los siouan *kansa*, que significa "gente del viento del sur." Su triste nombre, "Kansas Sangriento," viene de los muchos años de batallas entre los abolicionistas y los colonos que estaban a favor de la esclavitud y que lucharon por el destino de un estado libre o de esclavos. Un apodo muy interesante es el de Sal de la Tierra, ya que el estado aparentemente tiene suficientes reservas de sal para durar varios cientos de miles de años.

- *Kentucky* (Estado 15—1792). Se deriva de la palabra iroquesa *kentah-ten*, que significa "tierra del mañana." Se conoce más por el nombre Estado Pasto Azul (tipo de gramínea norteamericana de tallo verde azulado) por el pasto nativo característico de la región de la cría de sus famosos caballos de carreras.

- *Louisiana* (Estado 18—1812). Es parte de una gran extensión de territorio bautizado por el explorador francés La Salle en honor del Rey Luis XIV, el Rey Sol. Se conoce como el Estado Pelícano y el Estado de Azúcar.

- *Maine* (Estado 23—1820). Se pensó inicialmente en este nombre para diferenciar las tierras "interiores" de las tierras a orillas de la costa, pero también se puede asociar con la reina inglesa Enriqueta, esposa de Carlos I, quien era dueña de la provincia francesa de Mayne. Con cerca de un 89 por ciento de su territorio en bosques, es fácil comprender su apodo; Estado de los Pinos.

- *Maryland* (Estado 7—1788). Fue bautizado en honor de Enriqueta María, esposa de Carlos II de Inglaterra. Sus únicos apodos son más bien motes desabridos. Estado Libre y Viejo Estado Lineal. Lo que sí reclama como crustáceo oficial del estado es el cangrejo azul de Maryland.

- *Massachussets* (Estado 6—1788). Viene de dos palabras indígenas que significan "gran lugar montañoso." La segunda colonia británica en América fue fundada como la Colonia de la Bahía de Massachussets, que le otorga sus apodos naturales, Estado Bahía y Estado Antigua Colonia. Menos atractiva es su distinción de ser el Estado Comedor de Fríjoles.

- *Michigan* (Estado 26—1837). También se deriva de dos palabras indígenas que significan "gran lago." Michigan también se llama el Estado Carcayú Glotón, que es un animal de cola peluda que no es un lobo. En un poco de competencia interestatal, Michigan se jacta de ser el País de las Maravillas de 11,000 lagos para ganarle a Minnesota (ver a continuación).

- *Minnesota* (Estado 32—1858). Obtiene su nombre de una palabra de los indígenas dakota que significa "agua pintada de cielo." Permanece la pregunta de si "Minnesota es verdaderamente la Tierra de los 10,000 Lagos. ¿Quién los contaría? En todo caso, 10,000 es una cifra pequeña. Los cálculos hablan de entre 11,000 y 15,000 lagos en el estado llamado también Estado Ardilla Terrestre y Estado del Pan con Mantequilla.

- *Mississippi* (Estado 20—1817). Es una palabra indígena que significa "padre de las aguas." Oficialmente se conoce como Estado Magnolia.

- *Missouri* (Estado 24—1821). Fue nombrado así por la tribu Missouri, de la palabra indígena que significa "pueblo de las grandes canoas." Se conoce como el Estado Muéstramelo, supuestamente por el carácter orgullosamente escéptico de sus nativos. Por alguna razón, Missouri también se conoce como el Estado Vomitona. ¡Qué bien se vería en una placa de un coche!

- *Montana* (Estado 41—1889). Se deriva del Español "montañoso." El cuarto estado más grande es apodado oficialmente Estado Tesoro, pues la minería jugó un papel importante en su historia. Su consigna en Latín es Oro y Plata, pero la mayoría de las personas prefiere pensar en él como el Estado del Gran Cielo.

- *Nebraska* (Estado 37—1867). Viene de una palabra de los indígenas oto que significa "agua plana." Mejor conocido como el Estado Tuza de Maíz, en honor a su producto más importante y a los agricultores que lo cosechan, el estado es también conocido como el Estado Comedor de Insectos, en honor a los murciélagos que comen insectos.

- *Nevada* (Estado 36—1864). Viene de la palabra en español que significa "cubierto de nieve." Mientras que sus montañas tienen nieve, no hay mucha lluvia. Nevada es el estado más seco, con áreas desérticas que reciben menos de cuatro pulgadas de lluvia por año. Aunque se conoce también como el Estado Plateado por el Filón Comstock, un depósito rico en Plata descubierto en 1859, también se llama el Estado Nacido en la Batalla porque ingresó a la Unión durante la Guerra Civil.

- *Nueva Hampshire* (Estado 9—1788). Bautizado por el condado inglés de Hampshire. Apodado el Estado Granito por la cama de roca que hay bajo su superficie, es mejor conocido por su consigna desafiante Vive Libre o Muere. Fue la primera colonia que declaró su independencia del reino británico.

- *Nueva Jersey* (Estado 3—1787). Lleva su nombre por la Isleta de Jersey en el Canal de la Mancha. A las personas familiarizadas con la región de la autopista con peaje, urbanizada e industrializada les cuesta trabajo entender su apodo de "Estado Jardín."

- *Nuevo México* (Estado 47—1912). Se deriva, naturalmente, del país de México, del cual fue cercenado después de la Guerra con

México (1846—48). Los aficionados a los dibujos animados apreciarán el hecho de que su pájaro oficial es el Corre Caminos ("Beep Beep"). También alardea de una galleta oficial del estado, el bizcochito, y ha sido llamado el Estado Sabandija, otro de esos apodos que nunca llegó a ser licencia de un coche.

- *Nueva York* (Estado 11—1788). Comenzó su historia colonial bajo el reino holandés con el nombre de Nuevo Ámsterdam, pero fue rebautizado en honor del inglés Duque de York después de que los británicos tomaron la colonia y sacaron al gobernador holandés. Oficialmente el Estado Imperio. Recientemente las personas se preguntan si el "Imperio Contraataca."

- *Ohio* (Estado 17—1803). Viene de la palabra indígena que significa "gran río." Mejor conocido como el Estado Ojo de Ciervo por el caballo castaño u ojo de ciervo que se asemeja al ojo de un ciervo. También ha sido llamado la Madre Moderna de los Presidentes ya que es cuna de siete de los presidentes de Estados Unidos: Ulises S. Grant, Rutherford B. Hayes, James A. Garfield, Benjamin Harrison, William McKinley, William Howard Taft y Warren G. Harding. (Virginia es el campeón actual ya que ha producido ocho presidentes. Ver a continuación. Las personas naturales de Ohio en la Casa Blanca eran un grupo más bien discreto y desafortunado. Tres de ellos murieron estando en el cargo, dos por asesinato. Nueva York y Massachussets son candidatos al premio con cuatro presidentes por cabeza.)

- *Oklahoma* (Estado 46—1907). Viene de dos palabras de los indígenas choctaw que significan "gente roja." Su apodo, Estado Pronto, viene de los colonizadores que entraron al territorio antes de que la región fuera abierta para construir granjas en abril 22 de 1889.

- *Oregon* (Estado 33—1859). Tiene una derivación incierta pero se uso por primera vez en 1778 por un escritor inglés llamado Jonathan Carver. Hay muchas derivaciones sugeridas que van desde "huracán" hasta "trozo de manzana seca." Otra posibilidad es la de la palabra de los indígenas shoshones *oyer-un-gon*, que significa "lugar de abundancia." Apodado el Estado Castor. Oregon también fue conocido como el Estado Caso Difícil pues la vida era muy complicada para los primeros colonos, y Estado Pata Palmeada por la excesiva lluvia en su región de la costa Pacífica.

- *Pennsylvania* (Estado 2—1787). Fue bautizada por su fundador William Penn en honor a su padre, el almirante Sir William Penn, y significa "Bosque de Penn." Fundado como un refugio para los cuáqueros que estaban siendo perseguidos en Inglaterra, se llamó durante mucho tiempo el Estado Cuáquero. Dado que es geográficamente central y una de las más influyentes de las trece colonias, se llamó también el Estado Pilar (ó Piedra Base).

- *Rhode Island* (Estado 13—1790). Fue bautizado en 1524 por el explorador italiano Verrazzano quien dijo que era aproximadamente del tamaño de la isla griega de Rodas (ver en el capítulo 4, "¿Cuáles Eran las Siete Maravillas de la Antigüedad?", página 185). Posteriormente los colonizadores holandeses la llamaron "rode" por "rojo", posiblemente refiriéndose al color de la tierra. Es el estado más pequeño. Fue fundado por Roger Williams, exilado de la Colonia de la Bahía de Massachussets por cuestiones de la libertad de religión. Fue refugio para los cuáqueros perseguidos en Inglaterra y para las otras colonias puritanas igualmente como los judíos de Ámsterdam (La Sinagoga Touro, establecida en 1763 es la más antigua de América.)

- *Tennessee* (Estado 16—1796). Se deriva de una palabra cherokee cuyo significado es incierto. Alguna vez se bautizó humildemente como el Estado Más Interesante de la Nación. Tennessee se ha conocido más comúnmente como el Estado Voluntario desde 1847, en que el gobernador llamó a 2,800 voluntarios para la Guerra de México y respondieron 30,000 hombres.

- *Texas* (Estado 28—1845). Viene de la palabra indígena que significa "amigos." Los tejanos eran estadounidenses sureños que habían sido invitados al territorio de México que era quien los controlaba. Pero se rehusaron porque México tenía esclavos emancipados. Estableciéndose como la República de la Estrella Solitaria, Texas luchó por su independencia de México en 1836, precipitando la Guerra con México después de la cual el territorio se adhirió a la Unión.

- *Utah* (Estado 45 — 1896). Fue nombrado en honor a la tribu ute, que significa "gente de las montañas." Explorada por primera vez por sacerdotes españoles, Utah se abrió a los colonizadores blancos por la gran migración de mormones quienes vinieron para escapar la persecución religiosa en el Este que comenzó en 1847. El territorio formó parte del arreglo hecho con México en 1848.

- *Vermont* (Estado 14 — 1791). Es una combinación de palabras francesas que significan "montaña verde," que también brindan su apodo predecible: Estado de la Montaña Verde. No tan interesante como la Tierra del Mármol, la Leche y la Miel.

- *Virginia* (Estado 10 — 1788). Lugar del primer asentamiento permanente en esta zona de América del Norte — Jamestown — en 1607. Fue la más grande de las trece colonias y ciertamente uno de los estados más influyentes en los inicios de la historia estadounidense. Bautizada en honor a la Reina Isabel I, la "reina virgen" de Inglaterra, Virginia también fue promovida por los hombres que querían atraer nuevos colonizadores a esta "tierra virgen." Posteriormente fue llamada Madre de los Presidentes, habiendo producido cuatro de los primeros cinco presidentes: George Washington, Tomás Jefferson, James Madison y James Monroe, además de otros cuatro (William Henry Harrison, John Tyler, Zachary Taylor y Woodrow Wilson). Su gran poder político llegó hasta los años de la Guerra Civil y fue el más importante de los Estados Confederados, siendo el estado de la capital Confederada, Richmond, y la cuna de Robert E. Lee, quien condujo a las tropas confederadas.

- *Virginia Occidental* (Estado 35 — 1863). Se originó como parte de Virginia. Después de la secesión de Virginia de la Unión en 1861, los delegados de los cuarenta condados de los estados occidentales formaron su propio gobierno y le fue otorgado rango de estado como estado libre de esclavitud durante la Guerra Civil. Su rudo terreno incluye las Montañas Apalaches y las Cordillera Azul. De ahí su apodo, Estado Montaña.

- *Washington* (Estado 42 — 1889). Bautizado en honor de George Washington. También llamado el Estado Chinook por la tribu que habitaba en esta región. Es esta tribu la que le da el nombre, igualmente, a un par de vientos separados: un viento cálido y húmedo que sopla del mar en las costas de Oregon y Washington, así como un viento cálido y seco que desciende del lado este de las Montañas Rocosas e influye en el clima de Colorado en particular.

- *Wisconsin* (Estado 30—1848). Se deriva de la corrupción de una palabra francesa cuyo significado original es "perdido." También se conoce como el Estado Tejón por su animal oficial, el tejón excavador, así como por el hecho de que los primeros colonos vivían como tejones en casas de césped que estaban parcialmente debajo de la tierra.

- *Wyoming* (Estado 44—1890). Viene de una palabra de los indígenas delawares que significa "montañas y valles alternados," que es la apariencia que tiene el Valle Wyoming en Pennsylvania. También se conoce como el Estado de la Igualdad, por haberle extendido el voto a las mujeres en 1869.

APÉNDICE II

Tabla de Medidas Comparativas

MEDIDAS MISCELÁNEAS

- *Acre:* Originalmente el área que podía arar una yunta de bueyes en un día. Es igual a un área de 43,560 pies cuadrados (4,840 yardas cuadradas).

- *Cadena:* Una cadena es una herramienta de planimetría o agrimensura algunas veces llamada cadena Gunter o cadena del agrimensor. Mide 66 pies de largo y es igual a un décimo de un furlong y está dividida en 100 partes llamadas eslabones. Una milla equivale a 80 cadenas.

- *Codo:* ¿De qué estaba hablando Dios cuando le dio las medidas del arca a Noé? Un codo mide 18 pulgadas o 45.72 centímetros. La longitud se deriva de la distancia entre el codo y la punta del dedo del corazón y la palabra viene del Latín *cubitum* que significa codo.

- *Nudo:* Un nudo no es una distancia sino una medida de velocidad equivalente a una milla náutica por hora, usada para medir la velocidad de los barcos. El término se deriva de la práctica de los antiguos marinos de arrojar una soga anudada por el lado del barco. La cantidad de nudos que salieran en un período determinaba la velocidad del barco. La soga anudada tenía una pesa de madera al final, que es de donde viene el término "bitácora del barco" (bitácora en Inglés es "log" que significa igualmente madero), en la que se registraban la velocidad, la posición y otra información pertinente del barco.

- *Legua:* Una forma más bien indefinida y variable de medir, pero que se estima generalmente en 3 millas en los países de habla inglesa. Viene de la palabra latina medieval *leuga* que significa "medir una distancia."

- *Milla:* En los Estados Unidos y otros países en donde se habla inglés, una *milla de estatuto* (o *milla terrestre*) es una medida equivalente a 1,760 yardas (5280 pies). Una *milla náutica* es una unidad utilizada para medidas en el agua y en el aire y es igual a 1,852 metros o cerca de 6,076 pies. La palabra se origina en el latín: *mille passuum* que significa "mil pasos."

- *Unidad Astronómica* (U.A.): Usada en astronomía porque no son funcionales las medidas convencionales. Equivale a 93 millones de millas; la distancia promedio de la Tierra desde el Sol.

- *Año Luz:* Un año luz es igual a 5,880,000,000,000 millas. No seamos quisquillosos y digamos que son casi 6 billones de millas. Esta es la distancia que recorre la luz en un espacio vacío en un año a la rata de 186,281.7 millas (299,792 kilómetros) por segundo. Si una unidad astronómica (ver entrada anterior) fuese representada por una pulgada, un año luz equivaldría a cerca de una milla. Se usa para mediciones en el espacio interestelar.

- *Parsec:* ¡Y pensabas que inventaban esto en la Guerra de las Galaxias! El término es una combinación de *par*allax y *sec*undo, y la distancia es de aproximadamente 3.26 años luz. Se utiliza para medidas de distancias interestelares.

MEDIDAS MÉTRICAS

Longitud

10 milímetros	= 1 centímetro
10 centímetros	= 1 decímetro
	= 100 milímetros
10 decímetros	= 1 metro
	= 1,000 milímetros
10 metros	= 1 decámetro
10 decámetros	= 1 hectómetro
10 hectómetros	= 1 kilómetro
	= 1,000 metros

Área

100 milímetros cuadrados	= 1 centímetro cuadrado
10,000 centímetros cuadrados	= 1 metro cuadrado
100 metros cuadrados	= 1 acre
100 acres	= 1 hectárea
	= 10,000 metros cuadrados
100 hectáreas	= 1 kilómetro cuadrado
	= 1,000,000 metros cuadrados

MEDIDAS CONVENCIONALES DE LOS ESTADOS UNIDOS

LONGITUD

12 pulgadas	= 1 pie
3 pies	= 1 yarda
5.5 yardas	= 1 vara
40 varas	= 1 *furlong*
	= 220 yardas (660 pies)
8 furlongs	= 1 milla terrestre (de estatuto)
	= 1,760 yardas (5,280 pies)
3 millas terrestres (de estatuto)	= 1 legua
1 milla náutica internacional	= 6,076.11549 pies

ÁREA

144 pulgadas cuadradas	= 1 pie cuadrado
9 pies cuadrados	= 1 yarda cuadrada
30.5 yardas cuadradas	= 1 vara cuadrada
	= 272.25 pies cuadrados
160 varas cuadradas	= 1 acre
	= 4,840 yardas cuadradas (43,560 pies cuadrados)
640 acres	= 1 milla cuadrada

Medida de Cadena de Planimetría

7.92 pulgadas	= 1 eslabón
100 eslabones	= 1 cadena
	= 4 varas
	= 66 pies
80 cadenas	= 1 milla de estatuto
	= 320 varas
	= 5,280 pies

MEDIDAS MÉTRICAS Y EQUIVALENTES EN ESTADOS UNIDOS

Longitud

1 centímetro	= 0.3937 pulgadas
1 decímetro	= 3.937 pulgadas
1 decámetro	= 32.08 pies
1 braza	= 6 pies
	= 1.8288 metros
1 longitud de cable	= 120 brazas
	= 720 pies
	= 219.456 metros
1 pie	= 0.3048
1 furlong	= 10 cadenas
	= 660 pies
	= 220 yardas
	= 1/8 de milla de estatuto
	= 201.168 metros
1 pulgada	= 2.54 centímetros

Medidas Métricas y Equivalentes en Estados Unidos, Longitud (cont.)

1 kilómetro	= 0.621 millas
1 legua (terrestre)	= 3 millas de estatuto
	= 4.828 kilómetros
1 cadena	= 66 pies
	= 20.1168 metros
1 eslabón	= 7.92 pulgadas
1 metro	= 39.37 pulgadas
1 milla (de estatuto o terrestre)	= 5,280 pies
	= 1.609 kilómetros
1 milla náutica (internacional)	= 1.852 kilómetros
	= 1.151 milla de estatuto
1 milímetro	= 0.03937 pulgadas
1 yarda	= 0.9144 metros

Área o Superficie

1 acre	= 43,560 pies cuadrados
	= 4,840 yardas cuadradas
	= 0.405 hectárea
1 hectárea	= 2.471 acres
1 centímetro cuadrado	= 0.155 pulgada cuadrada
1 pie cuadrado	= 929.030 centímetros cuadrados
1 pulgada cuadrada	= 6.4516 centímetros cuadrados

1 kilómetro cuadrado	= 0.386 millas cuadradas
	= 247.105 acres
1 metro cuadrado	= 1.196 yardas cuadradas
	= 10.764 pies cuadrados
1 milla cuadrada	= 258.999 hectáreas
1 yarda cuadrada	= 0.836 metros cuadrados

Las Naciones del Mundo

La siguiente lista da los nombres de los 178 miembros de las Naciones Unidas, divididas por continente. Las naciones no-miembros aparecen en una lista separada al final de esta.

ÁFRICA

Angola

Argelia

Benin

Botswana

Burkina Faso

Burundi

Camerún

Cabo Verde

República Centroafricana

Chad

Comoros

Congo

Côte d' Ivoire (Costa de Marfil)

Dijibouti

Gabón

Gambia

Ghana

Guinea

Guinea-Bissau

Kenya

Lesotho

Liberia

Libia

Madagascar

Malawi

Malí

Mauritania

Isla Mauricio

ÁFRICA, (cont.)

Egipto
Guinea Ecuatorial
Etiopía
Níger
Nigeria
Rwanda
São Tomé y Príncipe
Senegal
Islas Seychelles
Sierra Leona
Somalia
Sudáfrica

Marruecos
Mozambique
Namibia
Sudán
Swazilandia
Tanzania
Togo
Túnez
Uganda
Zaire
Zambia
Zimbabwe

ASIA

Afganistán
Azerbaiján (antigua república
    soviética)
Bahrain
Bangladesh
Bhután
Brunei Darussalam
Camboya
China
Chipre
República Democrática de
    Corea (Corea del Norte)
India
Indonesia
Irán
Irak
Israel
Japón
Jordania
Kazajstán (antigua república
    soviética)
Kuwait

República Popular de
    de Laos
Líbano
Malasia
Maldivas
Mongolia
Myanmar
Nepal
Omán
Pakistán
Filipinas
Qatar
República de Corea
    (Corea del Sur)
Arabia Saudita
Singapur
Sri Lanka
Siria
Tajikistán (antigua
    república soviética)
Tailandia
Turquía

Kyrgyztan (antigua república
   soviética)
Emiratos Árabes Unidos
Uzbekistán (antigua república
   soviética)

Turkmenistán (antigua
   república soviética)
Vietnam
Yemen

AUSTRALIA (INCLUYENDO OCEANÍA O LAS ISLAS DEL PACÍFICO)

Australia
Estados Federados de Micronesia
Fiji
Islas Marshall
Nueva Zelanda

Papua New Guinea
Samoa
Islas Solomon
Vanuatu

EUROPA

Albania
Austria
Belarus (antigua Bielorrusia,
   república soviética)
Bélgica
Bosnia y Herzegovina (antigua
   república yugoslava)
Checoslovaquia
Dinamarca
Estonia
Finlandia
Francia
Alemania
Grecia
Hungría
Islandia
Irlanda
Italia
Latvia
Liechtenstein
Lituania

Luxemburgo
Malta
Moldavia
Países Bajos
Noruega
Polonia
Portugal
Rumania
Rusia (está tanto en
   Europa como en Asia)
San Marino
Eslovenia (antigua república
   yugoslava)
España
Suecia
Ucrania (antigua república
   soviética)
Reino Unido
Yugoslavia (compuesta
   de las repúblicas de
   Serbia y Montenegro

AMÉRICA DEL NORTE (INCLUYENDO LAS ISLAS DEL CARIBE)

Antigua y Barbuda
Bahamas
Barbados
Canadá
Cuba
Dominica
República Dominicana
Grenada
Haití

Jamaica
México
St. Kitts y Nevis
Santa Lucía
St. Vincent y las Granadinas
Trinidad y Tobago
Estados Unidos de
    América

AMÉRICA DEL SUR (INCLUYENDO CENTROAMÉRICA)

Argentina
Belice
Bolivia
Brasil
Chile
Colombia
Costa Rica
Ecuador
El Salvador
Guatemala

Guayana
Honduras
Nicaragua
Panamá
Paraguay
Perú
Surinam
Uruguay
Venezuela

Las siguientes naciones o estados no son miembros de las Naciones Unidas:

ASIA

Armenia (antigua república
    soviética)

Taiwán (reemplazada en las
    N.U. por China en 1971)

EUROPA

Andorra
Georgia (antigua república
    soviética)
Suiza
Estado de la Ciudad del
    Vaticano

Macedonia (antes una
    república de Yugoslavia,
    este nombre está en
    disputa y no está
    reconocida por ninguna
    otra nación)

OCEANÍA
Kiribati
Nauru
Tonga
Tuvalu

BIBLIOGRAFÍA

La siguiente lista de libros incluye las lecturas generales y las fuentes específicas de cada capítulo. He limitado esta lista a libros que están actualmente disponibles y que representan información que está al día con el material en mano. Los libros seguidos por un asterisco están disponibles en ediciones en rústica. La lista también incluye una sección con libros sobre geografía apropiados para niños.

REFERENCIA GENERAL

*Blandford, Percy W. *Maps and Compasses: A User's Handbook*. Blue Ridge Summit, Pa.: Tab Books, 1984.

*Carey, John. *Eyewitness to History*. Cambridge, Mass.: Harvard University Press, 1987.

Davis, Kenneth C. *Don't Know Much About History: Everything You Need to Know About American History but Never Learned*. New York: Crown Publishers, 1990.

De Blij, Harm J., y Peter O. Muller. *Geography: Regions and Concepts (5th ed.)*. New York: Wiley, 1988.

Espenshade, Edward B., Jr., ed. *Goode's World Atlas (18th ed.)*. Chicago: Rand McNally, 1990.

*Flexner, Stuart, y Doris Flexner. *The Pessimist's Guide to History*. New York: Avon, 1992.

*Goodall, Brian. *The Penguin Dictionary of Human Geography*. London: Penguin, 1987.

*Gould, Peter, y Rodney White. *Mental Maps*. Baltimore: Penguin, 1974.

Grigson, Lionel. *Wonders of the World*. New York: Gallery Books, 1985.

*Grillet, Donnat V. *Where on Earth: A Refreshing View of Geography*. New York: Prentice Hall, 1991.

*Hazen, Robert M., y James Trefil. *Science Matters: Achieving Scientific Literacy*. Garden City, N.Y.: Doubleday, 1991.

*Hellemans, Alexander, y Bryan Bunch. *The Timetables of Science: A Chronology of the Most Important People and Events in the History of Science*. New York: Simon & Schuster, 1988.

*Kapit, Wynn. *The Geography Coloring Book*. New York: Harper-Collins, 1991.

*Kidron, Michael, y Ronald Segal. *The New State of the World Atlas*. New York: Simon & Schuster, 1987.

*Kjellstrom, Bjorn. *Be Expert with Map and Compass: The Complete "Orienteering"™ Handbook*. New York: Scribners, 1976.

Lacey, Peter, ed. *Great Adventures That Changed the World: The World's Great Explorers, Their Triumphs and Tragedies*. Pleasantville, N.Y.: Reader's Digest Association, 1978.

McKnight, Tom L. *Physical Geography: A Landscape Appreciation (3rd ed.)* Englewood Cliffs, N.J.: Prentice-Hall, 1990.

*Makower, Joel, ed. *The Map Catalog (2d ed.)*. New York: Vintage, 1990.

*Manguel, Alberto, y Gianni Guadalupi. *The Dictionary of Imaginary Places*. New York: Macmillan, 1980.

Marshall, Bruce, ed. *The Real World: Understanding the Modern World Through the New Geography*. Boston: Houghton Mifflin, 1991.

Milne, Courtney. *The Sacred Earth*. Saskatoon, Saskatchewan: Prairie Books, 1991.

*Monmonier, Mark. *How to Lie with Maps*. Chicago: University of Chicago Press, 1991.

*Moore, W. G. *The Penguin Dictionary of Geography (7th ed.)*. New York: Penguin, 1988.

*Morrison, Philip, y Phylis Morrison, *The Ring of Truth: An Inquiry into How We Know What We Know*. New York: Vintage, 1989.

Muller, Robert, y Theodore M. Oberlander. *Physical Geography Today: A Portrait of a Planet (2nd ed.)*. New York: Random House, 1978.

Munro, David, ed. *Cambridge World Gazetteer*. New York: Cambridge University Press, 1988.

Rand McNally Desk Reference World Atlas. Chicago: Rand McNally, 1987.

Roberts, David. *Great Exploration Hoaxes.* San Francisco: Sierra Club Books, 1991.

*Room, Adrian. *Place Names of the World.* London: Angus & Robertson, 1987.

Stewart, George R. *Names of the Land: A Historical Account of Place-Naming in the United States.* Boston: Houghton Mifflin, 1958.

*Stoddart, D. R. *On Geography and Its History.* New York: Basil Blackwell, 1986.

Trefil, James. *1001 Things Everyone Should Know About Science.* New York: Doubleday, 1992.

Westwood, Jennifer. *The Atlas of Mysterious Places.* New York: Weidenfeld & Nicolson, 1987.

Capítulo Uno

Bellonci, Maria. Traducido por Teresa Waugh. *The Travels of Marco Polo.* New York: Facts on File, 1984.

Berthon, Simon, y Andrew Robinson. *The Shape of the World: The Mapping and Discovery of the Earth.* Chicago: Rand McNally, 1991.

*Boorstin, Daniel J. *The Discoverers.* New York: Random House, 1983.

*Brown, Lloyd A. *The Story of Maps.* Boston: Little, Brown, 1949.

Campbell, Tony. *The Earliest Printed Maps: 1472–1500.* Berkeley: University of California Press, 1987.

Galanopoulos, A. G., y Edward Bacon. *Atlantis: The Truth Behind the Legend.* New York: Bobbs-Merrill, 1969.

*Granzotto, Gianni. *Christopher Columbus.* Garden City, N.Y.: Doubleday, 1985.

Hale, John R., y Editors of Time-Life Books. *Age of Exploration.* New York: Time Inc., 1966.

James, Preston E., y Geoffrey J. Martin. *All Possible Worlds: A History of Geographical Ideas.* New York: Wiley, 1972.

*Litvinoff, Barnet. *1942: The Decline of Medievalism and the Rise of the Modern Age.* New York: Scribners, 1991.

Marshall, P. J., y Glyndwr Williams. *The Great Map of Mankind: Perceptions of New Worlds in the Age of Enlightenment.* Cambridge, Mass.: Harvard University Press, 1982.

*Mavor, James W., Jr. *Voyage to Atlantis: A Firsthand Account of the Scientific Expedition to Solve the Riddle of the Ages.* Rochester, Vt.: Park Street Press, 1990.

*Morison, Samuel Eliot. *Admiral of the Ocean Sea: A Life of Christopher Columbus.* Boston: Little, Brown, 1942.

Newby, Eric. *The Rand McNally World Atlas of Exploration.* London: Mitchell Beazley Publishers, 1975.

Pellegrino, Charles. *Unearthing Atlantis: An Archeological Odyssey.* New York: Random House, 1991.

*Ptolemy, Claudius. *The Geography*. New York: Dover, 1991.

*Sale, Kirkpatrick. *The Conquest of Paradise: Christopher Columbus and the Columbian Legacy*. New York: Knopf, 1990.

*Viola, Herman J., y Carolyn Margolis, eds. *Seeds of Change: A Quincentennial Commemoration*. Washington, D.C.: Smithsonian Institution Press, 1991.

Wilford, John Noble. *The Mapmakers: The Story of the Great Pioneers in Cartography—From Antiquity to the Space Age*. New York: Knopf, 1981.

*———. *The Mysterious History of Christopher Columbus: An Exploration of the Man, the Myth, the Legacy*. New York: Knopf, 1991.

CAPÍTULO DOS

*Aveni, Anthony. *Empires of Time: Calendars, Clocks, and Cultures*. New York: Basic Books, 1989.

*Erickson, Jon. *Volcanoes and Earthquakes*. Blue Ridge Summit, Pa.: Tab Books, 1988.

*Flaste, Richard, ed. *The New York Times Book of Scientific Literacy*. New York: Times Books, 1991.

*Gould, Stephen Jay. *Time's Arrow Times Cycle: Myth and Metaphor in the Discovery of Geological Time*. Cambridge, Mass.: Harvard University Press, 1987.

*———. *Wonderful Life: The Burgess Shale and the Nature of History*. New York: Norton, 1989.

*Hartmann, William K. *The History of the Earth: An Illustrated Chronicle of an Evolving Planet*. New York: Workman Publishing, 1991.

*Hughes, Robert. *The Fatal Shore: The Epic of Australia's Founding*. New York: Knopf, 1986.

*Krishtalka, Leonard. *Dinosaur Plots and Other Intrigues in Natural History*. New York: Morrow, 1989.

*Lavender, David. *The Way to the Western Sea: Lewis and Clark Across the Continent*. New York: Harper & Row, 1988.

Lindsay, William. *The Great Dinosaur Atlas*. Englewood Cliffs, N.J.: Julian Messner, 1991.

*McPhee, John. *Basin and Range*. New York: Farrar, Straus, 1980.

*———. *Rising from the Plains*. New York: Farrar, Straus, 1986.

*Moorehead, Alan. *The Fatal Impact: An Account of the Invasion of the South Pacific*. New York: Harper & Row, 1966.

Revkin, Andrew. *The Burning Season: The Murder of Chico Mendes and the Fight for the Amazon Rain Forest*. Boston: Houghton Mifflin, 1990.

Røhr, Anders, ed. *Earth History*. Denver, Colo.: Earthbooks, 1991.

*Shoumatoff, Alex. *The Rivers Amazon*. San Francisco: Sierra Club Books, 1978; Sierra Club Books, 1986.

*———. *The World Is Burning: Murder in the Rain Forest*. Boston: Little, Brown, 1990.

Snyder, Gerald S. *In the Footsteps of Lewis and Clark*. Washington, D.C.: National Geographic Society, 1970.

Weiner, Jonathan. *Planet Earth*. New York: Bantam Books, 1986.

*Young, Louise B. *The Blue Planet: A Celebration of the Earth*. Boston: Little, Brown, 1983

CAPÍTULO TRES

*Bascom, Willard. *The Crest of the Wave: Adventures in Oceanography*. New York: Harper & Row, 1988.

*Carson, Rachel. *The Sea Around Us*. New York: Oxford University Press, 1951.

Elder, Danny, y John Pernetta, eds. *The Random House Atlas of the Oceans*. New York: Random House, 1991.

*Erickson, Jon. *The Mysterious Oceans*. Blue Ridge Summit, Pa.: Tab Books, 1988.

*Groves, Don. *The Oceans: A Book of Questions*. New York: Wiley, 1989.

al Faruqi, Isma'il Ragi A., ed. *Historical Atlas of the Religions of the World*. New York: Macmillan, 1974.

*Bierhorst, John. *The Mythology of North America*. New York: Morrow, 1985.

*———. *The Mythology of South America*. New York: Morrow, 1988.

*———. *The Mythology of Mexico and Central America*. New York: Morrow, 1991.

Blacker, Irwin R., ed. *The Portable Hakluyt's Voyages*. New York: Viking, 1965.

Brown, Michael H. *The Search for Eve*. New York: Harper & Row, 1990.

*Campbell, Joseph. *Historic Atlas of World Mythology, Volume I: The Way of the Animal Powers, Part 1: The Mythologies of the Primitive Hunters and Gatherers*. New York: Harper & Row, 1988.

———. *Historic Atlas of World Mythology, Volume I: The Way of the Animal Powers, Part 2: Mythologies of the Great Hunt*. New York: Harper & Row, 1988.

———. *Historical Atlas of World Mythology, Volume II: The Way of the Seeded Earth, Part 1: The Sacrifice*. New York: Harper & Row, 1988.

———. *Historical Atlas of World Mythology, Volume II: The Way of the Seeded Earth, Part 2: Mythologies of the Primitive Planters: The Northern Americas*. New York: Harper & Row, 1989.

———. *Historical Atlas of World Mythology, Volume II: The Way of the Seeded Earth, Part 3: Mythologies of the Primitive Planters: The Middle and Southern Americas*. New York: Harper & Row, 1989.

*Darwin, Charles. *The Voyage of the Beagle* with an Introduction by Walter Sullivan. New York: Mentor Books/New American Library, 1972.

*East, Gordon W. *The Geography Behind History*. New York: Norton, 1967.

*Fromkin, David. *A Peace to End All Peace: The Fall of the Ottoman Empire and the Creation of the Modern Middle East*. New York: Holt, 1989.

*Garreau, Joel. *The Nine Nations of North America*. Boston: Houghton Mifflin, 1981.

*Harris, Marvin. *Our Kind: Who We Are, Where We Came from and Where We Are Going*. New York: Harper & Row, 1989.

Humble, Richard. *Famous Land Battles: From Agincourt to the Six-Day War*. Boston: Little, Brown, 1979.

Ingpen, Robert, y Philip Wilkinson. *Encyclopedia of Events That Changed the World: 80 Turning Points in History*. New York: Viking Studio Books, 1991.

*Johanson, Donald, y James Shreeve. *Lucy's Child*. New York: Morrow, 1989.

*Keegan, John. *The Face of Battle*. New York: Viking, 1976.

*————, and Andrew Wheatcroft. *Zones of Conflict: An Atlas of Future Wars*. New York: Simon & Schuster, 1986.

*Kennedy, Paul. *The Rise and Fall of Great Powers: Economic Change and Military Conflict from 1500 to 2000*. New York: Random House, 1987.

Lasky, Kathryn. Illustrated by Whitney Powell. *Traces of Life: The Origins of Humankind*. New York: Morrow Junior Books, 1989.

Lewin, Roger. *Bones of Contention: Controversies in the Search for Human Origins*. New York: Simon & Schuster, 1987.

Macdonald, John. *Great Battlefields of the World*. New York: Collier Books, 1984.

*McEvedy, Colin. *The Penguin Atlas of Ancient History*. London: Penguin Books, 1967.

*————. *The Penguin Atlas of Medieval History*. London: Penguin, 1961.

*————. *The Penguin Atlas of Modern History to 1815*. London: Penguin Books, 1972.

*————. *The Penguin Atlas of North American History to 1870*. London: Penguin Books, 1988.

*Miller, Jonathan. Illustrated by Borin Van Loon. *Darwin for Beginners*. New York: Pantheon, 1982.

*Oliver, Roland, y J. D. Farge. *A Short History of Africa* (6th ed.) New York: Penguin, 1988.

Pakenham, Thomas. *The Scramble for Africa: The White Man's Conquest of the Dark Continent from 1876 to 1912*. New York: Random House, 1991.

*Parkman, Francis. *The Oregon Trail*. New York: New American Library, 1950.

Pritchard, James B., ed. *The Harper Concise Atlas of the Bible*. New York: HarperCollins, 1991.

Raup, David M. *Extinction: Bad Genes or Bad Luck?* New York: Norton, 1991.

Reader's Digest Association Limited, London. *The Last Two Million Years.* Pleasantville, N.Y.: Reader's Digest Association, 1973.

*Taylor, Peter J. *Political Geography: World-Economy, Nation-State, and Locality.* London: Longman, 1985.

*Tuchman, Barbara W. *The March of Folly: From Troy to Vietnam.* New York: Knopf, 1984.

Capítulo Cinco

Gore, Al. *Earth in the Balance: Ecology and the Human Spirit.* Boston: Houghton Mifflin, 1992.

*Lean, Geoffrey, Don Hinrichsen, and Adam Markham. *Atlas of the Environment.* New York: Prentice Hall Press, 1990.

*Lewis, Scott. *The Rainforest Book: How You Can Save the World's Rainforests.* Los Angeles: Living Planet Press, 1990.

*Lovelock, James. *The Ages of Gaia: A Biography of Our Living Earth.* New York: Norton, 1988; Bantam, 1990.

*Myers, Dr. Norman. *Gaia: An Atlas of Planet Management.* New York: Anchor/Doubleday, 1984.

Revkin, Andrew. *Global Warming: Understanding the Forecast.* New York: Abbeville, 1991.

Capítulo Seis

Burrows, William E. *Exploring Space: Voyages in the Solar System and Beyond.* New York: Random House, 1990.

Cornell, James, *The First Stargazers: An Introduction to the Origins of Astronomy.* New York: Scribners, 1981.

*Ferris, Timothy. *Coming of Age in the Milky Way.* New York: Morrow, 1988.

*Hawking, Stephen. *A Brief History of Time: From the Big Bang to Black Holes.* New York: Bantam Books, 1988.

*Jastrow, Robert. *Red Giants and White Dwarfs.* New York: Norton, 1990.

Trefil, James. *Meditations at Sunset: A Scientist Looks at the Sky.* New York: Scribners, 1987.

Libros par Niños

Bell, Neill. Ilustrado por Richard Wilson. *The Book of Where; Or How to Be Naturally Geographic.* Boston: Little, Brown, 1982.

Cole, Joanna. *The Magic School Bus Lost in the Solar System.* New York: Scholastic, 1990.

Hirst, Robin, y Sally Hirst. *My Place in Space.* New York: Orchard Books, 1988.

*Kapit, Wynn. *The Geography Coloring Book.* New York: Harper-Collins, 1991.

Knowlton, Jack. Ilustrado por Harriet Barton. *Geography from A to Z: A Picture Glossary.* New York: Crowell, 1988.

*Knowlton, Jack. Ilustrado por Harriet Barton. *Maps & Globes: A Picture Glossary*. New York: Harper & Row, 1985.

Lasky, Kathryn. Ilustrado por Whitney Powell. *Traces of Life: The Origins of Humankind*. New York: Morrow Junior Books, 1989.

Lindsay, William. *The Great Dinosaur Atlas*. Englewood Cliffs, N.J.: Julian Messner, 1991.

*Lord, Suzanne. *Our World of Mysteries*. New York: Scholastic, 1991.

Matthews, Rupert. *Explorer*. New York: Knopf, 1991.

Nicolson, Iain. *The Illustrated World of Space*. New York: Simon & Schuster Books for Young Readers, 1991.

Rand McNally Children's Atlas of World History. Chicago: Rand McNally, 1988.

Rowland-Entwistle, Theodore. Ilustrado por Phil Jacobs y Mike Peterkin. *The Pop-Up Atlas of the World*. New York: Simon & Schuster, 1988.

Townson, W. D. *Atlas of the World in the Age of Discovery, 1453–1763*. New York: Warwick Press, 1981.

Wright, David, y Jill Wright. *The Facts on File Children's Atlas*. New York: Facts on File, 1989.

ÍNDICE

OTROS LIBROS POR KENNETH C. DAVIS

QUÉ SÉ YO DEL UNIVERSO
Todo lo que Necesitas Saber Acerca del Espacio

ISBN 0-06-082087-X (libro de bolsillo)

Desde las exploraciones del siglo veinte, hasta la búsqueda de cuerpos celestiales más allá del espacio y la Vía Láctea, Davis responde a todas las preguntas cósmicas que han surgido desde el principio de los tiempos.

QUÉ SÉ YO DE HISTORIA
Todo lo que Necesitas Saber Acerca de la Historia de los Estados Unidos

ISBN 0-06-082080-2 (libro de bolsillo)

En este fascinante e informativo libro, Davis explora los mitos y los sucesos de casi 600 años de historia estadounidense.

QUÉ SÉ YO DE LA BIBLIA
Todo lo que Necesitas Saber Acerca del Libro Sagrado

ISBN 0-06-082079-9 (libro de bolsillo)

Davis analiza la sagrada Bibila en el contexto de los sucesos que llevaron a su escritura. Aclara las ideas equivocadas, corrige los errores de traducción, resume las historias, las parábolas y los milagros de la Biblia dándonos una nueva perspectiva sobre este importantísimo libro.

QUÉ SÉ YO DE GEOGRAFÍA
Todo lo que Necesitas Saber Acerca del Mundo

ISBN 0-06-082088-8 (libro de bolsillo)

Qué Sé Yo de Geografía es una fascinante, sorprendente y divertidísima vuelta al planeta Tierra. Nos abre los ojos a un amplio y maravilloso mundo inesperado.

Una rama de HarperCollinsPublishers
www.harpercollins.com

Disponible en cualquier librería
o llamando al 1-800-331-3761.